# 食材攻略

蔡瀾選集·伍

www.cosmosbooks.com.hk

書　名　蔡瀾選集‧伍——食材攻略

作　者　蔡瀾

出　版　天地圖書有限公司
香港皇后大道東109-115號
智群商業中心15字樓（總寫字樓）
電話：25283671傳真：28652609
香港灣仔莊士敦道30號地庫/ 1樓（門市部）
電話：28650708傳真：28611541

印　刷　亨泰印刷有限公司
柴灣利眾街德景工業大廈10字樓
電話：28963687傳真：25581902

發　行　香港聯合書刊物流有限公司
香港新界大埔汀麗路36號中華商務印刷大廈3字樓
電話：21502100傳真：24073062

出版日期　2019年9月初版・香港

---


ISBN：978-988-8547-24-1

# 出版說明

蔡瀾先生與「天地」合作多年，從一九八五年出版第一本書《蔡瀾的緣》開始，至今已出版了一百五十多本著作，時間跨度三十多年，可以說蔡生的主要著作都在「天地」。

蔡瀾先生是華人世界少有的「生活大家」，這與他獨特的經歷有關。他祖籍廣東潮陽，新加坡出生，父母均從事文化工作，家庭教育寬鬆，自小我行我素，放蕩不羈。中學時期，逃過學、退過學。由於父親管理電影院，很早與電影結緣，求學時便在報上寫影評，賺取稿費，以供玩樂。也因為這樣，雖然數學不好，卻苦學中英文，從小打下寫作基礎。

上世紀六十年代，遊學日本，攻讀電影，求學期間，已幫「邵氏電影公司」工作。學成後，移居香港，先後任職「邵氏」、「嘉禾」兩大電影公司，監製過多部電影，與眾多港台明星合作，到過世界各地拍片。由於雅好藝術，還在工餘尋訪名師，學習書法、篆刻。

八十年代，開始在香港報刊撰寫專欄，並結集出版成書。豐富的閱歷，天生的愛好，為熱愛生活的蔡瀾遊走於東西文化時，找到自己獨特的視角。他筆下的遊記、美食、人生哲學，以及與文化界師友、影視界明星交往的趣事，都栩栩如生地呈現在讀者面前，成為華人世界不可多得的消閒式精神食糧。世上有錢人多的是，但不一定有蔡生的機緣，可以跑遍世界那麼多地方；世上有閒人多的是，也許去的地方比蔡生多，但不一定有他的見識與體悟。很多人說，看蔡生文章，如與智者相遇、如品陳年老酒，令人回味無窮！

蔡瀾先生的文章，一般先在報刊發表，到有一定數量，才結集成書，因此「天地」出版的蔡生著作，大多不分主題。為方便讀者選閱，我們將近二十年出版的蔡生著作重新編輯設計，分成若干主題，採用精裝形式印行，相信喜歡蔡生作品的朋友，一定樂於收藏。

天地圖書編輯部

二〇一九年

# 與蔡瀾同行

*金庸

除了我妻子林樂怡之外，蔡瀾兄是我一生中結伴同遊、行過最長旅途的人。他和我一起去過日本許多次，每一次都去不同的地方，去不同的旅舍食肆；我們結伴共遊歐洲，從整個意大利北部直到巴黎，同遊澳洲、星、馬、泰國之餘，再去北美，從溫哥華到三藩市，再到拉斯維加斯，然後又去日本。我們共同經歷了漫長的旅途，因為我們互相享受作伴的樂趣，一起享受旅途中所遭遇的喜樂或不快。

蔡瀾是一個真正瀟灑的人，率真瀟灑而能以輕鬆活潑的心態對待人生，尤其是對人生中的失落或不愉快遭遇處之泰然，若無其事，不但外表如此，而且是真正的不縈於懷，一笑置之。「置之」不大容易，要加上「一笑」，那是更加不容易了。他不抱怨食物不可口，不抱怨汽車太顛簸，不抱怨女導遊太不美貌。他教我怎樣喝最低劣辛辣的意大利土酒，怎樣在新加坡大排檔中吮吸牛骨髓；我會皺起眉頭，他始終開懷大笑，所以他肯定比我瀟灑得多。

我小時候讀《世說新語》，對於其中所記魏晉名流的瀟灑言行不由得暗暗佩服，後來才感到他們矯揉造作。幾年前用功細讀魏晉正史，方知何曾、王衍、王戎、潘岳等等這大批風流名士、烏衣子弟，其實猥瑣齷齪得很，政治生涯和實際生活之卑鄙下流，與他們的漂亮談吐適成對照。我現在年紀大了，世事經歷多了，各種各樣的人物也見得多了，真的瀟灑，還是硬扮漂亮一見即知。我喜歡和蔡瀾交友交往，不僅僅是由於他學識淵博、多才多藝、對我友誼深厚，更由於他一貫的瀟灑自若。好像令狐沖、段譽、郭靖、喬峰，四個都是好人，然而我更喜歡和令狐沖大哥、段公子做朋友。

蔡瀾見識廣博，懂的很多，人情通達而善於為人着想，琴棋書畫、酒色財氣、吃喝嫖賭、文學電影，甚麼都懂。他不彈古琴、不下圍棋、不作畫、不嫖、不賭，但人生中各種玩意兒都懂其門道，於電影、詩詞、書法、金石、飲食之道，更可說是第一流的通達。他女友不少，但皆接之以禮，不逾友道。男友更多，三教九流，不拘一格。他說黃色笑話更是絕頂卓越，聽來只覺其十分可笑而毫不猥褻，那也是很高明的藝術了。

過去，和他一起相對喝威士忌、抽香煙談天，是生活中一大樂趣。自從我試過心臟病發，香煙不能抽了，烈酒也不能飲了，然而每逢宴席，仍喜歡坐在他旁邊，一來習慣了，二來可以互相悄聲說些席上旁人不中聽的話，共引以為樂，三則可以聞到一些他所吸的香煙餘氣，稍過煙癮。蔡瀾交友雖廣，不識他的人畢竟還是很多，如果讀了我這篇短文心生仰慕，想享受一下聽他談話之樂，未必有機會坐在他身旁飲酒，那麼讀幾本他寫的隨筆，所得也相差無幾。

*這是金庸先生多年前為蔡瀾著作所寫的序言，從行文中可見兩位文壇健筆相交相知之深，相信亦有助讀者加深對蔡瀾先生的認識，故收錄於此作為《蔡瀾選集》的序言。

# 目錄

## 一、蔬菜

## 二、水果

## 五、海產、河鮮

## 六、山珍、海味

## 九、調味料

# 一、蔬菜

# 芥蘭

芥蘭，名副其實是芥菜科，特色是帶了一丁丁的苦澀味。

這也是一種萬食不厭，最普通的蔬菜。不能生吃，要炒它一炒，至少要用滾水灼一下。

和其他蔬菜一樣，芥蘭天氣越冷越甜，熱帶地方種的並不好吃。西方國家很少看到芥蘭，最多是芥蘭花，味道完全不同。

在最肥美的深秋，吃芥蘭最佳。用水一洗，芥蘭乾脆得折斷，湯熟加蠔油即可。炒芥蘭有點技巧，先放油入鑊，油冒煙時，加點蒜蓉，加點糖，油再冒煙就可把芥蘭扔進，兜幾下就行，記得別炒得過老。過程中撒點紹興酒，添幾滴生抽，即成。

潮州人喜歡用大地魚乾去炒，更香。製法和清炒一樣，不過先爆香大地魚乾罷了。

看到開滿了白花的大棵芥蘭時，買回來燜排骨。用個大鍋，熟油爆蒜頭和排骨，加水，讓它煮十五二十分鐘；把大芥蘭整棵地放進去，再燜個十五二十分鐘即成，過程中放一湯匙的寧波豆醬，其他甚麼調味品都不必加，炆後自然甜味溢出，鹹味亦夠了。

用枝和葉去燜，把最粗的幹留下。撕開硬皮，切成片，鹽揉之，用水洗淨，再倒魚露和加一點點糖去醃製，第二天成為泡菜，是送粥的絕品。

餐廳的大師傅在炒芥蘭時，喜用滾水淥它一淥，再去炒，這種做法令芥蘭味盡失，絕對不可照炒。芥蘭肥美時很容易熟，不必淥水。

把芥蘭切成幼條，用來當炒飯的配料，也是一絕，比青豆更有味道。

和肉類一起炒的話，與牛肉的配搭最適合，豬肉則格格不入。牛肉用肥牛亦可，但是叫肉販替你選塊包着肺部的「封門腱」切片來炒，味道夠，更有咬頭，又甜又香。

冬天可見芥蘭頭，圓圓地像粒橙，大起來有柚子那麼大。削去硬皮，把芥蘭頭切成絲來炒，看樣子不知道是甚麼，以為生炒蘿蔔絲或薯仔絲之類，進口芥蘭味十足，令人驚奇。不能死板地教你炒多久才熟，各家的鑊熱度不同，試過兩次，一定成功。

# 菜心

菜心，洋名 Chinese Flowering Cabbage，因為頂端開着花之故，但總覺得它不屬於 Cabbage 科，是別樹一類的蔬菜，非常之清高。

西餐中從沒出現過菜心，只有中國和東南亞一帶的人吃罷了。我們去了歐美，最懷念的就是菜心。當今越南人移民，也種了起來，可在唐人街中購入，洋人的超級市場還是找不到的。

菜心清炒最妙，火候也最難控制得好，生一點的菜心還能接受，過老軟綿綿，像失去性能力。炒菜心有一個秘訣：在鐵鑊中下油（最好當然是豬油），待油燒至生煙，加少許糖和鹽，還有幾滴紹興酒進油中去，再把菜心倒入，兜它兩三下，即成，如果先放菜心，再下佐料的話，就老了。

因為鹽太寡，可用魚露代之，要在熄火之前撒下，爆油時忌用蠔油，任何新鮮的菜，用蠔油一炒，味被搶，對不起它。

蠔油只限於淥熟的菜心，即淥即起，看見淥好放在一邊的麵檔，最好別光顧。那家人的麵也吃不過。灼菜心時卻要用淥過麵的水，或加一點梳打粉，才會綠油油，否則變成枯黃的顏色，就打折扣了。

夏天的菜心不甜，又僵硬，最不好吃。所以南洋一帶吃不到甜美的菜心。入冬，小棵的菜心最美味。當今在市場中買到的，多數來自北京，那麼老遠運到，還賣得那麼便宜，也想不出老愛吃土豆的北京人會種菜心。

很多人還信吃菜心時，要把花的部份摘掉，因為它含農藥。這種觀念是錯誤的，只要洗得乾淨就是。少了花的菜心，等於是太監。

帶花的菜心，最好是日本人種的，在City'super等超級市場偶爾會見到，包成一束束，去掉了梗，只吃花和幼莖。它帶很強烈的苦澀味，也是這種苦澀讓人吃上癮。

有時在木魚湯中灼一灼，有時會當漬成泡菜，但因它狀美，日本人常拿去當插花的材料。

日本菜心很容易煮爛，吃即食麵時，湯一滾，即放入，把麵蓋在菜心上，就可熄火了，這碗即食麵，變成天下絕品。

# 菠菜

菠菜，名副其實地由波斯傳來，古語稱之為「菠菱菜」。

年輕人對它的認識是由大力水手而來，這個卡通人物吃了一個罐頭菠菜，馬上變成大力士，印象中，對健康是有幫助的。事實也如此，菠菜含有大量鐵質。

當今一年四季皆有菠菜吃，是西洋種，葉子圓大；東方的葉子尖。後者有一股幽香和甜味，是西方沒有的。

為甚麼東方菠菜比較好吃？原來它有季節性，通常在秋天播種，寒冬收成，天氣越冷，菜越甜，道理就是那麼簡單。

菠菜會開黃綠色的小花，貌不驚人，不令人喜愛，花一枯，就長出種子來，西洋的是圓的，可以用機械大量播種種植，東方的種子像一顆迷你菱角，有兩根尖刺，故要用手播種，就顯得更為珍貴。

另一個特徵，是東方菠菜連根拔起時，看到根頭呈現極為鮮艷的粉紅色，像鸚鵡的嘴，非常漂亮。利用這種顏色，連根上桌的菜餚不少，用火腿汁灼後，把粉紅色部份集中在中間，綠葉散開，成為一道又簡單又美麗又好吃的菜。

西洋菠菜則被當為碟上配菜，一塊肉的旁邊總有一些馬鈴薯為黃色，煮熟的大豆加番茄汁為赤色，和用水一滾就上桌的菠菜為綠色，配搭得好，但怎麼也不想去吃它。

至於大力水手吃的一罐罐菠菜罐頭，在歐美的超級市場是難找的，通常把新鮮的當沙律生吃算了。罐頭菠菜只出現在寒冷的俄國，有那麼一罐，大家已當是天下美味。

印度人常把菠菜打得一塌糊塗，加上咖喱當齋菜吃。

日本人則把菠菜在清水中一灼，裝入小缽，撒上一些木魚絲，淋點醬油，就那麼吃起來；也有把一堆菠菜，用一張大的紫菜包起來，搓成條，再切成一塊塊壽司吃法，通常是在葬禮中拿來獻客的。

其實菠菜除了初冬之外，並不好吃，它的個性不夠強，味也貧乏。普通菠菜，最好吃法是用雞湯或火腿湯灼熟後，澆上一大湯匙豬油，有了豬油，任何劣等蔬菜都能入口。

# 椰菜

粵人之椰菜，與棕櫚科毫無關連，樣子也不像椰子。北方稱為甘藍，俗名包心菜或洋白菜。閩南及台灣則叫做高麗菜，是不是韓國傳來，已無從考據了。

洋人多把它拿去煲湯，或切成幼條醃製，德國人吃鹹豬手的酸菜，就是椰菜絲。

高麗人吃高麗菜，也是醃製的居多，加辣椒粉炮製，發酵後味帶酸。友人鴻哥也用番茄醬醃它，加了點糖，樣子像韓國金漬，但吃起來不辣又很爽口，非常出色。

至於北方人的泡菜，用一大缸鹽水就那麼泡將起來，沒甚麼特別味道，過於單調，除非你在北方長大，不然不會喜歡。

菜市場中賣的椰菜，又圓又大，屬於扁形的並不好吃，要買的話最好買天津生產的，像一個圓球，味道最佳，向小販請教可也。

椰菜保存期很久，家中冰箱放上一兩個月，泡即食麵時剝幾片下鍋，再加點天津冬菜，已很美味。

冬菜和椰菜的搭配奇好，正宗海南雞飯的湯，拿了煲雞的湯熬椰菜，再加冬菜已成，不必太多花巧。香港人賣海南雞飯，就永遠學不會煮這個湯。

其實椰菜的做法很多，任何肉類都適合炒之，是一種極得人歡心的蔬菜。我們也可以自製泡菜，把椰菜洗淨，抹點鹽，加多一些糖，放它幾個小時就可以拿來吃了，不夠酸的話可以加點白米醋。

羅宋湯少不了椰菜，把牛腩切丁，加大量番茄、薯仔和椰菜，煲個兩三小時，是一碗又濃又香的湯，很容易做，只要小心看火，不煲乾就是。

女人一開始學做菜，很喜歡選椰菜當材料，她們一看到雜誌和電視把椰菜燙了一燙，拿去包碎肉，再煮，即是一道又美觀又好吃的菜，馬上學習。結果弄出來的形狀崩潰，肉又淡而無味，椰菜過老，馬腳盡露，羞死人也。

現在教你們一個永不失敗的做法，那就是把椰菜切成細絲，加點鹽，加大量黑胡椒粉，滴幾滴橄欖油，就那麼拌來生吃，味道好得不得了；加味精，更能騙人。試試看吧。

# 蕹菜

蕹菜又叫空心菜，梗中空之故。分水蕹菜和乾蕹菜，前者粗，後者細。

把水蕹菜用滾水灼熟，淋上腐乳醬和辣椒絲，就那麼拌來吃，已是非常美味的一道菜，在一般的雲吞麵檔就能吃到。如果不愛腐乳，淋上蠔油是最普通的吃法。

我最拿手的一道湯也用蕹菜，買最鮮美的小江魚（最好是馬來西亞產的），本身很乾淨，但也在滾水中泡牠一泡，撈起放進鍋中煮，加大量的生蒜，滾個三四分鐘，江魚和大蒜味都出來時，放進蕹菜，即熄火，餘溫會將蕹菜灼熟。江魚本身有鹹味，嫌不夠鹹再加幾滴魚露，簡單得很。

蕹菜很粗生，尤其適合南洋天氣，大量供應之餘，做法也千變萬化。

魷魚蕹菜是我最愛吃的，小販把發開的魷魚和蕹菜灼熟，放在碟上，淋上沙嗲醬或紅色的甜醬，即能上桌。肚餓時加一撮米粉，米粉被甜醬染得紅紅地，也能飽人；要豪華可加血淋淋的蚶子，百食不厭。

把蝦米舂碎爆香，加辣椒醬和沙嗲醬，就是所謂的馬拉盞。用馬拉盞來炒蕹菜，就叫「馬來風光」。常在星馬被迫吃二三流的粵菜，這時叫一碟「馬來風光」，其他甚麼菜都不碰，亦滿足矣。

泰國人炒的多數是乾蕹菜，用她們獨特小蒜頭爆香後，蕹菜入鑊，猛火兜兩下，放點蝦醬，即能上桌。蕹菜炒後縮成一團，這邊的大排檔師傅用力一扔越過電線，那一邊的侍應用碟子去接，準得出奇，非親眼看過不相信，叫「飛天蕹菜」。很奇怪，蔬菜用豬油來炒，才更香更好吃，只有蕹菜是例外，蕹菜可以配合粟米油、花生油，一樣那麼好吃。

不過，先把肥腩擠出油來，再爆香乾葱，冷卻後變成一團白色，中間滲着略焦的乾葱；灼熟了蕹菜之後，舀一大湯匙豬油放在熱騰騰的蕹菜上，看着凝固的豬油膏慢慢溶化，滲透蕹菜的每一瓣葉子，這時抬頭叫仙人，他們即刻飛出和你搶着吃，這才是真正的飛天蕹菜。

# 椰菜花

椰菜花，英語作 Cauliflower，法文為 Chou-Fleur。

別以為只有白色，橙色、紅色皆有。白的有個很漂亮的名字叫「雪冠」，橙的叫「橘花球」，紅的叫「紫后」。

還有一種很怪，像史前動物有角烏龜，也叫珊瑚礁，香港市場中也有出售，味道比一般的椰菜花還要甜。

當今已不見野生的了，椰菜花都是人工種植，葉子在地面上向四周張開，我們吃的是中間花蕊，含極高的維他命C。

首先，要洗椰菜花根本就不可能，花蕊結得很實很緊，就算從尾部剖開，也不能徹底洗淨，惟有用刀子把表面上沾着污泥的地方削去而已，縫中藏了些甚麼不知道。

洋人極愛將椰菜花切片，當沙律生吃，農藥用得過多的今日，是很不智的，還是吃它們用來做的泡菜安全。

椰菜花泡鹹菜只是浸在醋和鹽水之中，無多大學問。有些是煮熟加浸，有些就那麼浸，前者較軟，後者較硬的分別而已，都不是太好吃的東西。

中菜用椰菜花，也不見得比洋人精巧。椰菜花本身無味，吃起來像嚼發泡膠，本身難於討好，也少聽到有人特別喜歡。

我們將它切開來炒，大師傅會過過水。家庭主婦就那麼炒，很難熟，有個辦法是下多點水，等汁滾了，上鑊蓋，炒不熟也要炆熟它。

炒豬肉片、牛肉絲是最普通的做法，也不是甚麼上得了廳堂的菜。

齋菜中也喜歡用它來做原料，本身已無味，沒有了肉更糟糕，只有下大量生油和味精炮製，是素菜中最不容易嚥喉者。

我也想不出有甚麼辦法把椰菜花弄得好吃，惟有把它當芥菜一樣泡：椰菜花切成小角，魚蛋般大，抹上鹽、出水，待乾，用一個玻璃瓶裝起來，放半瓶魚露，加辣椒、糖、大蒜片泡個一兩天就可以吃，還不錯。

西餐中，看到椰菜花當成牛扒豬扒的配菜，焓熟了放在碟邊，我從來沒去碰過它。

# 大芥菜

深秋，是大芥菜最便宜最肥美的時候。大芥菜帶點苦味，食而甘之，是非常好吃的一種蔬菜。也應該是純中國種吧，很少看到外國人吃它，日本的食譜上也沒大芥菜。

素食之中，不常見以大芥菜入饌。芥菜辛辣，可能也被當成葷的。而且，大芥菜和肉類的配搭極佳，尤其是火腿。單單用來齋煮固然也好吃，但一般人不接受。最普遍的吃法是炆，炆排骨炆火腿，大芥菜炆得越稀爛越好。豪華起來，只取中間的心，其他部份棄之。

因為一到秋天產量極多，吃不完了就拿去醃製。鹹酸菜主要的原料就是大芥菜，但不容易做得好，過酸或過鹹都不行，有時自己家裏炮製，還加一點點的糖。餐廳要是有鹹酸菜當小點供應，一試之下就見輸贏，做得不好的話，這家人的菜一定不行。吃鹹酸菜還有秘訣，就是要撒南薑粉末才夠味。

鹹酸菜只經過發酵的，才有酸味。新鮮的大芥菜就那麼拿鹽來漬，也是一種家常小菜，當今只有在最地道的潮州菜館才有得供應，不過一般都做得太過死鹹。最理想的泡芥菜，製造起來並不複雜，可以試試看在家裏做做。

選肥大的芥菜，取出其心，切成半吋見方，洗個乾乾淨淨後，撒鹽上去。揉了又揉，讓它出水，瀝乾，讓風吹個一天半日，等到水份完全去掉為止。這個過程需要耐心，一帶水就容易變壞。

另外切大蒜，大小最好和芥菜一樣，混起來吃，有時咬到芥菜有時咬到蒜頭，才夠刺激，分辨得出反而沒趣。

加紅色的指天椒碎，放入一個玻璃瓶中，高身的咖啡粉空罐很理想，再倒入半瓶的魚露進去，泡個一兩天即成。不愛吃太鹹的人可以加點糖進去中和。

剩下的外層可以拿去爆大蒜，不必炒得太老，帶點爽脆的感覺才像吃大芥菜。灼也行，別以為身厚就要灼久，它很容易爛熟，吃即食麵時加大芥菜煮之，不遜鮑參肚翅。

# 蒓菜

蒓菜，亦名蓴菜，俗稱水葵。

屬於睡蓮科，是水生宿根草本。蒓菜的葉片橢圓形，深綠色，浮於水面，像迷你蓮葉。

夏天開花，花小，暗紅色。能吃的是它的嫩葉和幼莖，葉未張開，捲起來作針形，背後有膠狀透明物質，食感潺潺滑滑，本身並無味，要靠其他配料才能入饌。

性喜溫暖，水不清長得枯黃。中國長江以南多野生，也有少量人工栽培。春夏食用，到秋節寒冬時葉小而微苦，用來養豬了。

晉書《張翰傳》記載：「翰因見秋風起，乃思吳中菰菜、蒓羹、鱸魚膾。」後稱思鄉之情為「蒓鱸之思」，但蒓羹並不代表是最美味的東西。

蒓菜最適宜用魚來煮，西湖中生大量蒓菜，所以杭州菜中有一道魚丸湯，下的就是蒓菜。魚丸和潮州的不同，不加粉。單純把新鮮魚肉刮下來，混入蛋白做出，質軟，並不像潮州魚丸那麼彈牙，但吃魚丸湯主要是要求蒓菜的口感，滑溜溜地，讓人留下深刻的印象。

除了中國人之外，只有日本人會吃，連韓國人也不懂，東南亞諸國沒機會接觸。在西菜上，找遍他們的食材辭典，也只有拉丁學名 Brasenia Schreberi 出現過。日人不叫蒓，而用蓴，發音為Junsei，由中國傳去，記載在《古事記》和《萬葉集》之內，古名「奴那波」。當今也在秋田縣培植，昔時多在京都琵琶湖中採取，故關西菜中的「吸物」魚湯中常有蒓菜的出現。當成醒酒菜時，日本人用糖醋漬之。

南貨舖裏可以找到瓶裝的蒓菜，色澤沒有剛採到那麼鮮艷，做起湯來的誘惑性大減。葉聖陶有篇散文提到蒓菜，讚它的嫩綠顏色富有詩意，無味之味，才足以令人心醉。

有了這樣的好食材，幻想力不必止於魚羹，我認為它除了詩意，還有禪味，用來做齋菜是一流的。包餃子做饅頭，以蒓菜為餡，香菇竹筍等調味，口感突出。發展來用蒓菜當甜品，也有無限的創造空間；蒓菜糕、蒓菜啫喱、蒓菜燉紅棗等，任你想出新花樣，生活才不枯燥。

# 生菜

生菜 Lettuce，是類似萵苣之一種青菜，中台兩地叫為卷心菜，香港人分別為西生菜和唐生菜兩種叫法。香港人認為唐生菜比西生菜好吃，較為爽脆，不像西生菜那麼實心。

一般呈球狀，從底部一刀切起，收割時連根部份分泌出白色的黏液，故日本古名為乳草。

生菜帶苦澀，在春天和秋天兩次收成，天冷時較為甜美，其他季節也生，味道普通。

沙律之中，少不了西生菜。生吃時用冰水洗濯更脆。它忌金屬，鐵銹味存在菜中，久久不散，用刀切不如手剝，這是吃生菜的秘訣，切記切記。

有些人認為只要剝去外葉，生菜就不必再洗。若洗，又很難乾，很麻煩，怎麼辦？農藥用得多的今天，洗還是比不洗好。炮製生菜沙律時，將各種蔬菜洗好之後，用一片乾淨的薄布包着，四角拉在手上，摔它幾下，菜就乾了，各位不妨用此法試試。

生菜不管是唐或洋，就那麼吃，味還是嫌寡的，非下油不可。西方人下橄欖油、花生油或粟米油，我們的白灼唐生菜，如果能淋上豬油，那配合得天衣無縫。

炒生菜時火候要控制得極好，不然就水汪汪了。油下鑊，等冒煙，生菜放下，別下太多，兜兩兜就能上桌，絕對不能炒得太久。量多的話，分兩次炒。因為它可生吃，半生熟不要緊，生菜的纖維很脆弱，不像白菜可以煲之不爛，總之灼也好炒也好，兩三秒鐘已算久的了。

中國人生吃生菜時，用菜包鴿鬆或鵪鶉鬆。把葉子的外圍剪掉，成為一個蔬菜的小碗，盛肉後包起來吃。韓國人也喜用生菜包白切肉，有時他們也包麵醬、大蒜片、辣椒醬、紫蘇葉，味道極佳。

日本人的吃法一貫是最簡單的，白灼之後撒上木魚絲和醬油，就此而已。京都人愛醃漬來吃。意大利人則把生菜灼熟後撒上龐馬山芝士碎。

對於不進廚房的女人來說，生菜是一種永不會失敗的食材。剝了菜葉，放進鍋中和半肥瘦的貝根醃肉一齊煮，生一點也行，老一點也沒問題，算是自己會燒一道菜了。

# 塌科菜

塌科菜又扁又平，到了秋天開始在市場中出現，是種越寒冷越清甜的蔬菜。傳說中，這種本屬包心菜科的植物耐寒性極強，大雪裏也能生長，但因被雪壓住而變種，葉子只有向周圍散開，成飛碟形狀。

塌科菜屬於「崧」的一種，自古以來，所有在寒冬不凋的都叫為「崧」，像北方的大白菜叫「白崧」，而南方的黃芽白則為「黃崧」，塌科菜貼地而生，也叫為「塌地崧」。

南宋范成大的詩上說：「撥雪挑來塌地崧，味似蜜藕更肥濃；朱門肉食無風味，只把尋常菜把供。」

喜歡上塌科菜，你就會發現它的甜味中還帶點苦澀，滋味是獨特的，絕對在其他蔬菜找不到，吃了上癮，即使有毒也願嚐之。塌科菜當然沒毒，只不過人們常將之與河豚比喻，稱之為「堆雪河豚」。

粵菜館中當然找不到塌科菜，就算一般的上海館子也不賣。除了上海之外，會吃塌科菜的只有香港人吧？當年滬人大量流入香港，把他們飲食習慣帶來，當今南貨店像新三陽舊三陽皆有出售，普通菜市場裏也賣，可見已被廣東家庭主婦接受了。

最普通的煮法是清炒，把那扁平的菜一瓣瓣撕開，洗乾淨後備用，也有人喜歡用刀切，但有鐵銹味，始終不雅。爆香蒜蓉後便能炒了，最後滴些紹酒，美味無窮。

若嫌太寡，可加幾片鹹肉，蒸熟後鋪在塌科菜上，不宜混在一起炒。若用金華火腿代替，則火腿味太搶風頭，還是鹹肉的配搭佳。

老上海人會做一道菜，叫塌科菜煮冰豆腐湯，沒有雪櫃的當年，將豆腐放在戶外結冰，再把塌科菜略炒，與豆腐一齊滾湯。結果湯變乳白色，塌科菜綠色，又美又好喝，太便宜了沒人做，已久未嚐此味了。

塌科菜一移植到太熱或太冷的地方，即使長得出來味道俱失，浙江一帶種出來的塌科菜，能吃的時間很短，只有香港的「天香樓」大量貯存，用報紙包起來後冷藏，故至初夏還能吃到，但價貴，客抱怨，老闆引入廚房，見大廚只取其心烹調，其他部份堆滿地而棄之，遂説服。

# 芹菜

芹菜 Celery 有個家族，首先分中芹和西芹。

前者莖葉瘦小，後者肥大。中芹亦有水芹菜之分，長於濕地，生白色小花，有陣異香，可製香薰油。

種植一兩年後便能收成，芹菜味道有個性，不是人人能接受，愛上了則吃出癮來。

中芹多用做炒菜的配料，亦能當冷盤。

西芹生吃居多，當成沙律，但也可以用鹽醋漬之，日人將芹菜煮熟後，在上面撒上木魚屑，淋以醬油，是清淡又美味的吃法。

很多人不知道，原來西芹菜的頭也可當菜吃，叫為 Celeriac，它和西芹是同一祖先，後來變種而成，肥大的根部用來煮湯、炆肉、生吃也行，味道相當古怪。

日本人喜愛的三葉 Mitsuba 也屬於芹菜家族成員，吃不慣的人說有點肥皂味，通常用來撒於湯上，有時燉蛋亦派上用場，七月吃最合時。

叫為西洋芫荽的 Parsley 又是芹菜親戚，樣子像東方芫荽，但是較為粗壯，味道也不一樣，通常是切為碎片，和牛油白酒一起煮白汁，燒蛤蜆等海鮮最為美味。

意大利的西洋芫荽樣子像東方水芹菜，也似西洋菜，多數是切碎了撒在意大利麵上，有時也用來煲湯。

英國的 Florence Fennel，有洋蔥式的頭，長出西芹的莖葉，它也是芹菜的變種，葉可煮魚，莖燒肉，有除腥作用，這種蔬菜並不普遍。

芹菜被佛教徒稱為葷菜，與辣椒和韭菜一樣，但在一般家庭，芹菜已是一種不可缺少的食材，西芹有些帶甜味，更惹人喜歡。

中芹的味道，最適合與牛肉相配，清燉牛腱，最後下中芹，美味無比。

西洋名字，除了 Celery 之外，水芹菜叫為 Water Dropwort，三葉則稱為 Japanese Hornwort。

在意大利點菜，看到 Sepano 的就是西芹。認識多一點，在歐洲旅行時方便得很。

# 白菜

白菜，所有蔬菜中最普通的一種，中國老百姓喜歡，日本料理不能缺少，韓國人不可一日無此君。

漢字名稱分為大白菜、小白菜、津菜、黃芽白等等，但英文名稱卻稱為中國包心菜 Chinese Cabbage 罷了，洋人永遠搞不清楚的。

白菜的種類也數之不清，莖幼葉大者，全身是莖者、有圓形、炮彈形、長形等等，大起來相當厲害，記錄中有數十公斤一棵的。

一年四季皆生，葉分開後露出黃色的小花，但多數是包心不開花的。

葉綠色，也有黃色，有些全白。世人都認為原產地是中國，但西方也長白菜，植物學家研究，是由其他蔬菜變種而來。含有最豐富的維他命C，並包括了鈣質、鐵質等，營養上不比包心菜或椰菜差。

最平凡的蔬菜，但做法千變萬化，中國人自古以來吃白菜，幾乎所有的烹調法都適用。生產起來，數量驚人，吃不完，最基本的就是拿去泡了。由原始的鹽水泡白菜開始，到揉上芥末為止，中國泡菜離不開白菜。

日本人也一樣，加鹽、加一顆辣椒，就那麼泡了，泡一夜就可以吃，稱之為一夜漬。

韓國人泡的就較考功夫，他們把鹽、辣椒粉、魚內臟、蝦毛、魷魚等夾在白菜瓣中，一頁又一頁加進去，泡個一年半載，發了酵，帶酸，每餐食之。又有老泡菜，可以泡上幾年的，味更濃，有點像中國的老菜脯。

打邊爐時，白菜也是最重要的食材之一，煮一煮味道就出來；煮久了，爛了，又有另一番的滋味。日本火鍋，不管是魚是肉，也一定放白菜。韓國火鍋，泡菜代替了白菜。

炒豬肉牛肉羊肉，皆可用白菜，有些人嫌莖太硬，炒過後在鑊上上蓋，炆它一炆，更入味。

山東人包餃子，也非白菜不行。當然，它並不比韭菜鮮，但是中國人就是愛上那種淡淡的菜味，這是西方人不能理解的，也說明了為甚麼西餐中永遠不以白菜入饌了。

# 莧菜

莧菜，只是中國人會吃。

自古以來，文人多歌頌，蘇東坡也說：「赤莧亦謂之花莧，莖葉深赤，根莖亦可糟藏，食之甚美。」

其實在菜市場中看到的莧菜，不只是赤色，也有綠色的，多嬌小纖弱，其狀可憐又美麗。這是錯誤的印象，莧菜可長至三四尺，莖粗如筆桿，葉茂盛，雄赳赳。莧菜有粉綠色、紅色、暗紫色，或帶斑，所以古人分白莧、赤莧、紫莧等五種。此外，更有馬菌狀葉，便稱為六莧。

《本草綱目》說：「六莧，直利大小腸。治初痢、滑胎。」

《隨息居飲食譜》說：「莧通九竅。其實主青盲明目，而莧字從見。」

它原本是一種野生的植物，從前的人都能在田邊採取，是近這百年才開始種植的。吃過野生莧菜的人都說味道極好。當今已不存在，無從比較，只可道聽途說了。

莧菜的做法很多，香港人吃來吃去都是那幾味，最流行的是用鹹蛋和皮蛋來煮。又有蒜子莧菜，把整顆蒜頭煎至微焦，滾熱上湯，再放莧菜進去浸熟。清炒的話，有蒜蓉炒莧菜。鍋要熱透，爆香蒜後下莧菜，兜兩下即上桌，不可久炒，否則莧菜會冒出大量的水份，就難吃了。

北方人則注重莧菜的根部，認為很香，夏天涼拌來吃。

又有一種吃法，那是用上湯煨熟乾草菇和鮮草菇，再把莧菜磨成蓉與菇一塊煮，慢火埋芡，成為莧菜羹。

把魚塊煎熟，再用莧菜蓉去封味，也曾經流行過一陣子，當今已罕見此菜。

莧菜豆腐湯，用的材料是蝦米、豆腐和蒜頭。先發好蝦米，把莧菜灼熟，豆腐切成小塊，蒜剁成泥，所有材料滾熟後才下莧菜。再滾，即可熄火上桌。當然要下點鹽調味，蝦米已甜，可不必加味精了。

蘇東坡講的糟藏根莖，是將粗莖醃製，其臭無比，加以臭豆腐，稱為一道叫「臭味相投」的菜。莧莖外殼堅硬，吃時吸其中之腐液，嗜之者皆食不厭。

# 茼蒿

茼蒿，是一百巴仙的中國蔬菜，當今已沒有野生的，全部種植，雖說盛產期在於十月到翌年四月，但是已經一年從頭到尾都能在市場中看到了。

最普通的吃法，是用來打邊爐，有一陣獨特的味道，喜歡的人說很香，討厭的吃出一陣肉味來，很強烈，聞了逃之夭夭。

因為本身已有烈味，白灼之後，只宜下鹽或淋醬油，千萬不能和其他蔬菜一樣加蠔油，兩者味道極不相稱。

加蒜蓉生炒最佳，可是一大堆茼蒿，炒出來縮為一小碟，它的含水量極高。台灣人叫茼蒿為「打某菜」。某，老婆之意。打老婆菜，都是因為丈夫以為妻子偷吃或私藏之故。

茼蒿味甘辛，性平，所含營養可預防感冒，提升免疫功能，有維生素A，對於視力很有幫助，這是西方的見解。中藥則稱開胃健脾、利便、化痰、去水腫等。幾乎所有草藥，用途都數之不盡，亦不可盡信。血壓高的人，常食之有助健康，倒是真的。

菜市場的小販，都説茼蒿不好放，擺個三兩天就要枯黃，故少入貨。他們勸家庭主婦買完即刻食之；如果放入冰箱，就要用舊報紙包住，淋水濕之。

我們見到的，都是大葉的茼蒿，葉邊鋸齒形，一棵茼蒿由六七塊葉組織起來，不熟悉下廚的人，還常將它與生菜混淆。

茼蒿自室町朝代已傳入日本，用了一個很優雅的名字，叫為「春菊」，因為它也開了黃色的菊花，葉子和菊科植物的樣子也很像。他們種的都出細葉，葉邊的鋸齒形更加明顯，吃起來的味道沒有中國茼蒿那麼濃，但留下一股清香。因為日本人工貴，將種子拿回去請大陸農民種，種得太多，銷到香港來，而香港的小販，又為它取了一個俗氣的名字，叫「皇帝菜」。

味道重的關係，可以和碎肉一起剁了包包子或餃子。有時，幾種重味的蔬菜一起弄來吃，也很有趣，像把茼蒿、芫荽、薺菜、韭菜切了，下意大利黑醋和上等橄欖油生吃，比甚麼凱撒沙律更美味。

# 葉菜

以葉子入饌的食材，都是葉菜。代表性的有三種：枸杞葉、番薯葉和辣椒葉。枸杞葉最普遍，不逢時節葉子很小，到了秋天開始肥大，在這個時候就可以一葉葉摘下來，剩下來的幹莖粗糙，是不能入口的。

通常是用來滾湯，買豬肝三四両，切成薄片，如果你認為自己的廚藝不足，那麼請賣豬肉的小販代勞可也。有些人買了回家，還用牛奶來浸一浸，說是味道更佳，其實浸浸清水，已可。

水沸了，放枸杞葉進去，等湯再滾，就能灼豬肝了。切記不能過火，否則僵硬，這道湯就那麼快捷完成，實在容易。

當今的人一看到豬肝就像遇到一大塊膽固醇那樣嚇破膽，所以用瘦肉片代之。這麼一來，滾出來的湯一點味道也沒，全功盡廢。如果一定要吃得健康，除了肉片之外還得下江瑤柱，而且不可吝嗇，選大的放個五六粒以上，滾出來的湯才算勉強可喝。

用枸杞葉滾過的湯，顏色有點灰黑，但不影響滋味，葉子咬嚼起來甘甜，與一般的蔬菜不同，口感甚佳。另外一個做法，是用皮蛋、豆腐和魚片來滾湯，把枸杞葉子浸熟為止。

辣椒葉的炮製，通常與枸杞葉一樣，很多食肆都做魚湯浸辣椒葉，再撒上一把泡好的紅色杞子點綴，更加好看，辣椒葉並無辣椒的辛辣，但也較枸杞葉刺激。

番薯葉一般是灼熟後吃，不加濃油的話，有點刮舌的感覺，並不美味。所有葉菜都應用濃油，而且禁用植物油，要豬油配搭才完美。白灼後舀了一湯匙凝固成白色豬油淋在葉上，讓它慢慢溶入葉中。或者，將葉菜切成碎蓉，用豬油和豬油渣去煲，吃剩了放入冰箱，想起再加熱，是種又方便又好吃的菜。

枸杞、辣椒和番薯都很粗生，家裏有花園的話，或在陽台種在花缽中，一下子就生出葉來，摘了做餸，新鮮又美味，不妨一試。

# 霸王花

香香公主吃花，但不會嘗到霸王花吧！它屬於亞熱帶，花期是夏日到秋天，屬仙人掌科。晚間開花，早上即合，故英文名也叫 Night-Blooming Cereus。

霸王花的樣子有點像曇花，但它是用氣根攀附於其他樹幹，或貼壁蔓延生長的，其莖可達三四十呎，一直往上升，所以也有人叫它為量天尺。

別名霸王鞭、三角火旺、七星劍花，台灣人稱之為番花，因原產於巴西。另有名三角柱仙人掌，是因為莖部的橫切面是三角形。

此樹無葉，莖起稜狀，亦長些小刺。

花由莖部長出，比曇大，有葉瓣的黃色外層。內全白色，一開數十朵，全為雄花，雌的只有一朵，其中有花粉。

在夏天，菜市場中就出現霸王花，全是新鮮的。秋末冬至，則是曬乾的居多。

花有如張開雙掌之巨，其重量也可達兩三百克。那麼大的花，可以吃嗎？

生吃甚為臭青，大若白菜瓣，煮熟之後，色彩如韭黃，口感帶點潺滑，有一股其他蔬菜所無的味道，但不似芬芳，也無菜香。

吃來幹甚麼？廣東人最迷信霸王花能清熱潤肺，多是煲湯。用南北杏、蜜棗、瘦肉來煲個兩小時左右，即成。其實每一家人都有他們的秘方。這是廣東人的習慣，沒有固定的配料。

除了煲湯，很少入饌。但如果你想像力延伸，白灼霸王花，淋上蠔油，也是一種變化呀。用雞、牛、豬來炒，不是不行的，但要將花先灼一灼熟。

摘霸王花瓣來包石榴雞亦可，和其他肉類紅燒也是另一種吃法。

做成甜品，變化更大，試用一個半圓形的玻璃缽，把霸王花用糖水煮過之後放進去，尾向下，花朝上。注入加了蜂蜜的魚膠粉或大菜糕，凝結之後，倒入挖至半空的半邊西瓜之中。上桌時，一定令客人拍爛手掌。

# 辣椒葉

種植辣椒的副產品，就是辣椒葉了。

辣椒葉很賤價，從前都是用來當飼料，當今已是能夠上桌的高檔佳餚。撒種子，兩三個月後就能長成，一般的辣椒，葉子並不大，只有一兩寸長，半寸寬，但因為長得又快又茂盛，相隔二十至二十五天便能採摘，但要在十四天內不能施農藥才行。

當今已在大陸大量種植，但夏天太陽太猛，需搭棚遮陰，不然葉多枯黃。辣椒葉的蛋白質只有牛肉的五分之一，但是含鐵量卻是牛肉的二、三倍。其他還有氨基酸、錳、銅、鋅、鈣、磷、鉀、鈉、鎂等等含量，特別是硒元素，辣椒葉比一般水果高一倍。

種植過多，也賣為飼料，在秋季收成後打成捆，放在陰涼處吹乾，用木棍敲打，葉就剝脫，磨成粉，混入雜糧來餵家畜。

中醫說起來更神奇，能驅寒暖胃，補肝明目，又可治消化不良、腸胃脹氣、胃寒等等病症，實在有益。

一般人吃辣椒葉，只求美味，它的口感很好，甚爽脆，帶着的微辣，的確能刺激食慾。故家庭主婦在市場看到，買回家一葉葉拆下，洗淨，就能做菜，花的心機可是不少。與番薯葉一樣，亦屬葉子的菜，需要大量的油去除苦澀，當然最香的是用豬油，把葉子在上湯中一灼，撈起，瀝乾水份，便能淋上香噴噴的豬油，再下點生抽，就是一道極美味的餸菜了。

廣東人也會做像枸杞葉，把辣椒葉拿去滾湯，先把瘦肉片和江瑤柱煲雞骨，等湯沸了才放辣椒葉進去，即刻熄火上桌。有些人還喜歡把豬肝切成薄片，或打個雞蛋進去滾湯的。以此類推，可以將番薯葉、枸杞葉和辣椒葉三種一齊滾，再將雞胸肉打成蓉灼之，綠中帶白，做成色香味俱全的三葉湯來。

當今在菜市場中也有很大葉的，比普通辣椒葉還要大出三四倍來，問小販是甚麼葉子，回答道：「燈籠椒葉呀！燈籠椒大，葉子當然大了。」

# 西洋菜

西洋菜，顧名思義，一定是西洋傳來的，原產地應該是歐洲。希臘將領命令士兵吃西洋菜防疾，羅馬人還説能治頭禿呢。

英名Watercress，有個水字，性喜濕潤環境，在水清的地方生長旺盛。莖向上叢生、中空、有節，節節生根，分出側莖，葉呈卵形。只要氣溫在二十五度以下，生長極快，一下子整片水田就變成密集的草堆，反而能控制其他雜草滋生。當為飼料，最為環保。

人類摘之，生吃有些苦澀，但滋味是清新的。洋人吃牛扒，上面必鋪西洋菜，又是沙律的主要食材。別以為洋人只會生吃，法國的鄉下菜Potage Cressonniere，就是用薯仔和西洋菜磨出來煮的。有時，也用來釀進野味腹中，又辟腥又好吃。愛爾蘭人更相信西洋菜的純樸，認為是聖人的食物，深山中的僧侶，多以吃西洋菜和麵包維生。愛爾蘭的原野濕潤，西洋菜長得茂盛，自從十六世紀就有人工栽培，但在美國和英國，西洋菜的種植要等到十九世紀初才開始。

中國種西洋菜的歷史只不過是五六十年，當今分佈在廣東、福建和湖南，當為飼料多過用來入饌。中國菜中，是廣東人最先用來煲西洋菜湯的，發現它有清熱、解毒、潤肺、利尿的功能，對口乾咽痛、肺熱咳嗽等更有療效。

最典型的湯莫過於西洋菜煲鴨腎了，要煲得美味，除了乾腎之外，還要下同等份量的新鮮鴨腎，加一塊瘦肉，武火煮沸，下大量西洋菜，煲個兩小時左右就可食。

西洋菜蜜棗鯽魚湯也很受廣東人歡迎。西洋菜性涼味甘、潤肺燥；蜜棗生津健脾；鯽魚在冬天最為甜美，故有秋鯉冬鯽之說。先把鯽魚用油煎過，蜜棗去核，加過水的豬踭肉，一兩片生薑，煲兩個小時即成。

皮蛋、鹹蛋、鮮蛋、蒜粒，以及肉片，加西洋菜，可以在短時間內煮出美味的湯來。

揀西洋菜最幼細的部份，爆香整顆的蒜頭來清炒也行。若嫌味不夠，可加腐乳。

日本人也吃西洋菜，多數只是灼熟後，撒些木魚乾，加點醬油而已。清清淡淡，富有禪味。

當今已有人鮮榨，加蜜糖，叫為西洋菜蜜來喝。

# 紅蘿蔔

紅蘿蔔又叫胡蘿蔔，有個「胡」字，可想而知是外國傳來，原產於阿富汗，西邊傳到歐洲，東邊由絲綢之路來中國。那時候的種子顏色很艷紅，已罕見，日本還保留着，稱之為「金時」。日本人也叫紅蘿蔔為人參，兩者相差十萬八千里。

當今的紅蘿蔔帶橙黃色，是再次把歐洲種子送來種的。我們最常用是煲青紅蘿蔔湯。這是廣東人煲的湯最典型的一種，用牛腱為材料，也可以用豬骨去煲。方太教過我下幾片四川榨菜進去吊味，效果不錯。

湯渣撈出來吃，紅蘿蔔帶甜，小孩子喜歡；青蘿蔔就沒甚麼吃頭；四川榨菜則爽口得很，淋點醬油，可送飯。

外國人的湯中也放大量的紅蘿蔔，他們的湯或醬汁分紅的和白的，前者以番茄為主，紅蘿蔔為副，配以肉類；白汁則配海鮮，用奶油和白酒炮製。

紅蘿蔔的葉子我們是不吃的，洋人也把它們混進湯中熬，本身沒甚麼味道，不像芹菜那麼強烈，也沒白蘿蔔的辛辣。

西餐中也常把紅蘿蔔煮熟了，切塊放在扒類旁邊當配菜，是最原始的吃法。中餐中的紅蘿蔔做法也不多，當雕花的材料罷了，真是對不起紅蘿蔔。

做得最好的是韓國人，把牛肋骨大塊大塊斬開，再拿去和紅蘿蔔一起炆，炆得又香又軟熟時，紅蘿蔔還比牛肉更好吃，剩下些菜汁拿來澆白飯，也可連吞三大碗。

在中東旅行時，看到田中一片片細小的白花，問導遊是甚麼，原來是紅蘿蔔花，相信很多人沒看過。

紅蘿蔔含大量的維他命，對身體有益。我們常用它來榨汁喝，不喜歡吃甜的人也可以接受。它的甜味甜得剛好，不惹人討厭，如果要有一點變化，在榨的時候加一顆橙進去，就沒那麼單調了。

我有一個朋友的臉色越來越難看，又青又黃，也不是生甚麼病，後來聽醫生說是紅蘿蔔汁喝得太多引起的，不知道可不可信，但凡事過多總是不好，你說對嗎？

# 蘿蔔

上蒼造物，無奇不有，植物根部竟然可口，蘿蔔是代表性的，誰能想到那麼短小的的葉子下，竟然能長出又肥又大又雪白的食材來？

蘿蔔的做法數之不清，洋人少用，他們喜歡的是紅蘿蔔，樣子相同，但味道和口感完全不一樣。其實它的種類極多，有的還是圓形呢。顏色則有綠的，有的切開來裏面的肉呈粉紅。所謂的「心裏美」就是這個品種，我在法國，還看過外表黑色的蘿蔔。

我們吃蘿蔔，從青紅蘿蔔湯到蘿蔔糕等，千變萬化，但是老人家說蘿蔔性寒，又能解藥，身體有毛病的人不能多吃。

既然性寒，那麼拿來打邊爐最佳，當今的火鍋店已有一大碟生蘿蔔供應，湯要滾瀉時就下幾塊下去，中和打邊爐的燥熱，熬出來的湯更是甜美。

我本人最拿手的菜就是蘿蔔瑤柱湯，不能滾，要燉，湯才清澈。取七八顆大瑤柱，浸水後放進燉鍋。蘿蔔切成大塊鋪在瑤柱上，再放一小塊過水的豬肉腱，燉個兩三小時，做出來的湯鮮美無比。

韓國菜中，蒸牛肋骨的 Karubi-Chim 最為美味。牛肉固然軟熟可口，但是菜中的蘿蔔比肉好吃。他們的泡菜，除了白菜金漬之外，蘿蔔切成大骰子般的方形漬之，叫為 Katoki Kimchi，也是代表性的佐食小菜。

日本人更是不可一日無此君，稱之為大根。食物之中以蘿蔔當材料的極多，最常見的是泡成黃色的蘿蔔乾 Takuwan。大廚他們也知道可將燥熱中和的道理，所以吃炸天婦羅時，一定刨大量的蘿蔔蓉佐之。小食 Oden，很像我們的釀豆腐，各種食材之中，最甜的還是炆得軟熟的蘿蔔。

在江南，有種叫水席的烹調，一桌菜多數為湯類。其中一味是把蘿蔔切成幼細到極點的線，以上湯煨之，吃起來比燕窩更有口感。

蘿蔔源自何國，已無從考據，但古埃及中已有許多文字和雕刻記載，多數是奴隸們才吃的。我們的蘿蔔，可在國宴中出現，最賤材料變為最高級的佳餚，這就是所謂烹調的藝術了。

# 玉蜀黍

玉蜀黍是哪一個國家先種的?沒有資料。中國名沒加個「番」或「洋」，可能是本土生長。也許生在四川，故有「蜀」字。

香港人稱之為「粟米」。把爆黍花叫做「爆谷」，直譯自英文Popcorn，也蠻有趣。

通常就那麼煮來吃，滾水中加把鹽就是。時間要看鍋的大小、爐的火和粟米的數量，不能總論，靠經驗就是，煮個半小時大致上不會錯。

把粟米煮熟、剝粒，再加午餐肉丁或火腿塊、芹菜、荷蘭豆等，放點甜麵醬來炒，也是一家大小喜歡的菜式。

我家愛用它來煲湯，一般人用豬腱，我們則喜豬肺細，那是包在豬肺外的一層薄膜，有筋有肉，特別香，又有咬口，煮久不爛。湯渣撈起粟米食之，豬肺細可切成細片，點台灣西螺產的豉油膏來吃，最為美味。

粟米的鬚，煲湯據說有藥用，能清涼去濕，但喝湯時黏幾條在喉嚨中，不好受，多有效我也不去碰它。反而可以拿來微微一炸，加點糖，加些松子，是一道很上乘的小菜，拜佛者不妨試之。

玉蜀黍炸出來的油，是烹調中最常使用的，但我不愛它無味，又不香。還是豬油好。

吃爆谷，最討厭五顏六色的，用的不知是甚麼科學藥物來染，非常恐怖，包焦糖的最可口，也有一些黏着夏威夷果或腰果的美國產品，更好吃。不喜歡只用鹽爆得輕飄飄的那種，再咬嚼也沒滿足感，吃得空虛。

早餐的炸粟碎片也與我無緣，還是留給被廣告洗腦的洋人兒童去享受吧。

在墨西哥生活時，看見菜市場中總有一個檔口賣粟米餅，用個土製的機器，一塊塊烘製出來，味道香得要命。吃時包着各種蔬菜和肉類，就那麼乾吃也行。墨西哥東西便宜，買一架那種又簡單又原始的機器，就連運費也不需要多少個錢，弄一架回來開檔當小販，也是樂事之一。

我愛吃的還有最方便的罐頭粟米，要寫着 Cream Corn 的那種，裏面加着奶油，非常可口，百食不厭。開一罐就那麼幹它一餐，比即食麵佳。

# 番茄

名副其實，凡是有個「番」字的東西，都是別的地方傳來。

番茄，我們又叫「西紅柿」，但絕對沒那麼甜，核帶苦澀，以為皮也很軟，吃進去後才知道是硬的，不易咬碎。

西洋人沒有番茄就像做不了菜，常看電視節目，名廚用個平底鑊，拿了一根鐵餐叉做菜，下大塊牛油之後就放番茄粒煎熟，千篇一律，真想叫他們收工。

番茄樣子有時很美，傳到中國來是當為觀賞用的。我最愛看一串串的番茄了，不知比葡萄美幾倍。最好的是意大利種，當造時在City’super 也能買得到，通常我是拿去裝飾我的辦公室。

談到番茄就想起薯仔，兩者都是我最討厭的食材。番茄磨成醬後甜膩膩，任何難吃的快餐都能掩飾其味，但是叫我吃番茄醬，我不如去吃白糖。

只有一個例子我是能吃得下的，那是友人鴻哥的泡菜，樣子紅紅地像韓國的金漬，但以番茄醬代替辣椒醬，椰菜代替白菜，吃進口有意外的驚喜，味道來自下大量的蒜頭，一有蒜頭，任何東西都好吃嘛。

小時候也吃番茄的。那是沒有東西吃的年代，媽媽在院子裏摘了一個自己種的，放進闊口杯，燒了一壺滾水倒入杯中，等數分鐘，番茄半熟，倒掉水，下大量的白糖，就那麼攪碎吃將起來。正覺得從今可以接受此物，皮又黏住喉，總之吞都吞不下去，那種恐怖的感覺，至今想到亦起雞皮疙瘩。

當然有時會吃到甜的番茄。台灣有種小番茄，葡萄般大，小販把它剖開，塞一粒嘉應子在裏面，在公路旁買了一包，長途車時解解悶是可以的。

新鮮的番茄很結實，皮拉得緊緊地，堅硬得要命。法國人稱之為「愛情蘋果」，相傳有催情作用。洋人總喜愛把番茄和性拉在一起，有些還說新鮮的番茄像女人的乳房。天哪，弄一個像運動健將般的胸部給你摸，硬得令人生厭，還是軟一點的手感好。

# 茄子

茄子不難種，小時候看到花園中長出五角形的紫花，不久，就在七八月長出茄子來，它是夏天的代表性蔬菜之一。

原產於印度，它遍佈世界各地，含有很濃的維他命C、鈣質和食物纖維，是血壓高的人的恩物。

形狀可以說是千變萬化，圓如橘，長似青瓜，肥若雞蛋。顏色以深紫色為主，也有白的、綠的，甚至看過紅色茄子。

吃泰國菜時，常見圓得像綠豆的食材，咬了產出一陣茄味，才知道是茄子的一種。

茄子吃進的感覺很淡，又有一股獨特滋味，很容易分辨喜惡，沒有中間路線。煮熟或蒸熟後軟綿綿，那種口感也令人愛恨分明。

因為世界各地都有茄子，所以煮法多不勝數，中國菜中代表性的是魚香茄子，其實與魚無關。

有種秋天的茄，又白又長，很甜，用滾水淥熟，淋上醬油，即食之，美味無窮。

原產地的印度當然會多煮咖喱，也有涼拌着吃的。希臘、中東一帶，浸在醋裏面，酸溜溜地，你認為嚥不下喉，當地人覺得是絕品。

意大利菜中更少不了茄子，尤其是在他們的冷盤中，番茄、茄子佔極重要一席。

把茄子煮熟後剝皮，取出中間柔軟的肉，攪成糊狀，再加甜酸苦辣的配料，又是各種不同的吃法。

日本的茄子很肥又大，像柚子般大的不出奇，多數是紫色的，他們把茄子切半之後，上面鋪了甜麵豉，就那麼烤熟來吃，叫做田菜燒，是最具代表性的做法。

我一向認為茄子本身乏味，如果不是有秋茄那麼好的品種，以素菜的做法就太過單調，一定要加肉炮製才行。

把茄子切片，用油爆至軟熟，加肉碎去炒，是一道很受歡迎的家常菜。

我們廣東人對茄子的印象，總是小時在街邊吃到釀鯪魚的煎茄子，相當難吃，但是長大後想念，又去小販處買一串來懷舊一番。

# 青瓜

青瓜本名胡瓜，當然是外國傳來，北方人稱之為黃瓜或花瓜，青瓜本來多呈青色的嘛，還是廣東人叫為青瓜直截了當。

分大青瓜和小青瓜兩種，前者中間多核，核可吃，有它獨特的味道；當今的人流行吃小青瓜，外皮有不刺人的刺，故也叫為刺瓜，肉爽脆，最宜生吃。

最簡單就是切片或切條，點鹽或淋醬油生吃，日本人會拿來沾原粒豆炮製的麵豉，此種味噌帶甜，稱之為 Morokyu。洋人用在沙律之中。

泡青瓜可以很容易地即切片後捏一把鹽即成。要更惹味，加糖和醋；更刺激的話，切辣椒、春蝦米花生去泡，非常開胃。

複雜的是將它頭部連起來，身切十字形，中間放大量蒜頭、辣椒粉和魚腸，這是韓國人的做法，叫 Oi-Kimchi。

德國人最愛用整條青瓜浸在醋中，撈起就麼吃，切片則用在熱狗中。

烹調起來，有繁複的潮州半煎煮，把鮮蝦或魚煎了，再炒青瓜，最後一起拿去滾湯，鮮甜到極點。

南洋雞飯也少不了青瓜，通常用的多核的大青瓜，放在碟底，再鋪上雞肉。

大青瓜帶苦，除苦的方法是切開一頭一尾，拿頭尾在瓜身上順時針磨，即有白沫出現，洗淨，苦味即消。

拿它來榨汁喝，有解毒美容和抗癌的作用，切開了貼在臉上，比 SK II 面膜的功能更顯著，一片面膜的錢，可買幾十條青瓜。

青瓜為攀附式的植物，當今栽培，多立枝或拉網，沒有古人竹棚下長瓜的幽雅了。葉呈心形，雌雄皆開黃色的花，很漂亮，最可愛的吃法是把連花結成小小條的青瓜，擺在碟上沾五種醬料吃，悅目又可口。

英國上流社會愛吃青瓜三文治，在王爾德的小說中多次出現，我們常笑太過貧乏。英國人窮也窮得樂趣，正宗的青瓜三文治做法是：把大青瓜削皮，切成紙般的薄片，揉點鹽，放個十五分鐘去水再用毛巾壓乾。麵包去皮，不烘，塗上甜牛油，下面那片疊上面層的青瓜，撒胡椒和鹽，蓋在上面那層也得塗牛油。合之，斜切半，則成。

# 苦瓜

苦瓜，是很受中國人歡迎的蔬菜。年輕人不愛吃，越老越懂得欣賞，但人一老，頭腦僵化，其迷信，覺得苦字不吉利，廣東人又稱之為涼瓜，取其性寒消暑解毒之意。

種類很多，有的皮光滑帶凹凸，顏色也由淺綠至深綠，中間有子，熟時見紅色。

吃法多不勝數，近來大家注意健康，認為生吃最有益，就那麼榨汁來喝，越苦越新鮮。台灣人種的苦瓜是白色的，叫白玉苦瓜，榨後加點牛奶，大家都白色，街頭巷尾皆見小販賣這種飲料，像香港人喝橙汁那麼普遍。

廣東人則愛生炒，就那麼用油爆之，蒜頭也不必下了。有時加點豆豉，很奇怪地豆豉和苦瓜配合甚佳。牛肉炒苦瓜也是一道普遍的菜，店裏吃到的多是把牛肉泡得一點味道也沒有，不如自己炒。在街市的牛肉檔買一塊叫「封門柳」的部份，請小販為你切為薄片，油爆熱先兜一兜苦瓜，再下牛肉，見肉的顏色沒有血水，即刻起鑊，大功告成。

用苦瓜來炆的東西，像排骨等也上乘。有時看到有大石斑的魚扣，可以買來炆之。魚頭魚尾皆能炆。比較特別的是炆螃蟹，尤其是來自澳門的奄仔蟹。

日本人不會吃苦瓜，但受中國菜影響很大的沖繩島人就最愛吃。那裏的瓜種較小，外表長滿了又多又細的疙瘩，深綠色，樣子和中國苦瓜大致相同，但非常苦，沖繩島人把苦瓜切片後煎雞蛋，是家常菜。

最近一些所謂的新派餐廳，用話梅汁去生浸，甚受歡迎，皆因話梅用糖精醃製，凡是帶糖精的東西都可口，但多吃無益。

也有人創出一道叫「人生」的菜，先把苦瓜榨汁備用，然後浸蜆乾，切碎酸薑角，最後下大量胡椒打雞蛋加苦瓜片和汁蒸之，上桌的菜外表像普通的蒸蛋，一吃之下，甜酸苦辣皆全，故名之。

炒苦瓜，餐廳大師傅喜歡先在滾水中燙過再炒，苦味盡失。故有一道把苦瓜切片，一半過水，一半原封不動，一齊炒之，菜名叫為「苦瓜炒苦瓜」。

# 南瓜

南瓜，俗名番瓜，可見由外國傳來。因為又黃又大，潮州人叫它為金瓜。

香港新界種的南瓜呈褐色，日本來的呈鮮紅，講究味道，還是前者為佳。

大起來有數百公斤，普通的也有雙臂合抱之巨，美國人常將之挖空，刻了個鬼樣，在萬聖節當燈籠，小起來有如蘋果，顏色變化多端，十分可愛，均稱為玩具南瓜，或叫欣賞南瓜。單單台灣就種出上百種不同樣子，是筆大生意。

南瓜全身是寶，肉可用來清炒，味道鮮美，瓜子就是我們常見的白瓜子，當成零食或榨油皆可，皮膚灼傷了，切下一片南瓜來敷，待傷口熱度略減，再敷第二片。到第三片時，已不感痛楚了。

花也能吃，只宜灼至僅熟，淋上醬油膏或蠔油，甚為美味。炒肉片應注意火候，不能太熟，否則有股令人生膩的臭青味。

南瓜亦分東洋瓜和西洋瓜，前者含糖量以一百克計算，有七點九克；後者則為十七點五克。故洋人常以它製成pie，不必加糖，已很甜了。

紅炆南瓜，是切大塊來炆，如果嫌紅炆太過複雜，乾脆水煮好了。水中加了糖，水份蒸到蓋到瓜為止，先用猛火把水燒滾，然後收小，慢火煮至水份乾掉，大功告成，非常簡單，各位不妨試試，實在好吃。

把中國南瓜舂爛加醬肉碎做南瓜餅，蒸熟後切片再煎，是最普遍的做法，珠江三角洲一帶，家家戶戶都會做。

廣東人煲湯，也愛用南瓜，斬幾塊西施骨，和玉米、栗子一起煲，不必下糖，甜得不得了。

要當成甜品時就要甜到底，潮州人的做法是加了大量的糖把南瓜羔燒。南瓜與芋泥配合得極佳，吃芋泥時必有白果和南瓜陪襯。我去汕頭時遇到一個老師傅，做了一道失傳的芋泥，那就是把南瓜刨了皮，將芋泥塞了進去，再清燉而成。燉得南瓜完全軟熟，又不破裂，功夫之高，令人感嘆。

# 水瓜

水瓜是廣東人的叫法，大概是因為多汁，煮或煎出來水汪汪而得名。廣東以外的地方叫為絲瓜，台灣人俗稱菜瓜，有短圓形和長圓形等種類，有些皮上長着細小的尖刺，有些只是些細毛。

味甘、性涼，水瓜具有清熱利腸的功效，解毒、通經絡、行血脈、生津止渴、化痰、解暑降溫等，作用廣大。

體質較燥熱的人應多吃水瓜，幫助清熱通腸，發燒者也可以喝水瓜汁治之，如果將新鮮水瓜搗碎外敷，也還能有消腫止痛的效果。

選購時應注意形體正直，果體完整無損傷的，拿在手上，越重的越好。

去皮去籽，切條切片均可，就那麼生炒最佳，先下點蝦米爆香，再放水瓜去炒，味道更豐富。但是炒熱之後，菜汁會變黑，雖然無毒性，但有礙美觀，應該避免。方法很簡單，只要記得鹽或生抽老抽一類的調味品，要最後才下。

說起水瓜，當然是想起潮州人水瓜烙，這一道菜已是潮州菜的代表作之一。

水瓜烙的做法和蠔仔烙一樣，都要用平底鑊，蠔仔烙是蠔仔最後才下，但水瓜烙則要先煎水瓜。大家都說用鴨蛋好過雞蛋，煎時加點茨粉即成，做法好不好全靠經驗。火候和時間控制得準就是，失敗過一兩次一定成功，調味品記得千萬別用醬油或鹽，要用魚露。

若有蛤蜊，廣東人叫蜆，則可用水瓜來煮湯，把水瓜大塊直切，待水滾把蜆一齊放進去，再加點薑絲，煮個三兩分鐘即可上桌，最後才下鹽。

茹素者可用竹笙或其他有甜味的菇類來代替蜆，但要煮久一些，讓水瓜和菇出味。

半煎煮的烹調法中，水瓜是重要的食材，先把魚或蝦煎了一煎，再加水瓜去煮，味道極鮮，但秘訣在於再加點蝦米來滾。

台灣菜中用水瓜的極多，他們的澎湖產水瓜最為清甜，不可多得，賣得很貴。有道絲瓜麵線的，把水瓜和麵線炒一炒，加上湯，燜個幾分鐘，起鍋前再加調味品，最後鋪上金不換，台灣人叫為九層塔的葉子，一流。

# 冬瓜

天熱了，蔬菜不甜，吃瓜類更理想，而冬瓜，是夏天代表性的食材。英文名字叫 Wax Gourd，原產地為東南亞，至於為甚麼夏天吃的瓜類帶一個「冬」字呢？大概是冬瓜外表有層蠟質，一年四季均能保存，當天冷時也能見到，故稱之吧。

外形有圓有橢，如足球，至到圓筒形的抱枕般大的都有，顏色淡綠中帶黃，或全白色，一般都是墨綠色。選購時擇大的，兩端大小相近，無病斑、手指一彈有迴響，拿在手中沉甸甸的最好。

冬瓜是東方人的食材，西洋料理中罕見入饌，歐美菜市場中也看不到。果實皮薄肉厚，白色而多汁，九十六巴仙是水份，含有維他命B、$B_2$及C，營養豐富。《本草綱目》說：「甘、微寒，利小便、止消渴。」消渴，就是當今的糖尿病，患者應多吃冬瓜。可切片後置於瘡上，分散熱毒癰疽；古時少治療成藥，多以性涼的瓜皮撫之。

冬瓜的葉子為圓形中首有五個尖角，瓜莖蔓延於土上，在寒冷的地方也生長，果實起初青綠，經霜降像鋪上一層白粉。開黃色小花，狀甚美。瓜農多留數粒肥大者，待枯，瓜破取其子身種植。

白瓜子殼薄，容易啃開，為黑瓜子之外最受歡迎之小食。仁有綠衣，肥胖者甚香。

冬瓜入饌，最簡單的是和鹹蘿蔔乾一起煮。不下肉，亦美味，為素食中的一道好菜，天熱時不妨多煲，當茶喝。

因為口味和樣子都清淡，日本人的精進料理和懷石料理中多用冬瓜。

廣東名菜中，冬瓜盅是夏日代表性的佳餚。做法是把冬瓜置在一個深底的碗中，挖出瓤和子，再把燒鵝、瘦豬肉、蓮子、江瑤柱、冬菇等食材切丁，置於瓜內，再燉兩小時而成，豪華者可放鮮蟹肉。但不可少的是夜香花了，把夜香花摘去蒂，放在冬瓜邊緣上，上桌前推入湯中，才不過老，香上加香。

做冬瓜盅好玩的是在瓜皮雕花，找喜歡的圖案，越複雜越好，影印後貼在瓜上，用把尖銳的刀，一下子就能刮出。或在書法字典查了王羲之的字。為家長祝壽時雕上「長命百歲」四個字。懷着孝心，老人家看了一定高興。

# 紅菜頭

隨着菲律賓家政助理的選材，香港的菜市場中近來加多了一種蔬菜，那就是紅菜頭。

紅菜頭，台灣人稱為甜菜根，英文名字是 Beetroot，或乾脆叫為 Beet，是西洋料理中重要的食材，尤其在俄羅斯和東歐諸國，更是不可缺少的。

它小起來有如蘋果，大的像柚，有深紅色的皮，肉更像鮮血那麼艷麗。

原產於地中海、大西洋和北非的岸邊，從古希臘的記載就知有人種植，起初個頭並不大，十五世紀之後變種，才成為現在的形狀。

煮得過久，紅菜頭的色會變淡，通常是連皮放進湯中煲，上桌前才切片或切丁的。

紅菜頭吃起來淡淡甜味，這是其中一種，有的甜似糖，歐洲人曾經從中提煉出糖來，當今已放棄這種取糖的方法，反而流行的，是提煉出的紅色，來做可食用的人工色素。

我們開始吃紅菜頭，是家政助理煮羅宋湯時，除了番茄，還加紅菜頭來令湯更鮮紅，她們也愛煮熟後冷吃，當沙律中的一種蔬菜。

Borshch 這種名湯，可以冷或熱吃，非加紅菜頭不可，在俄國、立陶宛、波蘭和匈牙利的家庭中，幾乎是天天都煮的。烏克蘭民族更當它是國寶，堅持說由他們發明。

任何蔬菜都能和紅菜頭一起煮牛肉、豬肉、雞肉，甚至鵝肉。一煮就是一大鍋，花上幾個鐘炮製。上桌時，在紅色的湯上加上大量的酸忌廉。東方人也許不習慣，但他們不可一日無此君，有時還嫌紅菜頭的顏色不夠紅，要把醃製的紅菜頭，叫為 Rassol 的汁也加進才過癮。

東方菜中甚少以紅菜頭入饌，日本人根本不去碰，在他們的食材典中不會出現紅菜頭這種東西。

因為它又紅又甜，可以很好玩，單調的齋菜食材，大可用紅菜頭來起變化，就算最普通的北京菜炒土豆，若加幾絲紅菜頭，好看又好吃得多了。

改個觀念，把紅菜頭當成水果，切丁後可做蛋糕、果醬或啫喱。當今已有人拿紅菜頭來煲粥了。玩個高興，一不小心紅汁染到衣服上，是不容易洗脫的。

# 山藥

吃日本的蕎麥湯麵，上面鋪着白色的一團，黐黐粘粘，不知道是甚麼，原來就是山藥磨出來的東西。

山藥，又名山薯、大薯、田薯、薯蕷，也就是中藥的淮山。

可以生長在枯燥的山地，葉子細小，根部深入泥底，長得七八呎長。

原產於中國，傳播到日本和韓國，這三國家以外，就沒聽到有人種過，山藥的料理，更不在西餐出現。

當今日本的新種植法，是用一根塑膠水管埋在地底，將山藥的根引進去長大，又長又直又乾淨，挖出來可以即食。

另外的種類，有頭扁尾尖的，樣子像銀杏葉子的銀杏薯；像圓番薯的，叫大和薯；長形的叫自然薯。日本人把它磨成粘醬，叫 Tororo。

中國種植的大多數是長形的自然薯，《本草綱目》的記載是：「山藥，可健脾胃、補虛羸、益腎氣、止瀉痢、除寒熱邪氣，久服耳聰目明。」可見是很有益身體的食材。

西洋人的分析，山藥是澱粉、蛋白質、脂肪、維生素B群、鉀等。

盛產期在十一月到二月，但因為很耐貯藏，全年都能買到。切成白色的薄片曬乾了，作用和新鮮的一樣。

處理山藥，最好戴上手套，才不致痕癢。去皮，切片，或切丁，淋上醬油，就可以生吃，口感爽脆，富有粘性，喜歡的人愛不釋手，討厭這種感覺的，就不會再碰了。

山藥用來烹調，可以和豬肉片一塊炒，加上點其他蔬菜，像胡蘿蔔或芫荽的紅綠點綴，是一道家常菜。

老雞一隻，加山藥、當歸、人參、枸杞、黃芪、紅棗和米酒來煲湯，適合體虛的人飲用。用糖和白醋來漬，很醒胃。凡是素食，不必只靠麵筋來當材料，用山藥，可起很多變化。最好玩的是把馬蹄、粉葛和山藥都切成丁，混在一齊炒粒粒，都很爽脆，但口感味道截然不同，不妨試試。

# 荸薺

荸薺有許多別名，烏芋、地栗、茈齊和通天草，自古以來有地下雪梨之美譽，北方人視之為江南人參，但最為大家熟悉的，還是馬蹄。

像馬蹄嗎？一點也沒有痕跡，倒有點栗子的影子，但西方人稱的水栗 Water-chestnut 則是菱角，並非馬蹄。

真正的英文名叫 Chufa，來自西班牙語。自從古埃及已有記載，分佈於非洲。美國也種植過，但因太過雜生而影響其他水中植物而放棄。

馬蹄有圓筒形的地上莖，密集生，綠色，像蘆葦，接近水面的莖是棕紅色。可以長至三四尺高，秋天時和蘆葦一樣，長出花穗來。馬蹄莖內有許多橫膈膜，壓破時會發出爆炸聲，是鄉下小孩的原始玩具。

屬於莎草科，近親的埃及 Cyperus Papyrus，用莖來造紙。

地下的球莖就是馬蹄了，皮色紫黑，有個尖頭。削去皮，肉質雪白，味甜多汁，是大眾喜愛的。可當水果，又是蔬菜，但近年來水質和泥土都受污染，醫生認為它的外皮和內部都有細菌和寄生蟲，不鼓勵生吃。

煮熟了的馬蹄，肉透明，失去了生吃時的濃汁，但照樣爽口，而且更甜。照西醫的研究，馬蹄有種荸薺英，這種物質對抗葡萄球菌、大腸桿菌最有抑制作用，也能降血壓，説得比中醫更神奇。中藥書的記載，也不過是清熱利尿而已。

馬蹄入饌，最佳例子是用來包雲吞和水餃。這是南方人的做法，北方人吃後覺得清甜爽口，認為是飲食文化的更進一步。

剁肉時，也不妨加入馬蹄，蒸出來肉餅特別好吃。

和薺菜一起滾湯，也是一種佳餚。臘八粥中，有人也加入馬蹄。

當然，做甜品更是合適，著名的馬蹄糕用馬蹄粉做出，半透明，中間凝結了馬蹄的碎塊，又軟又爽口。

馬蹄榨汁，不只東方人會喝，西班牙人也有，稱之為 Horchata。

# 落花生

Peanuts 花生，我總叫它的全名落花生，很有詩意。

落花生是我最喜愛的一種豆類，百食不厭，越吃越起勁，不能罷休。唯一弊病是吃了放屁。

外國人的焗落花生 Roasted Peanuts 或中國人的炒落花生和炸落花生，都是最劣等的做法，吃了喉嚨發泡，對落花生不起。

水煮落花生或蒸焓落花生才最能把美味帶出，又香又軟熟，真是好吃。從前在旺角道能看到一個小販賣連殼的蒸落花生，當今不知去了哪裏？南洋街邊，尤其是在檳城，焓落花生常見，只是他們把殼子炮製得深黃，雖然不是化學染料，我看了也不開胃。

九龍城街市中，很多菜檔賣煮熱帶殼的落花生。放鹽，把水滾了，煮到水乾為止，天下美味。一斤才賣五塊錢，買個三斤，吃到飽為止。

雜貨店裏也賣生的花生米，分大的和細的，有些人會比較，我則認為兩者皆宜，大小通吃可也。

買它一斤，放在冷水泡過夜，或在滾水裏煮個十分鐘，將皮的澀味除去，就可以煮了。有些人要去衣才吃，我愛吃連衣的。

放一小撮鹽，水滾了用慢火熬一個小時，即可吃；喜歡更軟熟的話，煮兩個鐘。

煮時水中加滷汁，向賣滷鵝的小販討個一小包就是。等水煮乾了，花生就能吃，我去餐廳看到這種佐菜的小食，總一連要幾碟，其他佳餚不吃也罷。

北京菜的冷盤中，一定有水煮落花生，山東涼菜中，煮得半生不熟，帶甜臭青味的，也可口。到了咸豐酒店，來一大碟落花生送紹興花雕，店裏叫「大雕」的，又香又甜，一碗才八塊錢，喝得不亦樂乎，但沒有落花生配之，味道就差。

烹調落花生的最高境界，莫過於豬尾煮落花生了。同樣方法，去衣澀，備用。先把豬尾煲個一小時，再放落花生進去多煮一個鐘，這時香味傳來，啃豬尾的皮，噬其骨，再大匙舀落花生吃，最後把那又濃又厚的湯喝進肚，不羨仙矣。

# 大豆

許多加有「番」或「洋」字頭的食材，都是外國種，像番茄、番薯、洋葱及西洋菜等，一百巴仙的中國品種，是大豆。

大豆的原型，就是我們常在日本料理中下啤酒的「枝豆」。一個莢中有兩三粒，碧綠的，曬乾了就變成我們常見的大豆了。

莖根直，葉子菱形，莖間長出小枝，有很細的毛，到了初秋就開花，可真漂亮，有白色、紫色和淡紅的，花謝後便結成莢，可以收成了。

用大豆磨製粉當食材並不多，榨油是特色，磨成豆漿之後用途更廣，豆腐、豆乾、腐皮比比皆是。醬油以大豆為原料，日本的納豆也是大豆發酵品，味噌的麵醬，無大豆不成，許多齋菜都由大豆製成品當原料，可稱為素肉也。

大豆有多種顏色，曬乾了變黃就稱為黃豆，呈黑便是黑豆了。

主要成份為蛋白質和脂肪，脂質有降膽固醇的作用，也含有維他命B1和E，煮熟後產生很鮮甜的味道，所以我們常用大豆來熬湯。

客家人的釀豆腐，湯底一定用大量的大豆，熬出來的湯又香又甜，還沒有喝進口已聞到濃厚的豆香，十分刺激食慾；湯喝進口，那股甜味絕非味精可比。對味精敏感的人，大豆是恩物。上桌時撒上葱花，更美味。

自己做豆漿其實並不複雜，把大豆浸過夜，放入攪拌機內打碎，用塊乾淨的布隔住擠出漿來，加水煮熟後就可喝了。

一般在店裏喝到的豆漿不香不濃，那是水溝得太多的緣故，我常向餐廳老闆建議，為甚麼不用多一點豆，溝少一點的水？反正原料便宜，要是做得好喝，做出名堂來，生意滔滔，何樂不為？他們回答說煮一大鍋豆漿時，要是不溝多些水，太濃了很容易煮焦。

事實如此，但也可以分開煮，細心煮呀！我們在家裏做豆漿就有這個好處，可以放大量的大豆炮製。

做法是攪拌後擠出來的原汁原味的豆漿，當時不溝水，加鮮奶進去，效果更好，試試看，絕對好喝。

# 紅豆

紅豆，又名赤小豆。原產於中國，傳到日本。在歐美罕見，英美人反而用日本名 Azuki Bean，又誤寫為 Adsuki，皆因洋人不會發 TSU 的音，其實應該是 Atsuki 才對。

給王維的詩「紅豆生南國，春來發幾枝；勸君多採擷，此物最相思」迷惑了，但彼豆非此豆。王維的紅豆，樹高數十尺，長有長莢，爆發的紅豆，殼硬，不能食。真正的紅豆叢生於稻田中，收割了稻，秋冬期再種紅豆。開黃色小花，很美。

排在大豆後面，紅豆很受歡迎，所含營養超過小麥、山米和玉米，澱粉質極高。自古以來中國人都知道它有藥用，《本草綱目》的論述最為精闢，總為紅豆可散氣，令人心孔開，止小便數。其他記錄也有治腳氣、水腫、肝膿等作用。西醫也證實紅豆有皂鹼 Saponin，能解毒。

對民間生活來說，紅豆只是用來吃，不管那麼多的醫療。最普遍的就是磨糊，成為眾人所愛的紅豆沙，亦是月餅中不可缺少的材料，包湯圓也非它不可。煮成紅豆湯，更是最簡單的甜品。

一碗平凡的紅豆湯，要把烹調過程掌握好，才會美味；手抓一把紅豆，可煲兩三碗的。洗淨後在水中泡二十分鐘左右，半小時亦無妨。水滾了放紅豆入鍋，猛火煮五分鐘，再放進砂鍋中，中火燜上一小時，完成後再下糖。

從前的人少接觸到糖，一做紅豆沙，非甜死人不可。當今已逐漸減少，有些人運用葡萄糖和代糖，但失原味。

日本人把紅豆當為吉祥物，混入米中，煮出赤飯來，在過年也煲小豆粥來吃。他們的紅豆沙，至今還是按照古法，做得很甜。

用大量的糖，配合糯米糰煮出來紅豆，叫「夫婦善哉」，甜蜜得很。

在日本，紅豆的規格很嚴謹，直徑 4.8mm 以上的，才可以叫「大納言小豆」，其他的只稱之為普通小豆，北海道十勝地區的種最好。

有一種比普通紅豆大幾倍的，叫「大正金時」，其實它不是大型紅豆，是屬於穩元豆類，不可混淆。

# 蓮子

蓮子，是蓮的種子，或是荷的種子？一般人分辨不出蓮和荷，最多說葉子浮在水面的是睡蓮，而荷葉則是高出水面的。雖屬睡蓮科 Nelumbo Nucifera Gaertn，但長不出蓮子，反而是荷才生子。

荷在夏天開花，凋謝後的花托就是蓮蓬，從中挖出蓮子，枯乾後像蜂巢。挖出的種籽為綠色，較易剝開，裏面的肉就是蓮子。有的人生吃，有的將之曬乾後，發於水，做甜品。

乾蓮子保存期甚長，經過一千年，也有發芽的能力。

由此可見蓮子至少是生命力強，充滿營養素的食材。自古以來就有補脾止瀉、養心安神，治心悸失眠，民間傳說蓮子治遺精、滑精，是男人的妙藥；女子調經、治白帶過多，是女人的仙丹。

西醫的分析是蓮子中的鈣、磷和鉀的含量高，能堅固骨骼、多造精子和增強記憶，這都是有科學根據的。

味道如何？像一般的果仁，很清新，帶香味。古人說蓮子「享清芳之氣，得稼穡之味」也。蓮子芯很苦，但廣東人曰之為甘，認為能夠去火，治口舌生瘡，不介意全顆吃下去，也不像吃銀杏一樣，把芯挑出來。

吃法多數是煮糖水，蓮子的個性不強，和其他果仁的味道都能調和，煮綠豆沙、紅豆沙或磨杏仁糊、芝麻糊等，都能下蓮子。

不像銀杏，蓮子無毒，多吃也無妨，有些人還將它磨成蓉做糕點，或煮成蓮子粥。最普通的吃法是加冰糖做蓮子羹。

八寶粥中有蓮子，更是台灣人愛吃的「四神湯」中的一種，其他的是淮山、芡實和茯苓。煮時下豬小腸，味道甚佳，為著名的小吃，亦有藥療作用。

蓮子牡蠣湯更是美味，做法是先將蓮子煮爛，下生蠔，湯再沸，即熄火。有人加點瘦肉，味更佳。

潮州人把蓮子煮熟後，溶糖塗其表面，待冷卻，變成一粒粒白色的糖果，孩子們很喜歡吃。

# 蓮藕

四季性的蓮藕，隨時在市場中找到，成為變化多端的食材。

蓮藕日人稱之為蓮根，洋人叫為Lotus Roots，其實與根無關，是蓮的腫莖。一節節，中間有空洞。

不溫不燥，蓮藕對身體最有益，池塘有蓮就有藕，產量多的地方，像西湖等地，過剩了還把蓮藕曬乾磨成粉，食用時滾水一沖，成漿糊狀，加點砂糖，非常清新美味，是種優雅的甜品。

原始的吃法是生的，攪成汁亦可，和甘筍滲起來，是杯完美的雞尾汁。

將蓮藕去皮，切成長條或方塊，用糖和醋漬它一夜，翌日就可以當泡菜下酒。

拿來炆豬肉最佳，蓮藕吸油，越肥的肉越好吃。有時和筍乾一起炆，筍韌藕脆，同樣入味，是上乘的佳餚。

剁碎了和豬肉混在一起，煎成一塊塊的肉餅，中山人的拿手好菜。

清炒也行，當成齋菜太寡了，用豬油去炒才發揮出味道來。吃時常拔出一條條細絲，藕斷絲連這句話就是從這裏來的。

通常我們是直切的，露出一個個的洞來。這時先把頭尾切開，看洞的位置，將洞與洞之間現刖兩刀，像左輪槍的形狀，再直切之，就有很美麗的花樣出現。

有時切片醃糖，曬乾了變為簡單的甜品。複雜起來，用糯米入洞中，再用糖來熬，要不就一個洞釀糯米，一個洞釀蓮蓉，賣相更為優美。如果你再加綠豆沙，豌豆蓉的話，那麼就可以製成彩色繽紛的蓮藕。

如果將蓮藕直切，就看不到洞了，切為細條，和荳芽一塊兒炒，包你吃到了也不知是甚麼做的。

連着根的部份最粗，一節節上去，越來越小，到最後那一節，翹了起來，像小孩子的雞雞，所以結婚的禮品中也有蓮藕，象徵吃了也會翹起來，多子多孫。

最後，別忘記廣東人經常煲的八爪魚乾蓮藕湯，兩種食材煲起來都是紫色，廣東人喝了叫好，外省人的倪匡兄大喊曖昧到極點，不肯喝之。

# 筍

筍是竹的地下莖，生長極快，曾有二十四小時內增高三尺的記錄，農民們多數看到了筍的尖端就挖它們出來吃了。

春天的筍，未見尖時已採取，曬成乾的筍尖；長大了一點，才叫春筍。夏天筍飆得又快又大，帶點苦，又帶刺激喉嚨的元素，所以多數曬成筍乾；也有醃製，讓它發酵，變成酸筍。冬天的筍最甜最好吃，只是秋天不長筍，如果這個時候你在市場上看到，那麼就是由南洋運來的筍了，他們那邊才會一年從頭到尾生長。

台灣有種綠竹筍，甜得像水果，但一切筍都帶有害的物質，不能生吃。把綠竹筍煮熟後待涼，切成一角角沾奶之類或醬油膏吃，是天下美味。綠竹筍賣得很貴，當今已在福建大量種植，不過除了台灣之外，很少人懂得欣賞，其實是做齋菜的一種極好的食材。

春筍的筍尖醃製過後，就能拿來煮上海名菜醃篤鮮了。醃篤鮮要用春天的筍尖乾和冬天的新鮮筍一塊做才好吃。冬筍切絲，和臘肉，千萬不能用火腿；新鮮豬肉和百葉煮得半小時即成，湯鮮得不得了，一試難忘。

夏天的筍乾，鄉下人拿來和肥豬肉一塊煮。把五花腩切四寸乘四寸的方形，肥的部份朝下，瘦肉朝上，放在鍋中煎，讓油溢出，但不可碰到瘦肉，否則會老。走了油，下筍乾，炆至軟熟，是一道很能下飯的菜。

肥豬肉和筍永遠是一個最好的結合，如果不想太過麻煩，那麼買一罐梅林牌的紅燒扣肉，另一罐同樣牌子的油燜筍，把它們倒入鍋，兜兩下就能上桌。

筍也能吃得很清淡，像日本的春筍片和海帶的幼芽一塊煮湯，美味無窮。

東南亞一帶的人，用筍入饌的菜式也很多，像泰國北部、寮國、柬埔寨、越南人都愛吃酸筍，湯中無筍不歡，煮咖喱也可加入新鮮的筍。韓國人較少吃筍，西洋人根本不會吃，實在可惜，但沒吃過的東西，是不懂得可惜的。古人說筍有毒、極寒，生病的人不能多吃，就苦了筍的愛好者，這麼簡單的食材，一吃上癮，欲罷不能。

# 山葵

自從香港人吃日本魚生吃上癮後，山葵 Wasabi 也跟着流行。這種攻鼻的刺激，是前所未有，對它產生無限的好感。

山葵是種很愛美，又愛乾淨的植物，通常長在瀑布的周圍。水不清，便死掉。普通壽司店裏用的多是粉狀山葵，加了水拌成膏和醬油混在一起，點着生魚片來吃。高級舖子才用原型山葵，小胡蘿蔔般粗，顏色和外表都難看，又黑又綠地毫不起眼。這種山葵賣得不便宜，用來磨了，露出碧綠，美極了。日本人迷信說把山葵膏黏在碗底，放它一陣子，才會更辣，不知是甚麼根據。

越吃越要求強烈，香港人吃魚生時叫師傅給他們一大團，才感到夠本。有時，懷疑他們到底在吃魚生，還是純粹吃山葵。

正確的吃法，山葵不應太多，也絕對不混在醬油裏。日本人一切講究美態，又黑又澄的醬油很美，混了山葵之後就濁了。所以吃刺身時，先用筷子挾一丁丁的山葵，放在魚生上，再把整塊東西蘸醬油，然後放進口中嚼。

這麼一來，醬油還是那麼美，那一丁丁的山葵比在醬油中沖淡後更辣。你如果用這方法去吃魚生，老一輩的日本人會對你肅然起敬。年輕的就不懂了，他們也混在醬油中吃。

當今的山葵已用在任何你能想像的食材上了，先是用山葵煲綠豆，又有山葵沙律醬，也有山葵紫菜等。最後變本加厲，出現了山葵雪糕。

一般人以為山葵只用根部，其實整棵山葵都能吃，最原始的吃法是把山葵的葉子和梗部切段，浸在醬油中一兩天，當成泡菜，又鹹又辣，很好吃，連吞白飯三大碗。

市面上最常見的山葵，是裝進牙膏筒的，不知用了甚麼化學味覺和薯粉，真正山葵只下了一點點。要用它的話，寧願買粉狀山葵來開。先把兩三湯匙粉放進碗裏，再加水，從最小份量的水開始拌它，慢慢再加，一下子水放得太多，就救不了了。

我有一個方法請各位試試看：不用水，用日本清酒代替，混出來的山葵膏，特別美味。

# 蘆筍

蘆筍賣得比其他蔬菜貴，是有原因的。

第一年和第二年種出來的蘆筍都不成形，要到第三年才像樣，可以拿去賣，但這種情形只能維持到第四、五年，再種的又不行了，一塊地等於只有一半的收成。

當今大陸地廣，大量種植，蘆筍才便宜起來，從前簡直是蔬菜之王，並非每個家庭主婦都買得起。好在不知道從甚麼地方傳來，說蘆筍有高的營養成份，吃起來和魷魚一樣，產生很多好的膽固醇，但華人社會中仍不太敢去碰它，在菜市場中賣的，價錢還是公道。

大枝的蘆筍好吃，還是幼細的？我認為中型的最好，像一管老式的Mont Blanc鋼筆那麼粗的不錯，但吃時要接近浪費地把根部去掉。

一般切段來炒肉類或海鮮，份量用得不多，怎麼吃也吃不出一個癮來，最好是一大把在滾水中灼一灼，加點上等的蠔油來吃，才不會對不起它。低級蠔油一嘴漿糊一口味精，有些還是用青口代替生蠔呢！

蘆筍有種很獨特的味道，說是臭青嗎？上等蘆筍有陣幽香，細嚼後才感覺得出。提供一個辦法讓你試試，那就是生吃蘆筍了！只吃它最柔軟細膩的尖端，點一點醬油，就那麼送進口，是天下美味之一。但絕對不能像吃刺身那樣下山葵Wasabi，否則味道都給山葵搶去，不如吃青瓜。

在歐洲，如果自助餐中出現了罐頭的蘆筍，最早被人搶光，罐頭蘆筍的味道和新鮮的完全不同，古怪得很，口感又是軟綿綿地，有點恐怖，一般人是為了價錢而吃它。

罐頭蘆筍也分粗幼，粗的才值錢，多數用白色的，那是種植時把泥土翻開，讓它不露出來，照不到陽光，就變白了。但是罐頭蘆筍的白，多數是漂出來的。

被公認為天下最好的蘆筍長在巴黎附近的一個叫 Argenteuil 的地區，長出來的又肥又大，能吃到新鮮的就感到幸福得不得了。通常在老饕店買到裝進玻璃瓶的，已心滿意足。但是這地區的蘆筍已在一九九〇年停產，你看到這個牌子的，已是別地方種植，別上當。

# 豆角

豆角，北方人叫豇豆，閩南話叫菜豆仔，真名鮮有人知。英文名為 Yard Long Bean，長起來有一碼之故；又叫蘆筍豆 Asparagus Bean，但和蘆筍的身價差個十萬八千里。

原產地應該是印度吧。最大的分別是淺綠色肥大的種，和深綠瘦小的，我也看過白皮甚至於紅皮的豆角。

葉卵形、開蝶形花，有白、淡黃、紫藍和紫色數種顏色。它為蔓性植物，爬在架上，也有獨立生長的種。從樹幹上掛着一條條的豆莢，瘦瘦長長，樣子沒有青瓜那麼漂亮，也不可愛。

吃法也顯然地比青瓜少。豆角味臭青，很少人生吃，除了泰國人之外，泰國菜中，用豆角沾紫顏色的蝦醬，異味盡除，細嚼之下，可還真的值得生吃的。那蝦醬要是舂了一隻桂花蟬進去，更香更惹味，但是醬的顏色和味道卻相當恐怖。

因為豆角裏面的果仁很小很細，不值得剝開來吃，我們都是把整條切段，再炒之罷了。

最普通的做法是把油爆熱，放點蒜蓉，然後將豆角炒個七成熟。上鑊蓋，讓它焖個一兩分鐘，不用鑊蓋的炒出來一定不入味。

和甚麼一起炒？變化倒是很多，豬肉碎最常用，放潮州人的欖菜去炒也行。把蝦米舂碎後炒，最惹味。

印度人拿去煮咖喱，乾的或濕的都很可口，這種做法傳到印尼和馬來西亞，加入椰漿去焖，更香。

最愛吃豆角的，莫過於菲律賓人了，可能他們煮時下了糖的關係，炮製出來的豆角多數黑黑地，不像我們炒得綠油油那麼美觀。

雖然很少生吃，但是在滾水中拖一拖，也不失其爽脆和碧綠，用這方法處理後，就可以和青瓜一樣加糖加鹽加醋，做成很刺激胃口的泡菜。

豆角的營養成份很高，也不必一一說明，最宜給小孩子吃，可助牙齒和骨骼。西洋人不會吃豆角，故煮法少了很多；連日本人也不會吃，煮法更少了。

# 四季豆

四季豆雖然名為豆，但吃的是莢。

味道相當有個性，帶點臭青，嚼起來口感爽脆，喜歡的人吃個不停。這時，口腔內流出一陣清香，是很獨特的。

四季豆最適宜長在氣溫略為寒冷的地域，一年皆能收成，故稱之為四季豆，但說到最甘甜肥美，則選初夏的六月到八月了。

豆莢的一端長於藤狀的枝上，到了尾部，呈針形翹起，像蠍子尾的毒釘，但並不可怕。記得小時媽媽買四季豆回來，就要幫她剝絲，把長在枝頭的那一端用手指折斷，絲就連着剝了下來；輪到另一頭，折下針形的尾，也連絲就那麼一拉，大功告成。

絲並不是太硬，看到洋人吃四季豆，都不剝的。中國婦女手工幼細，才做這種工夫，別國的女人不懂。

四季豆當成菜餚，最普遍的就是生煸四季豆。所謂生煸，其實就是炸。與炸不同的是火要極猛，像大排檔那種熊火才做得到家，把四季豆投入鑊中，一下子炸熟，撈起。用另外一個鑊，以黏在豆上那麼一點點的油再加些麵醬和肉碎，兜兩下即成。

生煸煸得好時很入味，做得老了半生不熟，難吃到極點，絕對不像炸那麼多油，是一門很深奧的學問。

潮州人用醃製過的橄欖菜來炒四季豆，和生煸的做法差不多。因為橄欖菜惹味，很受食客歡迎，當今這道菜已流行到世界每一個角落的中國館子去。

日本人也很常吃四季豆，做法是將豆一分為二，扔入沸騰滾水中，加上一匙鹽，灼它一灼，撈起備用。把雞胸肉蒸個七八分鐘，切成與四季豆一般粗，這時混上黑芝麻醬、醬油、木魚汁、山椒粉，就是一道很好的冷菜，但淥熟的四季豆，始終不像生煸那麼入味。

從他們用芝麻的方法，發現四季豆和芝麻配合得最佳，所以我做生煸四季豆時不用麵醬，換上剛磨好的芝麻，加上點點糖，和肉末一塊炒，味道最佳。吃辣的話，加豆瓣醬和麻辣醬，更刺激胃口，各位不妨試試！

# 羊角豆

羊角豆有一個很美麗的名字，叫「淑女的手指 Ladies' fingers」。的確，加一點點的幻想力，這枝又纖細又修長的豆，形態和女孩子的手指很相像。

將羊角豆一剝開，裏面有許多小圓粒的種子，被黏液包着，人們愛吃的並非豆，因為它的皮或種子，是全部哽進嘴裏的那種黏黐黐的感覺，這種口感有些人會很害怕，試過一次之後就不敢再去碰它，但是一喜歡了，越吃越多，不黏的話就完全乏味了。

羊角豆並不是一種中餐常入饌的蔬菜，卻在印度和東南亞一帶大行其道，烹調方法之多，數之不清。

一般人做咖喱加的是薯仔，但是印度人用羊角豆來煮咖喱，也很美味。但它只能當成副料，要是全靠它而不加魚或肉的話，就太寡了。

正宗的咖喱魚頭這道菜中一定加羊角豆。並不切開，整枝放進去，等到入味了，羊角豆裏面的種子一粒粒發脹，每咬一口，咖喱汁就在嘴中爆炸，是蔬菜中的魚子醬。

有時切細來炒馬來盞，也是一道很好的下飯菜。做法簡單，把羊角豆切成五毛錢幣般厚，備用，馬來盞是用蝦米、指天椒、大蒜舂爛後再猛火爆之，等到發香時下羊角豆，炒到爛熟，就能上桌了。

日本人也常把羊角豆當冷盤，切片後放進滾水中灼一灼，撈起，加木魚絲，最後淋上一點醬油，即成。他們的天婦羅也常用羊角豆來炸的。

在南洋生長的華人，羊角豆是用來釀豆腐的。釀豆腐為客家菜，把魚膠塞入豆腐或豆卜之中煮熟。到了南洋，就地取材，羊角豆挖空了釀魚膠。

招待和尚尼姑朋友時，我曾經把大量的羊角豆剝皮，只取出種子。用雲南的牛肝菌加醬油紅炆後，用塊布包着榨出濃汁，再去煨羊角豆粒。客人都吃得津津有味，不知是用甚麼食材做的。

# 朝鮮薊

多種嫩莖蔬菜中，我們吃慣的是蘆筍、芹菜等，最不會欣賞的是球狀朝鮮薊Artichoke！看到了也不知怎麼吃。

意大利名Carciofo，法國名Artichaut，我們有時音譯為雅芝竹，也俗稱做洋百合，又名菊芋，台灣人或者稱雪蓮，大陸有時叫為洋薑。跟法國人一提，巴黎人會說：「啊，那叫Aritichaut de Paris。」里昂人則會說：「啊，那叫Gros Vert de Lyon。」大家都以為是自己地方的東西。猶太人乾脆佔為己有，叫成耶路撒冷的雅芝竹Jerusalem artichoke。

朝鮮薊為薊類植物，原產地為北非，周周轉轉，傳到韓國才進入中國，所以有個朝鮮為名，形狀很怪，像一個放大數百倍的韭菜花頭。

本來它是歐洲人在冬天才吃的，當今美國全年供應，美國人以為一吃朝鮮薊就是高人一等的老饕，故十分流行。

我們在歐洲旅行，餐廳裏會把朝鮮薊當為配菜。通常是蒸熟了上桌，味道芳芳香香，不十分突出，也並非難於嚥喉，這完全是記憶的問題，像小時吃開甚麼就懷念甚麼，我們的媽媽從不以它入饌，不覺珍貴。

在西班牙旅行時，差不多所有的燒烤店一定放幾個朝鮮薊去烘焙，熟後剝掉外層的硬葉，吃花根的部份，就那麼進口還覺得不錯，但西班牙人喜歡將它浸在橄欖油和醋汁裏面，味道會被油醋搶去，沒甚麼吃頭，過程倒是很好玩的，只有硬葉的根部才有那麼一點點的肉，其他全是咬不爛的纖維，真不知花那麼多工夫幹些甚麼。意大利的俗語有一句 la pditica del carciofo，意思是一種逐個擊退對方的政治遊戲。

傳統的吃法將朝鮮薊醃製成泡菜，有時也油炸，花樣不是太多，反而是阿拉伯想出釀朝鮮薊的做法，將它的心挖空後，和羊肉或牛肉一塊剁碎，再釀回整個的朝鮮薊中。

剛剛長成的小朝鮮薊，全身很軟脆，可以就那麼沾醬油和山葵當刺身吃，很創新；它一成熟了花苞部份很像厚厚的花瓣，剝開來點綴其他食物，甚是美觀。

我有時拿來當匙羹舀冰淇淋，樂事也。

# 燈籠椒

燈籠椒英文作 Sweet Pepper，法國名 Poivron，意大利文叫 Peperone，日本人則叫 Piman，從拉丁名 Pigmentum 縮寫。

它已是我們日常的蔬菜之一，中餐以它當食材，屢見不鮮。我們一直以為名字雖然帶個椒字，燈籠椒並不辣，但是我在匈牙利菜市場買了幾個來炒，可真的辣死人。像迷你燈籠椒 Habanero，是全球最辣的。

一般燈籠椒蘋果般大，顏色有綠、黃、紅、紫或白色，像蠟做的，非常漂亮。在墨爾本的維多利亞菜市場買到一個，小販叫我就那麼吃。我半信半疑，咬了一口，味道甜入心，可當成水果。

經典粵菜的釀青椒，用的是長形的燈籠椒，有些有點辣，有些一點也不辣。辣椒的辣度是不能用儀器來衡量的，只有比較。以一到十度來計算，我們認為很辣的泰國指天椒，辣度是六而已，最辣的是上面提到的 Habanero，辣度是十。而做釀青椒的，辣度是零。

我們通常是炒來吃，像炒咕嚕肉或炒鮮魷等，用的份量很少，當其中一種配菜，其實也不宜多吃。在香港買到的燈籠椒有一種異味，吃時不注意，但留在胃中消化後打起嗝來，就聞得到。此味久久不散，感覺不是太好。

外國人多數是生吃，橫切成一圈圈當沙律。意大利人拿它在火上烤得略焦，浸在醋和橄欖油中，酸酸軟軟地，也不是我們太能接受的一種吃法。

中東人釀以羊肉碎，又煮又烤地上桌，也沒甚麼吃頭。

我認為燈籠椒最大的用處是拿來做裝飾，把頭部一切，挖掉種子，就能當它是一個小杯子，用來盛冷盤食物像鮮蝦或螃蟹肉等，又特別又美觀。

既然名叫燈籠，可以真的拿它來用，頭切掉，肉雕花紋，再鑽小洞，繼而擺一管小蠟燭，是燭光晚餐的小擺設。

最好是當插花藝術的其中一種材料，顏色變化多，清新可喜。有時不和其他花卉搞在一起，就那麼拿幾個去供養菩薩，亦賞心悅目。

# 沙葛

沙葛，又名涼薯、豆薯。屬於地下變種的根豆植物，故葉像蘿蔔，根部橢圓，小的像巨梨，大有如柚子。外皮褐色，相當硬，但很容易撕開，露出雪白的肉來，水份多，口感爽脆，略甜。

沙葛適宜在二十五度至三十度的區域種植，故南洋一帶也盛產沙葛，馬來人稱之為Munkuan，為日常蔬菜之一。

在香港的菜市場中也很容易買到，從前都是新界人種的，但售價低；當今只靠大陸進貨，電白縣嶺門鎮大量種植，運到珠江三角洲、澳門和香港來賣。

從來沒聽過洋人吃沙葛的例子，在他們的食材百科全書之中也找不到根狀食物，他們充其量只會吃馬鈴薯，最多是紅蘿蔔罷了。

廣東人吃法最普遍的是用來煲湯，沙葛切成大塊，加豬骨進去煲個數小時，不夠甜的時候下幾粒蜜棗。把沙葛煲得快爛掉，當湯渣也沒有甚麼吃頭。

能感覺到沙葛的美味，是用它來炆排骨，味道雖然鮮甜，但炆後的沙葛也太爛了。最好吃法，是刮下鯪魚肉，做成餅狀，油炸後切片。叫成魚鬆，其實絕對和肉鬆狀態不同。用魚鬆半炆半炒沙葛絲，是非常美味的一道菜。

因為廣東人覺得沙葛性涼，多吃不宜，所以烹調的變化並不多，但是南洋地方熱，涼性東西最好了，花樣豐富。

最常吃的是「炒羅惹」，Rojak這道馬來菜就是沙律，華人叫為炒，其實並不炒，而是拌。先用一個大陶缽，放進烏黑濃郁的蝦頭膏（一種蝦頭蝦殼發酵出來的膏醬），大量花生碎、白糖和亞參水、辣椒醬，就那麼攪勻了，再削沙葛片、菠蘿片、青瓜片等，全部進去大拌特拌而成。樣子黑漆漆地，並不美觀，但美味無窮，試過食上癮。

不做羅惹時，單單把沙葛切片，再塗上蝦頭膏，已是很可口的涼菜。

南洋人又把所有用蘿蔔當材料的菜，都以沙葛代替，典型的有沙葛粿等小食。福建家庭包的薄餅，一離開福建到南洋，都是用沙葛了。

# 牛蒡

從前在菜市場看不見的新鮮牛蒡，為甚麼當今周圍都有得賣呢？和大葱一樣，日本人好吃這兩種東西，自己地方人工貴，拿種子去大陸種，大量輸入本土後，農民抗議，又不賣了，存貨就傾銷到香港來。

牛蒡別名夜叉頭、便牽牛、大力子、蝙蝠刺等。古稱牛旁，即為牛的尾巴。英文名 Edible Burdock。

屬菊科。牛蒡為根類蔬菜，含蛋白質、脂質、鈣、磷等等，維他命養份亦強，曬乾了，製為中草藥。

種子播放後，兩年就會長出又粗又長的牛蒡來，開的粉紅花朵，下面結了一顆圓形帶刺的萼，很獨特，一眼就認得出。

牛蒡的直根耐水性弱，浸到水即腐爛，種植的土壤一定要選排水良好的。上等牛蒡約四五尺長，直徑如甘蔗般粗。

皮褐色，剝了之後是白色的肉，但一般只將表面上的歧根除去，刮洗後拿到市場去賣，並不剝皮。

日本牛蒡的種類多，手杖形的最為普遍，也有長得像番薯或蘿蔔的。日本牛蒡分大浦群和瀧川群，再分中之宮、渡邊早生、山田早生、新田、常盤等品種。最有趣的，是一種叫「柳川理想」的牛蒡。

廣東人用它來煲湯，加塊豬骨和一片瘦肉，煲個三四小時。也許對身體好，但是味道並不是十分好聞，口感亦粗。

切成絲，燙一燙熟，加糖、麻油、鹽漬成涼菜，最後撒芝麻上去。韓國人也吃。有時用來炆豬腩肉，其實，牛蒡的吃法在中國不多，西餐中更從來沒有見過。日本人吃法千變萬化，和中國一樣當為涼菜的最普遍。刨成絲用的最多，像他們的柳川鍋，用大量牛蒡後，加土鰍煮成，上桌前打一個雞蛋下去，還要撒好多糖，最初吃不慣還以為是甜品呢。

高級吃法，莫過於「盔煮Kabuto Nei」，用清酒、醬油和少許糖煮紅鱲魚魚頭，加上幾片牛蒡和幾塊豆腐，此道菜最好吃的並非魚頭，而是牛蒡。

# 馬蘭頭

馬蘭頭，是中國獨有的野菜吧，除中國人之外，沒聽過有其他地方人會吃，而中國之中，也只有江浙人懂得做，粵菜、川菜、魯菜中並無以馬蘭頭入饌的。

明朝人的一首《馬蘭歌》中唱到：「馬蘭不擇地，叢生遍石麓。」可見它並非人工培植者。當今也許有人種馬蘭頭吧？南貨店的供應特多，季節性也拉長了，不限於二、三月間。又名蘭菊、雞屎藤、竹節草、紅梗葉等，各鄉村都有它的土名字，有傳說馬蘭頭這個名字來自馬兒喜歡吃它，但沒有根據。若馬喜愛，養馬競賽之人早已大量購買餵飼，馬蘭頭的名字應該是它粗生於馬路，攔住了馬兒得來。

到了夏天，馬蘭頭高至二三呎，葉綠有齒狀紋，開紫色花，後結細子，入冬跌入泥中，二月生苗，莖是赤色的。最初不會吃，稱馬蘭頭為惡草，後來學會烹調：將嫩葉苗灼熟，水洗去辛味，再拌油鹽食之，發出特殊的清香，故古人又叫它十家香了。香港人接觸到馬蘭頭，是由滬人帶來的，南貨店中出售，上海菜館裏也常當它是涼拌頭盤，做法是把馬蘭灼熟後切得極幼細，亦將豆乾同樣切細，混在一起，加鹽、淋上麻油而食之。奇怪得很，功夫細的鋪子做出來的就好吃，切得太大了，一點香味也沒有。同一個馬蘭頭頭盤，有天壤之別。

杭州菜做得又比上海菜好，香港的「天香樓」做的馬蘭頭，應視為典範。

除了涼拌，馬蘭頭食法多了，但不為港人所熟悉，其實用火腿、蝦米、雞絲和馬蘭頭剁為餡，拿來做包子，味道也是一流的。做羹的話，剁肉碎為味，加以豆腐的白，馬蘭頭的綠，又香又美。古時上海也有人把馬蘭頭曬成乾，用來燜豬肉，但此菜已失傳了。《隨園食單》記載：「馬蘭頭，摘嫩者，醋合筍拌食，油膩後食之，可以醒脾。」可見和春筍的配合也極佳。從南貨店裏買了馬蘭頭和草頭，再在市場中買豆苗，三種菜下紹興酒來炒，也妙不可言。

# 萵苣

用了萵苣這個正式的名字，反而沒人知道指的是甚麼。因為可以生吃，廣東人乾脆叫它為生菜，分成球形和葉狀兩種，前者叫為西生菜，而葉狀的是中國種，沒加一個西字。

台灣人俗稱萵仔菜或妹仔菜，粗生，用來養鴨，鴨字的發音在閩南語中讀成A，所以餐廳裏為了方便，就叫A菜。大陸人則叫成油麥菜。味道甘而帶苦，很獨特，只有人類喜歡，蟲則避之，所以這種蔬菜很少蟲蛀，不用殺蟲劑，很放心生吃。折斷了葉梗便會流出白色乳液，中國人說以形補形，給坐月的婦人吃，希望她們多出乳液的傳說，沒甚麼科學根據，但是它含有亞硝鹽阻斷劑是被發現的，亞硝鹽是一種致癌物質，有了阻斷劑，萵苣便是一種防癌食物了。

洋人清一色地生吃，很少聽到他們煮熟，不過有些家庭主婦煮青豆時，也愛加萵苣來調味，倒是常見。中國人一味生炒，油下鍋，待出煙，加大量蒜蓉，爆至微焦，便可以炒了，因為沒甚麼肉類調味，一般師傅都下點味精和鹽。精湛的廚師會以魚露來代替鹽，有點腥，味便不寡；又灒紹興酒，更起變化；不用味精的話，一點點的糖，是允許的。因為很快熟，半生也行，所以在炒飯時也有很多人喜歡把萵苣切碎後加入，兜兩兜，就能上桌。

著名的炒鴿鬆，就是用片萵苣包來吃，將葉子不規則的邊剪去，變成一個小碟子，形態優美，吃時在葉上加點甜麵醬。韓國人也是生吃的，用來包豬肉，把滷豬手切片，放在萵苣上，加鹹麵醬、生蒜頭、青辣椒來包，最厲害的是放進一顆用辣椒醬醃製過的生蠔吊味，更是好吃。這種豬肉和海鮮的配合吃法，也只有韓國人才想得出來。

日本古名為乳草，從它流出白色的乳液得來，當今已沒人知道這個叫法，都用拼音唸出英語的 Lettuce，也多生吃，煮法最多是灼了一灼，淋上醬油或木魚湯，叫為湯引 Yubiki。

# 二、水果

# 椰子

南洋椰樹多，生滿椰子，老了就掉下來。說也奇怪，從來沒聽過椰子打穿人家的頭顱。

印度咖喱有它的做法，但星馬人的咖喱，非用椰漿不可。椰漿又怎麼來的？在一堆堆的老椰子中拿出一個，地上豎起一管鐵枝，把老椰插入，就能剝開椰鬃。取出來的椰子打破它的硬殼，椰水流出，已老，不能喝。把分開兩半連殼的椰子拿到一枝鑿着齒紋的鐵片上磨，磨去椰絲，再放進布袋中，大力擠，就擠出椰漿來了。

椰漿用途也廣，做甜品也多數要椰漿，飲料也用它。

把椰肉曬乾，再擠，便見椰油了。製造肥皂不可缺少的原料。

年輕的椰子，就那麼削去頭上的硬皮，鑿個洞，插進一枝吸管，喝清醇甘甜的椰水，最適宜。但是，說甚麼也不夠甜。

真正甜的椰子水，是用一種較小粒的椰子做的。在它的殼剛剛硬，又還沒有老化之前拿到火上燒烤一番，這時候的熱度把椰汁糖化，椰水最甜，香港人稱之為椰皇。把椰漿拿去煮，再滲入黃顏色的原始砂糖，就變成椰糖了。

印度小販頭上頂着一個大藤籃，拿下來把蓋子打開，裏面是把米粉蒸熟後捲成一卷卷的，比一團雲吞麵還小。在米粉上面撒上點椰糖，手抓着吃，是最佳的早餐之一。

另一種早餐 Nasi Lemak 也要用椰漿，把椰漿放進米中炊成香噴噴的飯。上面鋪個十幾條炸香的小江魚，再加很甜的蝦米辣椒醬，是天下美味。

由椰樹生產的食品數之不盡，但最精彩的還是椰子酒。

印度人爬上樹，用大刀把剛長出來的小椰子削去，供應營養給小椰子的樹汁就滴了出來，一滴滴地掉進一個綁在尖端的的陶壺之中，再把酒餅放入自然發酵後，隔日便能拿下來喝。

這時的椰子酒最為清甜。再讓它發酵個一兩天，酒精濃度增加，但變得有點酸，又有種異味，可是喝完之後椰子酒還在你胃中發酵生產酒精，一下子醉人。天下事，再沒有比它更過癮了。

# 柿子

秋天，是柿子最成熟的季節。

柿子種類很多，分吃硬和吃軟的，前者的樣子千變萬化：雞心形、肥矮型，還有四方形的，剝了皮來吃，很爽口；後者越熟越軟越甜，冰凍了更美味。

柿樹極好看，幹烏黑，有時葉子全部掉光，只剩下一樹的柿子，上千個之多，下雪時果實打不掉，在一片白茫茫之中濺了幾滴血。

吃不完，有的在樹上乾了，就變成了天然的柿餅，在寒風中僵硬，沒有了水份，可以保存很久都不壞。

柿餅切成薄片，也可以當成甜品，煮起糖水放進幾片，很可口。

新鮮的硬柿，是做齋菜的好材料，一般齋菜中放味精，是我最反對的，為甚麼不用本身甜蜜的果實入饌呢！

把柿子切成粒炒西芹和豆腐乾，或者用它來炆腐皮。它可代替番茄煮意粉，盡顯另一番滋味。

硬柿還能當盛菜的器具呢。把連枝連葉的柿子剪下，在頭上切它一刀當蓋子，柿身挖空，肉和其他蔬菜炒，再裝進去，美觀又好吃。

當成水果上桌時，則最好選硬中帶軟的柿子，切成一口一塊那麼大，裝在一個鋪滿碎冰的碟中，又紅大白，煞是好看。求變化，再加蜜瓜切塊點綴，更誘人。

榨紅蘿蔔汁時，加一個硬柿進去磨，同是紅色，但味道就錯綜複雜得多。

在西安的市場中，看到當地人最喜歡吃的柿餅，並非整個曬乾了壓扁那種，而是將軟柿打糊，加入麵粉中搓後炸熟的。此餅可以保存幾天不壞，也是怪事，可能柿中有些殺菌的元素吧？

日本的柿，最出名的是富有柿。但是真正好吃的，是叫「西條柿」，產於島根，採下後噴清酒殺澀，甜美之極。日本年輕人也不知道有這種柿。

柿不會吃到酸的，最多是沒有甚麼甜味，如嚼發泡膠。遇到這種啞巴柿，只有加糖曬成柿餅，或者整棵樹砍掉拉倒。

古人說柿上市時，螃蟹當肥，但兩者不能一起吃，否則肚子痛。我年輕時不信邪，照吃，果然靈得很，真是不聽老人言，吃虧在眼前。

# 無花果

無花果真正無花嗎？

有，看不見罷了。整粒的無花果，是個集合果實，裏面藏着一千五百個小實，大家誤以為是種子而已。

這個集合果實裏更有雌花和雄花，但並不互相交結，要靠無花果蠅來傳遞花粉，過程太複雜，在這裏也不一一說明了，如果你想當植物學家，便可深一步研究。

野生的無花果，果實較小，櫻桃般大；種植的很大，似個小梨。外層顏色有綠的或深紫的，集合果實體內也呈紫色。

一般人認為凡是無花果就是甜的，這也不然，近來種植的果樹有很多淡而無味，但體積大，商人加糖後曬乾，騙消費者。

天然的無花果可以很甜，甜到漏出蜜來，在西方菜市場中，見到蜜峰麇至的攤子，多數在賣無花果。

在白糖不是很方便得來的時代，無花果被人珍惜，凡是想把食物弄得甜一點，全靠無花果，鮮的或乾的，用途甚廣。

中國菜裏利用無花果，目的也是為了一個甜字，入饌熟炒罕見，多是用來煲湯，廣東人尤其喜歡，北方人不懂。

日本人更不會用無花果當食材，只有西方人最會做菜，凡是太鹹的東西，一定加了新鮮的無花果，像意大利的前菜生火腿，如果是無花果的季節，就不用蜜瓜了。

在餐廳品之，無花果是一種重要的材料，多種蛋糕布甸，都隨時添上些無花果，它的味道溫和，並不搶去別人的鋒頭。

有些人一直反對用味精，那麼為甚麼不在無花果上動腦筋呢？素菜中，無花果更能發揮作用，將無花果乾剁碎，切粒，切成薄片，都能用來增加齋菜的甜味。

我試過在蒸肉餅時加了無花果蓉，效果很好。做咕嚕肉時，要是不想加糖，用無花果汁也行。如果你認為糖是你的敵人，那麼乾脆用無花果、柿餅和羅漢果等來調味，這些都是天然的東西。但話說回來，蔗糖也是天然的呀，不必那麼害怕，少吃就是。

# 桃

夏天水果，最具代表性的還是桃。

桃很美，美得讓人覺得吃了暴殄天物，尤其是桃花，在三月下旬到四月初盛開，一大片才好看，中國詩詞之中，少了桃花，失色得多。

很少人知道桃屬於玫瑰科，它是一百巴仙中國土生土長的植物，在黃河上游的甘肅、陝西的高原地帶原產。古籍中早已有種植桃樹的文字記載。

桃子呈圓形，但中間像細胞分裂前的狀態，有一道淺痕是它的特徵，像嬰兒的 Pat Pat。

到了七八月，大陸各省都見桃子，又紅又大，但是硬和酸的居多，應該小心挑選，才找到又甜又多汁的。

桃樹從中國傳到波斯，後來去了歐洲，當今連美國也長桃子，出產的蟠桃，著名牌子叫 UFO，形狀像飛碟，故稱之。更像他們的甜圈 Doughnuts，亦叫為甜圈桃，美國水果中，算是貴的了。

一般的桃子分表皮有細毛的和無細毛的。桃肉顏色也分白色、黃色和粉紅色。無細毛桃沒有粉紅色的，果實又硬又酸，加糖水煮之才能進食，味道全變，和生吃不一樣。只能入罐頭之故，英文名字叫為罐頭桃 Canning Peach。

用桃入饌，是個新鮮的想法，一般人只當它為水果，從不去想以它做菜，其實不太甜的可以用來加排骨燉湯，也是很好喝的。

遇到甜又多汁的桃子，切絲混在涼麵之中，也是消暑的好食材。當然，做起甜品來，變化就更多了。自製桃子啫喱很容易，把魚膠粉溶解後，桃子切丁加入，冷卻即成。

有人曾經在礦泉水中加進一個巴仙的桃汁，不甜，但富有桃味，賣個滿堂紅。

自小聽說有種真正的水蜜桃，插一根吸管就可以把汁完全吸光，長年搜索，最後聽到一處生產，即刻趕去嘗試。果農採下一顆桃子，我用手一捏，很硬，絕對不可能吸汁。果農叫我等一等，然後用手拼命把桃子按摩，壓擠到軟了才叫我插管吸，我看了怕怕，就此作罷。

# 西瓜

夏日炎炎，最受人歡迎的水果，莫過於西瓜了，它的水份是九成以上。有一個西字，當然是從西域傳來，原產地應該是非洲中部，尚有野生的。

當今的西瓜既然是人工種植，就變出各類形態來，像籃球般大的最普通，有的是枕頭形的。日本人頑皮，種出四方形西瓜，流行過一陣子；樣子看厭了，價錢又貴，沒甚麼人買，又種出金字塔形的以作招徠。

最好吃的西瓜，來自北海道，皮全黑，叫 Densuke，有普通西瓜的兩倍之大。當今有人嫌黑不雅，已種出金黃色的了。

肉有紅的和黃的，有種子和無種子兩類，瓜子曬乾後拿去炒，中國人愛嗑，豐子愷先生有篇文字寫吃瓜子，最為精彩。

除了當水果那麼吃，將西瓜入饌的例子並不多，吃到不甜的西瓜，別丟掉，拿來煲湯好！

切為大塊，和排骨一起煲出來的湯甚鮮，西瓜的糖分恰到好處，所以不必下味精。煲得過火也不爛，只要注意水份不煲乾就是。

我們做菜，有時也可以拿顏色來分。做一道全黃的，那就是以雞蛋和南瓜為主；黑色系統的用髮菜、冬菇等，紅色的，把西瓜切成薄片，和番茄、蝦仁一塊炒。孩子們看得有趣，就肯吃了。

未成熟橘子般小的西瓜，可以拿來鹽漬，經發酵，帶酸，是送粥的好食材，茹素者不妨醃漬來起變化。

把西瓜挖空，剩下些肉，學習冬瓜盅的做法，把各類海鮮放進去燉，也是一種不同的湯。當成甜品倒是千變萬化，西瓜皮夠硬，可以雕刻出種種美麗的花紋，泰國人最拿手了，簡直是藝術品，吃完不捨得丟掉。

整塊西瓜就那麼咬來吃，嘴邊都沾滿汁液，所以有人發明了一個小器具，像挖雪糕的一樣，炮製出一粒粒圓形的迷你西瓜，容易入口。

有些大廚嘗試把西瓜皮炆了做菜，但效果不佳。它始終無味，也不像柚子皮那麼有口感，雖說窮地方人甚麼都吃，但西瓜皮要煮得很久才爛，柴火的花費更多，沒辦法，只有用來當飼料餵豬了。

# 蜜瓜

一講起蜜瓜，人們就想起了哈密瓜和日本的溫室蜜瓜，其實它的種類頗多，大致上可以分夏日蜜瓜 Summe rmelons 和冬日蜜瓜 Winter melor 兩大類。

前者以意大利的 Cantaloupe 和新疆的 Musk melon 為代表，果肉大多是橙色的。Musk melon 又叫 Netted melon，外皮有網狀的皺紋，日本蜜瓜屬此類，但品種已改良了，肉也呈綠色。

後者以美國的 Honeydew melon 為代表，皮圓滑，呈淺綠色，完全是甜的。

夏日蜜瓜可當沙律，但最多的例子是和生火腿一塊吃，也不知道是誰想出來的主意，一甜一鹹，配合得極佳。

有些夏日蜜瓜並非很甜，尤其是個子小，像柚子般大的綠紋蜜瓜，可以拿來和砵酒一塊吃。一人一個，把頂部切開當蓋，挖出瓜肉，切丁，再裝進瓜中，倒入砵酒，放進冰箱，約兩個鐘，這時酒味滲入，是西方宮廷的一道甜品。

著名的法國大廚維特爾，宴會前國王由巴黎運來的玻璃燈罩被打破，主人不知道怎麼辦時，維持爾把蜜瓜挖空當燈飾，傳為佳話。

當今新派菜流行，也有人要把蜜瓜代替冬瓜，做出蜜瓜冬瓜盅來，但蜜瓜太甜，吃得生膩，並非可取。

蜜瓜當然可以榨汁喝，也有人拿去做冰淇淋和果醬。其實，切開後配着芝士吃，也很可口。

日本的溫室蜜瓜多數在靜岡縣、愛知縣種植。北海道種的叫夕張蜜瓜 Yubari melon，外表一樣，但肉是橙紅顏色的，檔次不高。

肉綠色的溫室蜜瓜，價錢也分貴賤，大致上夏天比冬天便宜。

貴的原因，是溫室中泥土一年要換一次，不然蜜瓜的營養就不夠了。為了使它更甜，當一株藤長出十多個小蜜瓜的時候，果農就把所有的都剪掉，只剩下一個，把營養完全給了它，「一株一果」的名種，由此得來。普通蜜瓜一個三四千円，這種一株一果要賣到一萬多兩萬円了。

蜜瓜可貯藏甚久，要知道它熟了沒有，可以按按它的底部，還是很堅硬時，就別去吃它。

# 鳳眼果

鳳眼果樹，屬梧桐科，可長至三十呎高，葉呈橢圓形，春季開小花，形似一頂小皇冠。花落後長出扁平的豆莢，初綠色，成熟後內外層逐漸轉為朱紅，內藏圓錐形的黑果，最後豆莢裂，呈現果實。人們走過，抬頭一看，好像一雙鳳眼在樹影中瞪着你，故名鳳眼果。

將果實煮熟，撈起後除去紫黑的皮。內還有幾層皮，所以鳳眼果亦叫「蘋婆」，是有其典故。《嶺南雜記》云：「蘋婆果，如大皂莢，莢內鮮紅，子亦如皂莢子，皮紫，肉如栗，其皮有數層，層層剝之，始是肉，被人罵厚顏者，曰蘋婆臉。」

原來鳳眼果也可以用來諷刺厚臉皮的人，外國人不甚了解此果，聽其名。叫為Ping-pong，乒乓的意思。其他名字叫為Horse Almond，馬吃的杏仁。

中國別名為潘安果，也許鳳眼不只是女性專有，俊男亦得。

此樹在澳洲、印度、印尼、越南，甚至到非洲亦出現，但大多數人認為原產地是中國南部，台灣產量不多，在南部是栽培來遮陰，因其葉大，果實則甚少出現在市場中。

到了夏天，香港的蔬菜攤中就賣此種紫黑色的果實，但年輕人已不知這是何物。

老饕見到嘴饞，即刻買回來用滾水去掉其硬殼，取出果仁來，又剝掉半透明的衣，就呈現黃色的肉，煮個一小時，沾鹽吃鹹的，沾糖當甜品。剝皮後燒烤，更香，其味像蛋黃，但若嫌淡，那就要靠五花腩來吊味了。以豬肉紅燒，鳳眼果更是美味。栗子吃厭了，改用鳳眼果，引起食慾。

論營養，鳳眼果的蛋白質很高，又富有維他命，中醫説瘦弱或食慾不振的人，最好吃鳳眼果，是補充體力的良品。

但一般人看到鳳眼果還是先考慮怎吃法，其實也可以用來煲湯，加蓮子、百合、雪耳、白菜和豬腘一起滾個兩三小時即成。吃素的可依上述之方，但不加肉。當成甜品的話，把薑拍碎，加黃糖來煲，不遜番薯糖水。

# 橄欖

橄欖分東方和西洋兩種，前者兩頭尖，後者圓形，是一種壽命很長的植物，公元前五千年已有人栽培。

東方欖有綠色和黑色的，因果實苦澀，用處並不廣。綠欖細嚼之，有種甘味，很獨特，可以生吃；黑欖是蒸熟了浸在鹽水中，發酵後成熟，以鹽漬之，是窮苦人家吃粥的餸，價錢低微。有些人乾脆將肉棄之，破核取欖仁，是做月餅的主要材料之一。橄欖核堅硬，潮州人用來燒炭。

橄欖做成蜜餞的例子反而很多，用糖和甘草醃製，曬乾後紙包，交易時小販扔上二三樓，成為著名的飛機欖。

中國的生產區並不廣，故很少聽到有橄欖油這種東西；到了西方，可說遍地皆是。

西洋欖在沙漠中也能生產，中東、希臘最為茂盛。凡是被回教徒征服過的歐洲國家，都種滿橄欖，像西班牙就是一個例子。天氣一熱，橄欖就種了起來，意大利全國都長橄欖，榨出來的油，和黑醋擺在餐桌上，有如英美人的胡椒和鹽，生活上離開不了。

除了榨油之外，當成小吃。分兩派，發酵的和不發酵的。前者浸在梳打水之中，再鹽醃；後者乾脆只浸鹽水。因為西方欖有極強的鹼性，不能生吃，否則傷胃。

但它富有脂肪和維他命及無機物，澀味能增進食慾，有益肝臟，也可降血糖，很受人愛戴。

在西班牙，有黃、綠到紅、黑顏色的欖，加入海鮮飯中，也拿來做薄餅，當成沙律的例子最多，有時也煮湯煮肉。

用在雞尾酒中，Martini 裏面加一粒綠色的橄欖。最高級的用又肥又大、裏面帶核的。一般酒吧用的只是一小粒圓形的，中間挖空，塞入櫻桃。

意大利人也愛塞東西進橄欖，用的是紅蘿蔔，浸在橄欖油中，連油吃。

橄欖樹野生的可長至二十多尺高，當今栽培，都控制在十幾尺。見到沙漠，必想起橄欖樹，《橄欖樹》的名字，詞和曲都被美化了，代表了自我放逐，浪漫之至。

# 桔子

桔子，洋名為 Calamansi，味道絕對與檸檬不一樣，也與賀年的金桔不同。圓形，像顆迷你台灣柳丁或泰國甜橙，魚蛋般大。

原產地應該是菲律賓，該國用桔子做菜的例子最多。從菲律賓傳到馬來西亞，馬來菜也很着重以桔子調味。馬來西亞一帶流行，新加坡人也跟着喜歡了。除了這些國家之外，沒見過其他地方人吃桔子。星馬人移民到澳洲的多，到了柏斯和墨爾本，偶然也見桔子。

味酸，是桔子的特色，有一股清香，在檸檬之中找不到。它很粗生，鄉下人都在院子中種幾棵，下種子後由它自生自滅，一兩年後就長至三呎左右，生滿桔子，至少有上百粒之多。

外皮呈深綠色的，切開之後是黃色的肉，並有許多種子，擠出來的汁也是黃色。擠桔子汁時要橫切，依果實內瓣直切的話，就很難擠出汁來。

拿個小鐵網斗，把種子隔開，擠出來的汁加入冰水、白糖，就可以那麼喝了，是菲律賓和馬來西亞最普通的一種飲料。

很奇怪地，桔子並沒傳到泰國、寮國或柬埔寨去，所以在香港的泰國雜貨店中也找不到它，他們做的菜中也不見桔子，只有菲、馬、星等地採用，炒一碟貴刁或來碗叻沙，碟邊一定奉送半粒桔子，讓你擠汁。

凡是用到醋的地方，這些國家的人都會用桔子代替，它的酸性厲害，絕不遜於醋。

最佳飯前菜，是把蝦乾浸軟後剁爛，加蝦膏和舂碎的豬油渣和指天椒，最後撒白糖，淋大量的桔子汁進去，甜酸苦辣，聚在一堂。

桔子肉沒用，皮倒是上等的乾濕貨，有如嘉應子般被當地人喜愛。

做法是摘下桔子，把一個陶甕倒翻，露出粗糙的缸底，抓住桔子在上面磨，磨去皮上酸澀的部份。這時，把整粒桔子割四刀，壓扁，去掉肉和種子。加糖醃之，曬乾後便可進食，味道十分甜美，百食不厭。這種桔子乾可在吉隆坡的街頭巷尾買得到，價錢非常低廉，多數是在怡保製造的。

# 枇杷

枇杷原產於中國，一千年前已有人培植，後來傳播到日本去，因為它耐熱禦寒，可以種植在很廣闊的地帶，從以色列、印度到美國和歐洲諸國都能生長，但其味道太過清淡，並沒在中國和日本之外流行起來。

屬於玫瑰科的常綠樹，枇杷可以長到二十三呎高，木質優秀，拿來做管弦樂器是一流的，英文名為Loquat，最初傳到歐洲，是當為觀賞用的，很少人會去吃它。

果實有雞蛋般大，有黃、橙和琥珀色的外皮，若帶斑點，則表示已經完熟，是最甜的時候。中間有四至十顆的硬核，洋人曾經將核磨成粉當香料，但已失傳。

日本人的枇杷，洋人叫為「日本枸杞Japanese medlar」，和枸杞也有親戚關係，但枸杞實從來沒長得那麼大，這個叫法有點不當。

古時枇杷摘下之後容易腐爛，做為商品並沒太大的價值，但最近已把它的基因亂改，已能耐久。不過其味盡失，當今要吃到又甜又軟熟的枇杷，已經難得。

真正的枇杷有陣清香，是別的水果所無，水份糖份都充足，但為期極短，當今只能在日本找到，價錢極貴。

皮有細毛，多數人會剝了才吃，其實皮的營養極為豐富，只要洗得乾淨，又將細毛揉走，就那連皮吃，味道更佳。

除了生吃，枇杷還可以製果醬，也能混入魚膠粉，做為啫喱，喜歡它的清香的洋人，也有把枇杷當成沙律來吃的。

當今在市場上買到的枇杷，酸的居多，又甚硬，但是個頭比從前的大，肉又厚，售價便宜，惟有將之入饌。

頂部片掉，挖空核後，把蝦、豬肉剁爛，撒上大地魚乾磨成的粉末，混在一起後釀入枇杷中，隔水猛火蒸個十五分鐘，即成。記得把枇杷的底部也削它一小刀，才能平放，上桌時在碟子上排成一圈，又美麗又好味。

將酸枇杷用糖水煮一煮，切半，挖出種子，然後用玫瑰、青檸和黑加侖汁煮各種不同顏色和味道的大菜糕，澆入枇杷中，冷凍凝固後，又是一道很特別的甜品。

# 楊桃

楊桃果實呈橢圓形，大如童鞋，初綠色，熟後呈金黃，有五條突起的稜脊，橫切之，如星狀，故洋人稱之為星果 Star Fruit，或叫為 Carambola。

原產地該是爪哇，當地人叫做 Belimbing Manis。當今產量最多的是馬來西亞和台灣。傳到中國，早在漢朝就有栽培記載，最初是在嶺南和閩中，但在雲南亦有種植，一名五鈞子、五稜子、羊桃。楊桃是從陽桃的訛音演繹出來的。李時珍云：「五斂子出嶺南及閩中，其大如拳，其色金黃潤綠，形甚詭異，皮肉脆軟，其味初酸久甘。」

大致上可以分為酸楊桃和甜楊桃兩大類，前者綠色，可長高至二三十尺，粗生；後者黃，樹矮小。種植方法多是接枝，在枝幹上用泥土包口，長出根後鋤下種之。楊桃有種子，如果用種子種出來，甜楊桃也會變種為酸楊桃。

今人研究又研究，本來只在中秋前最成熟的楊桃，已變為一年到尾都能生長，而且還有一些沒有種子的品種。

楊桃有薄皮，外層蠟狀，削去棱脊硬背即可切條生吃。有生津止渴、解毒醒酒的作用。根部可止血止痛，花白色帶有紫斑，煮之可治水土不服。

仔細聞之，楊桃有種獨特的香味，與佛手一樣，供奉神明亦為佳品。

果實含有蔗糖、果糖、葡萄糖，另有蘋果酸、檸檬酸、草酸，以及大量維他命。在台灣是最受當地人歡迎的水果之一，自古以來已知用來煮湯或浸漬成汁當為飲品，到處可見小販叫賣：「新花不似舊花，舊花食落無渣。」

賣楊桃汁最著名的小販有個古怪的名字，叫「黑面蔡」。

楊桃在西方和日本韓國，都得不到接受，而香港人似乎也不當它是甚麼好吃的東西，餐後的水果盤中，甚少楊桃出現。印度人種植得普遍，多數是醃製了當成果醬來刺激胃口，煮咖喱的例子則無。只有南洋人和台灣人愛之，酸楊桃是做蜜餞的主要材料，鹽漬和糖醃皆行，或曬成乾，也做罐頭和果醬。

新鮮榨的楊桃汁甚甜，果實煮後又另一番風味，兩者皆宜。楊桃性稍寒，多食傷脾胃，如果當成醫療，最好別冷凍或加冰，但是楊桃汁若不冷飲，就不會喝個不停了。

# 香蕉

香蕉，原產於馬來西亞，現已傳到熱帶和亞熱帶的各個國家去，像印度、南美諸國、台灣的香蕉業更為茂盛。中國南方也產香蕉，珠江三角洲以北的地方，只生葉不結果，稱為芭蕉，觀賞居多。

當今已是貧窮國家當為主要糧食的香蕉，除了生吃，還可以煎、炸、煮，加糖曬了製為乾果，也可以脱水，像薯仔片當為零食。

葉子拿來包紮食物，越南的扎肉，馬來西亞的早飯Nasi Lemak，都加以應用。包了烤魚，更為流行。印度人把蕉葉鋪在草地上，添了米飯和咖喱汁，就那麼進食，當為飯桌，用途多得不得了。

樹一般都長得十尺高，看到的幹，其實是根與葉之間的連接物，稱為偽幹，又叫假幹，非常軟弱，用開山刀一斬，即斷，但它可以支撐整叢香蕉，耐力極強。

一軸香蕉可長十六至二十束，稱之為「手」，每手之中有十幾條長形的果實，就是香蕉了。

生時皮綠，熟後轉黃，有斑點的香蕉才是最熟最甜。有些香蕉還長紅色的皮，叫為紅香蕉 Red Banana，英文名為 Morabo。

台灣產的香蕉是北蕉種，閩南人和潮州人都叫香蕉為芎蕉，有一尺長。

小起來，只有肥人手指般粗，來自印度居多，非常甜美。印尼也有一丈長的香蕉，當地人用湯匙舀來吃，種子奇大，一顆顆像胡椒一樣從口中吐得滿地皆是。

每一軸香蕉的尖端，長着紫紅色尖物，抓起硬瓣，才見裏面黃色的花，趁它還沒有成熟之前，切成碎片，可當為香料，馬來人的沙律叫羅惹 Rojak，少不了這種香蕉花，泰國人也喜歡拿它來做咖喱。

炸香蕉 Pisang Goreng，是南洋最流行的街邊小食之一，小販用一大鑊油，把香蕉剝了皮，沾上麵粉，就可以炸起來，香蕉炸後，更香更軟熟更甜。

有一傳說，伊甸園其實是在當今的斯里蘭卡，亞當和夏娃在樂園中生活，用來蓋下體的是香蕉葉。想想也有點道理，一片無花果葉，怎麼遮得了呢。

# 菠蘿

菠蘿是廣東人的叫法，閩南人稱為鳳梨。由哥倫布從南美帶回歐洲時，也不知叫甚麼名字，樣子有點像松毬 Pine cone，但又是果實，兩者並取，叫為 Pineapple。

當今的空運和保鮮都很發達，菠蘿不再是甚麼稀奇的水果，古時候的歐洲人覺得最珍貴，是帝皇級的人士才享受得到，許多繪畫和樓梯柱子，都以菠蘿為題材。

菠蘿傳到中國，只在珠江三角洲和海南島及福建一帶生長，其實它也耐寒，但天氣太冷果實帶酸，又長不大，多作為觀賞用。

尖刺般的葉像鳳尾，叫為鳳梨，其實比梨大出許多，有長形的柚子般大，上有豎起來尖葉的頭。菠蘿是由很多小果實組成，仔細觀察，會發現皮有很多六角形的模樣。

頭上的叢葉，熟了很容易拔掉，菠蘿無核，以頭葉種植，就可以長出果實來，很粗生。

一般都很酸，但品質優秀的菠蘿非常甜，原產地應是巴西或巴拉圭，當今已在南洋諸國普遍種植，夏威夷產量更多，入罐頭出售。

因為有種手榴彈的樣子也像菠蘿，東西方都叫炸彈為菠蘿。香港暴動時。就有請你吃菠蘿的俚語出現。

果實有粗糙的纖維，多吃了會割破嘴，它的酸性又重，時有引致墮胎的傳說，古時性知識不足，未婚女子懷了孕，拼命吃菠蘿。

因為由小果實組成，每顆果實上都有尖刺，洋人切菠蘿，很厚的一層完全除去，東方人手藝較巧，削成一道道的渠坑，保留更多果肉，花紋又美。中間那條「心」較硬，好品種的菠蘿心很脆，特別甜，是最好吃的部份。

生吃最普遍，做成罐頭，口感就不一樣了。菠蘿也可以切成一圈圈，日曬後製成乾果，歐洲人更愛將它製成果醬。

中國人將菠蘿入饌，咕嚕肉這道菜少不了菠蘿，煮炒皆宜。泰國人則一面當為食材一面當為裝飾，把菠蘿肉炒飯後再塞入挖空的殼中焗之。印度人的咖喱中也用菠蘿，著名的咖喱魚頭中一定用上。馬來人的沙嗲，華人化之後，把菠蘿磨成細蓉，加在沙嗲醬中，才算正宗。

# 梅

梅，是中國原產，五瓣的白花，象徵着中國，自古以來已培植，後來傳到日本，洋人不懂得，以為是日本種，而且他們也常把梅、杏和西梅混亂，本來叫為Plum，後來又叫日本杏Japanese Apricot，洋人又稱之為日本西梅Prune Japanaise。

從望梅止渴這句老話中，我們可以理解梅實是酸的，但並不一定如此，也有些熟後很甜，顏色也不限於綠，有黃、紅、紫數類。我們叫的酸梅，多指醃製過的，把生梅採下，用大量的鹽來醃，那麼果實便會變硬，綠色也變為黃色。黃色的酸梅可加糖沖水喝，也能當食材，潮州人蒸鮮魚，多數鋪上幾顆酸梅來辟腥，它也很刺激食慾，在夏天胃口不佳時，用豬肉碎煮酸梅湯，是簡單又上乘的湯水。

如果逐漸把鹽份加重，又不日曬的話，就可以製成很爽脆的硬酸梅，通常都是選小顆的。傳統的日本早餐中，一定有顆這種小酸梅，沾一點白糖，嚼後送一口茶，通腸胃，才開始吃別的東西，非常健康。

日本人的梅製品很多，用紫蘇葉一浸，便成紅色。甚麼其他材料都可以拿來醃梅，最普遍的是用木魚絲來漬，清淡有魚味。青梅浸的酒，也開始流行起來，做法其實很簡單，只要花點心思。首先，將青梅洗乾淨，擦乾水份，最好是日曬一天。拿一個大玻璃罐，把梅放進去，加大量的冰糖，最後注入燒酒——用番薯做的，或用米釀的孖蒸之類，較烈的二鍋頭也行，浸上一兩個月，就能喝之。

中國庭院中觀賞的叫庭梅，也稱之為郁李，樹高五六呎，四五月開桃色的淡紅小花，六月結果，大若鵪鶉蛋。將果實鹽醃後日曬，曬至完全枯乾，就是我們叫為話梅的零食了。古法只加鹽，但今人多加糖精製之，台灣人做的紹興酒，難喝，故加話梅。

話梅有糖精，多難吃的東西都變為可口，現在流行的所謂新派菜中，將青瓜等涼菜加話梅，炒蝦炒肉也加話梅，吃的都是糖精，叫為新派菜，不如叫糖精菜。

# 蓮霧

蓮霧原產於馬來半島，當地人叫為Jambu，十七世紀時由荷蘭人引進台灣，用它的原來發音按上蓮霧這個名字，甚淒美。

查台灣的農產品介紹網，說它的英文名為臘蘋果Wax apple，其實不對，俗名應叫為玫瑰蘋果Rose apple才正確。

中國南部氣候較熱的地方亦見，並非種植來收成，多是棄種子野生的，叫為蒲桃或番果。香港亦有零零星星的蒲桃樹，三月左右開白色的細絲花，有香味，到五六月結果，圓形，淡綠色，裏面有顆種子，搖晃起來咚咚有聲。氣味甚香，果肉甜，但經過果樹者皆不敢採摘，傳說生很多蟲，這都是生活水準漸高的現象，從前的小孩子照摘來吃。

蓮霧移植到台灣後，可發揚光大，當成水果工業來大量種植。本來，它的結果期短，又易爛，在原產地的南洋只摘野生者販賣，不成氣候，但是台灣農業改變它的生殖方法，使產期延長，花期增加，年達五六次，果實成長為五代同堂。

這時，果實從外狀到肉質都起了變化，本來粉紅色的，漸成深紅暗紅；肉的質地越來越脆，甜度逐漸增加。

到最後，出現了珍貴的「黑珍珠」品種，蓮霧的售價驚人。後來，在高雄縣更培植一些可以與「黑珍珠」匹敵的品種，稱為「黑鑽石」。但很少出口，多被台灣有閒階級吃光，運到外國的，外貌漂亮，已帶酸了。

還是原來長在馬來西亞或新加坡的Jambu可愛，不是一個個生，長起來一大串數十粒，粉紅色，外表幼滑得像初生嬰兒的皮膚。

十棵果樹之中有九棵長出來是酸的，偶爾吃到甜者，就那麼伸手上去摘來吃，味道天然，並非台灣的蓮霧可比。

遇到酸的，摘下後洗淨，切半，除去果肉的硬核，放在冰上。從廚房找到黑醬油，倒入碗中，再撒大量的白糖，若有紅色辣椒，切絲拌之，拿來沾蓮霧，甜酸苦辣。不懂得欣賞的外國人看到了，認為是野蠻人一個。

做西餐時，把蓮霧切絲，混在蔬菜之中當沙律，有預期不到的效果，好吃得很。

# 野莓

野莓，很難有定義，它並不屬於葡萄或番茄等大量生產的果實類。凡是野生的，肉薄多汁的莓類，都叫野莓吧。

最重要的野莓，當今也有人種植了，像最近大家認為有明目效能的「藍莓 Blueberry」，也有二十多種種類，經挑選和品種改良，當今生產的是小指指甲般大的果實，表面有一層白色的薄粉，果實帶酸，改種後已是非常香甜，在超級市場有新鮮的賣，可以生吃，但多用在雪糕、果醬和浸水果酒，做餅時也常加入藍莓。

「紅莓 Raspberry」最像「草莓 Strawberry」，但也有二十種以上的分別，雖說多為野生，但在古羅馬時代已有培植的記錄，因易爛，從前很少在市場上見到。當今改良，在超級市場中已有販賣。

「黑莓 Blackberry」的栽培很遲，要到十九世紀初才在美國開始，品種改良後，本來帶刺的莖，變為平滑。黑莓的喜愛者不少，做成果醬的尤多。

「黃莓 Gooseberry」照名稱上看，是鵝吃的，它的樣子很怪，先有一個像燈籠一樣的罩，打開了才見黃色果實，成熟後很甜。當今在山東等地大量種植，當地人叫為寶寶。

「銀莓 Silverberry」的果實並不是銀色，是灰黃罷了，中國名為「茱萸」，是野莓中較大的。多數是生吃，但也用來浸酒，有藥性，可治肚瀉，並能止咳。

「苔桃 Cowberry」，並非桃色，而是赤紅。顧名思義，是牛吃的，從北歐到美洲，分佈極廣，酸性重，只有鳥類肯吃。

很多人不知道，「桑椹 Mulberry」也屬於野莓的一種，紫色的小粒結成的果實，非常甜。當今在廣東一帶已有人大量種植，做成果醬和果汁，能幫助消化，也據説有強精補陽之功能。

不是每一種野莓都能摘來吃，有些顏色鮮艷的，像「肥皂莓 Soapberry」和「雪莓 Snowberry」都有毒，在郊外散步，有專家做嚮導才可採摘，還是在超級市場買到安全。

# 桑椹

桑椹 Mulberry，是養蠶的桑樹果實，小指般大，紫黑色，由一粒粒小苞組織而成。

若不是在公寓中長成的孩子，就能在原野找到桑椹，掉得一地都是，撿來吃，很甜，結果被果汁染得滿手滿面，印象最深。

桑椹的種植已有五千年的歷史，《詩經》上也有「維桑與梓，必恭敬止」這一句，西洋《聖經》亦記載過。桑源自尼泊爾，在中國發揚光大，為蠶蟲唯一吃的葉子。英國皇室也曾經學中國人養蠶而種桑樹，但因氣候，最後還是失敗的。

中藥書上記桑椹味甘、酸，性寒，無毒，能滋陰補血，生津潤腸。西醫研究出桑椹含有葡萄糖、維生素、鞣酸、蘋果酸及胡蘿蔔素，營養價值比蘋果和葡萄更高。

當今珠江三角洲已有人大量種植，每年結果兩次，但因桑椹極易腐爛，不能成為鮮果商品，只可榨汁出售。

用桑椹和糯米來煲粥，熟後加冰糖，可當藥膳，經常吃之對血虛引起的頭暈，很有效果。

中東一帶和阿富汗等國，把桑椹叫為 Shan Tut，為皇帝的果實，多數是曬乾後春成粉製麵包。桑椹乾果和核桃混合，做為甜品，名叫 Chakidar。

用來浸酒，過程是在玻璃瓶中以一層桑椹一層冰糖，加入米酒，醃製三個月即成。但米酒有獨特的味道，還是買日本的醃果實酒來做較佳，不然以俄國伏特加浸之。

製醋一般人則是加以米醋，但同樣有異味，應用西洋的無味果實醋炮製。亦可做為膏，將桑椹和冰糖放入鍋中，微火加熱，熬至完全溶化，再持續加熱，令桑椹汁濃縮至膏狀，可保存甚久。西洋人加糖食之，成為果醬，道理相同。

當今研究出桑椹對保護皮膚有功效，也能令頭髮變黑，故紛紛製成化妝品，有潔臉慕絲、洗髮液、護髮膏等等。

桑樹可活至六百年之久，其葉除了蠶食之外，韓國人也嗜之，常用鮮葉來包肉類，也將它用醬油醃製，一頁頁地包着白飯吃。印度菜中，咖喱裏加桑葉的例子亦出現過。

# 山楂

山楂，拉丁學名為Crataegi Fructus，沒有俗名，可見不是與西洋人共同喜歡的食物，中國的別名有焦山楂、山楂炭、仙楂、山查、山爐、紅果和山裏紅。

山楂可以長高至三十尺。

春天開五瓣的白花，雌雄同體，由昆蟲受精後長出魚丸般大的果實，粉紅至鮮紅。

秋天成熟，收穫後三四天果肉變軟，發出芳香。

新鮮的山楂果在東方罕見，看到的多數是已經切片後曬成乾的。

一顆顆的紅色山楂果實，可以生吃，但酸性重，頑童嘗了一口即吐出來，大人則在外層加糖，變成了一串串的糖葫蘆。

到南美或有些歐洲國家旅行，有些樹上長的，像迷你型的蘋果，很多人不知道，其實也屬於山楂的一類，通稱墨西哥山楂，英文名字為Hawthorn，味甚酸，當地人也喜歡用糖來煮成果醬的。

營養很高，一百克的山楂之中，含有九十四毫克的鈣、三十三毫克的磷和二克的鐵。富有維他命C，比蘋果要高出四五倍來。

凡是有酸性的東西，中醫都說成健脾開胃、消食化滯、活血化瘀等，更有醫治瀉痢、腰痛疝氣等的功能。

最實在的用途，是聽老人家的教導：在炆老雞、牛腿等硬綳綳的肉塊時，抓一把山楂片放進鍋中，肉很快就軟熟，此法可以試試看，非常靈驗。

最普通接觸到的，當然是山渣膏或山渣片了。

喝完了苦澀的中藥，抓藥的人總會送你一些山楂片，甜甜酸酸，非常好吃，也吃不壞人，當成零食，更是一流。

因為酸性可以促進脂肪的分解，山楂當今已抬頭，變成纖體健康食品。

台灣人發明了一種叫「山楂洛神茶」的，用山楂、洛神花、菊花、普洱茶來炮製，說成是最有減肥作用的飲品。

如果要有效地清除壞的膽固醇，用山楂花和葉子來煎服用亦行。

山楂涼凍是用大菜來煲山楂，加冰糖蜜糖，煮成褐色透的液體，有時還會加幾粒紅色的杞子來點綴，結成凍後切片上桌，又好吃又美觀。

而和日常生活最有關連的就是山楂汁了，做法最為簡單：抓一把山楂片，用水滾過半小時，最後才下黃糖即成，味淡冷凍來喝，過濃加冰。

為甚麼有些地方的山楂汁更好喝呢？用料就是複雜一點，加金銀花、菊花和用蜂蜜。

當成食物，可用山楂加糯米煮成山楂粥。當成湯，可用山楂加荸薺及少許白糖煮成雪紅湯。

日人叫為山查子Sanzashi，當今在日本已見有罐頭的榨鮮山渣汁出售，也有人浸成水果酒。

近年來，西醫也開始重視山楂，認為是治血壓高的良方。在德國，一項研究指出山楂有助強化心肌，對於肝病引發的心臟病有療效，製成藥丸來賣。

有種中國的成藥叫「焦三仙」，是由山楂、麥芽、神曲製成，用於消化不良、飲食停滯，從前的老饕都知道有這種恩物。

如果不買成藥，老饕們也會自己煲山楂粥來增進食慾，或用山楂和瘦肉來煲湯。

最有效的，應該是山楂桃仁露，做法為把一公斤山楂，一百克的核桃仁煲成兩三碗糖水，最後下大量的蜜糖。

# 黃皮

和荔枝一齊出現的，是黃皮。

黃皮樹一般長得和荔枝樹一樣高大，當今兩種樹都變種，矮小了許多。應該是完全中國的果樹，連東南亞各國也沒聽到種植過，莫說西洋了。

《本草綱目》記載：「出廣西橫州，狀如楝子及小棗，而味酸。」酸，是黃皮的特徵。樹上一串串長着拇指頭般大的果實，皮黃，故名之。近聞有一股清香，也是黃皮獨有的。

也有甜黃皮，酸味極少；酸黃皮，酸味頗重；還有苦黃皮，只當藥用。

所有酸的東西，中國人都認為生津止渴。藥用上，黃皮有清除胸腹脹滿的功能。黃皮肉白、核綠色、極苦。若要做為食療用途，據專家說，吃黃皮十餘個，連皮帶核，慢吞細嚼，自然氣順痰降，胸腹翳滯消除。平日有疝氣者，當病痛發生時，照這個方法亦行。

將黃皮醃鹽，變得漆黑，味道又鹹又酸，不是黃皮季節時，可在藥材店購入，用碟載着，放在飯上，蒸後食之，效果與新鮮的相若。

黃皮為常綠喬木，嫩枝黃綠色，表面濃綠色，背面稍淡。葉面光滑具有透明小油胞；為奇數羽狀複葉。農曆三至四月開白色的小花，果實五月開始成熟，呈球形或卵圓形，表面黃色生褐色短毛茸。

古人傳說過，黃皮的葉子可以用來洗髮，或作禿頭生髮劑。現在的藥劑師不妨追尋研究，說不定可能發生奇蹟。

說到奇蹟，古人想不到的，是當今種出無核黃皮來。

廣東郁南縣建城鎮人曾乃禎，在一九三四開始在庭院中接枝，種出無核黃皮。僅存兩棵，至今仍在，每年均開花結果。

從這兩棵母樹，郁南縣開始大量種植無核黃皮來，從九十年代至今已有六萬多畝，經不斷變種，無核黃皮粗生易栽，病患害少，種植後三年即可生產，果實比從前的黃皮大。有種特甜的，很受海外水果商重視，紛紛下訂單，已供不應求。

# 西梅

西梅，有個西字，顯然是西方進口，香港人叫布冧，是英文名Prune的音譯。與在中國種的李有點不同。日本人則稱之為醋桃Sumomo。

果實為橢圓形，日本種是圓的，深紫色，包着白色的粉狀物質，被叫為醋桃，是因為未成熟。在樹上看到，表皮有點皺的才可採下來吃，此刻最甜。

曬乾後，紙盒包裝的西梅，賣得最多，都是美國製造的。西梅原產於黑海，在十九世紀傳到了美國，目前佔全世界產量的七成以上。

種植西梅，可由種子播起，也能在外國的園藝店買到樹苗。注意一種就要種兩棵，因為這樣花粉才能互相傳播，否則很難長出果實來。

樹苗一吸收陽光，很快地往上長，一兩年就可以高到五六呎來。園藝家們在樹苗長到三呎高時，將它橫折，西梅察覺再也不能長大時，就拼命傳後代，長出又肥又大的果實來。

西梅和杏、桃、李都屬同科，和櫻桃尤其接近，大小不同罷了。現代果農將它們接枝，種出桃駁李、李駁梅等新品種來，但是純種的紫色西梅，是最甜的。

西洋料理中，西梅是重要的食材，塞在乳豬或鴨鵝裏面來拿去烤，西梅的酸性使肉質柔軟，甜的物質則用來代替砂糖。

一般都是當水果生吃，產量多了就拿來做果醬，或製成啫喱，中國菜中很少用西梅入饌，中國人也對西梅的認識不多。

其實西梅除了紫色的，也有白梅 White Plum，皮白肉白，圓形，七月中旬結果。這種梅酸性少，大多是甜的。

肉硬，顏色由淺紅至深紅的種叫 Santa Rosa，是北美洲的土產梅子，從名字聽來，似乎是西班牙人在墨西哥發現的。

鮮紅顏色的名字很好聽，稱之為「美 Beauty」，酸甜適中，多汁。

至於暗紅帶綠，表面有粉的名字是 Soldam，在市場上常見，但已叫不出是梅，是桃或是李了。

# 荔枝

荔枝是最具代表性的中國水果，外國人初嘗，皆驚為天人，大叫人間豈有此等美味。沒有洋名，他們只以音譯的 Lychee 稱之。

數不盡的傳說和詩歌讚美過荔枝，已不贅述。但不能忘記的是「一顆荔枝三把火」這句古語，不然要患荔枝病。荔枝病原來是種「低血糖症」，果實之中含有大量果糖，被胃血管吸收後，必須由肝臟的轉化酶變為葡萄糖，才能被人體利用。過量了，改造果糖的轉化酶負荷不起，不能變葡萄糖時，毛病就產生了。

醫治方法是糖上加糖，補充些葡萄糖則可，不必太過介懷。

荔枝的品種很多，最初出現的是妃子笑，出現於農曆三月，果實皮帶綠色，身價低賤，很多人以為都是酸的，但有些也很甜，核也小。

和妃子笑同時生產的，有種很大顆的，比普通荔枝大一兩倍，廣東人叫它為「掟死牛」，那麼大的一顆，擲向牛，致命的意思，此種荔枝才是真正的不好吃。

糯米糍跟着，最甜了，核子有時薄如紙，但有些人嫌它一味是甜，沒甚麼個性。讓人欣賞的是桂味，香味重，肉厚，核則時大時小。

最具盛名的是掛綠，產於增城，最老的那兩棵樹已用鐵欄杆圍在城壕般的水道之中，所長果實只是送給最高領導人吧。

比樹接枝出來的掛綠子子孫孫，用高級盒子裝載，兩個一盒，賣得很貴，但有些竟然是酸的。

荔枝可入饌，用豬肉牛肉炒之，皆宜。又能去核，塞之以碎肉，煎之蒸之。但一般都是當成水果吃，也裝進罐頭賣。

當今荔枝除了嶺南，也在海南島、福建、廣西、四川、雲南和台灣大量種植，東南亞則以泰國和台灣最為茂盛。孟加拉和印度皆產，分佈之處遠至夏威夷和佛羅里達。

從前只有夏天才看到荔枝，當今冬天也在水果店出現，來自地球另一面的澳洲，起初種植，皮易變黑，亦不甜，如今已變種，不會有這種情形，越來越美。

荔枝的特點是一年多，次年少，一年隔一年。當造的那年，生產過盛，熟了掉地，也沒人去撿，農夫養的走地雞食之。天下雞，以此種最美。

# 龍眼

荔枝生產過後，接着的便是龍眼了。兩種果樹常種於同一個園子中，不是專家，分不出哪棵是荔枝，哪棵是龍眼。

龍眼櫻桃般大，肉半透明，有大核，極像眼珠，故名之。

和荔枝不同的是，龍眼很少有酸的，最多是味淡肉薄而已，一般的都很甜。像荔枝，也是中國獨有的果樹，無洋名，以音譯 Longan 稱之。

只要仔細觀察，就能分辨出荔枝和龍眼。龍眼的樹皮有細條裂狀，即使是年輕的樹，看起來是一副老態龍鍾的樣子。再往上看，荔枝葉子墨綠，龍眼黃綠；前者葉子尖長，像拖着一條尾巴，後者成鈍形或尖銳形，但沒有拖尾的現象。

龍眼於陰曆三、四月開花，花期也是引來蜜蜂來採，製成龍眼蜜。最遲到八月也能在市場中看到龍眼。

荔枝顏色會轉變，從綠到紅；龍眼則是始終如一的褐色，果實其實並不完全黐住種子的，有點離開，只在蒂頭才連在一起，所以剝肉很方便，剝出來的，曬乾，就是龍眼肉，也叫桂圓。

生龍眼和乾龍眼都能作為藥用，早在《本草綱目》中就記載生的具有補益心脾，養血安神的功效，桂圓的功能更加顯著。

龍眼性和平，但多吃也會糖分過高，對身體無益。

新鮮龍眼入饌，去核，塞進一粒小螺肉，有咬頭，味亦甚美。整盤炒出，更是好看。

曬成桂圓，入饌的例子更多，首先有桂園粥，用乾龍眼，加枸杞、大棗和糯米煮之，晨起和睡前服之，有養心安寧之妙處，老少皆宜，尤其適合久病體力消耗者。

龍眼湯是把蓮子、薏苡仁、芡實和桂圓，加上蜂蜜五種材料一齊小火煮一個鐘，連渣一塊吃。

桂圓雞則是用童子雞、桂圓、葱、薑、黃酒和鹽炮製。將雞去內臟，洗淨，出水，撈出，塞以配料，皮抹鹽，在蒸籠蒸一小時左右，即可食之，補血氣，味道又佳。

# 柚

柚，原產於印尼和馬來西亞，當地名叫 Pumpulmas，荷蘭人在殖民地聽到，改為 Pompelmoes，傳去英國則簡成 Pomelo 了。日本名是文旦，也叫 Zabon。

中國在數千年前已經種植，最著名出於廣西容縣的沙田，成為貢品之後乾隆皇帝食之連聲叫好，賜名沙田柚。從此中國人一提起柚，就叫沙田柚；香港也有一個叫沙田的地區，還以為沙田柚是港產的呢。

在馬來西亞怡保生長的柚子，個頭最大，可達十公斤以上，過年時節，當成禮品，供奉在佛像前，叫成富貴柚。

柚子全身可食，肉分成瓣，每瓣有半邊香蕉那麼厚，多數帶酸，味有點苦，甜的較少數，一吃起來是令人愛不釋手的。它多汁，又可儲藏甚久，有的長達半年，而且是越藏越久越甜的，但此時汁已消失，乾癟癟地，無甚吃頭。

皮很厚，通常用刀割開四瓣，就能剝開，內有白瓤，須仔細除去，才見柚肉。

肉分有核與無核的，前者甚多，呈長方形，有尖角，吃後吐得滿地；後者是接枝變種後清除的，但無核之柚，吃起來不像柚。

蝦子柚皮，是廣東名菜之一，做法很繁複，蒸之後撒上蝦子，好此道者大為讚賞，但對於不熟悉粵菜的浙江人來説，花那麼多功夫去處理一種廢物，不應該。

南洋人也只吃其肉，不懂得用皮入饌，頑童們只把柚子皮當成帽子遮陰。

當今在國內也不只是廣西種植，四川也有，其他地區將之變種，長出又甜又多汁的柚子來。

泰國的紅肉柚子最甜，他們會做出一種柚子沙律，深受香港人喜愛。

日本人也會把柚子皮用糖醃製，稱之為文旦漬 Buntan Tsuke，但生吃柚子，始終流行不起來。

韓國人則將柚皮糖漬後切絲，製成飲品，當今的柚子皮汁大行其道。

柚子葉還有避邪的功能，出席葬禮之後，母親就會準備柚子葉讓孩子沖涼，這是別的國家見不到的風俗。

# 芒果

芒果應該是原產於印度，早在公元前二千年，已有種植的記錄。英名Mango、法名Mangue、菲律賓叫它為Manga。中國名也有種種變化：望果、蜜望等。

除了寒帶之外，到處皆產，近於印尼、馬來西亞、菲律賓，遠至非洲、南美洲諸國，當今海南島也大量種植。

樹可長至二三十尺高，每年十月前後結果，如果公路上種的都是芒果，又美觀又有收成。也有瘋狂芒果樹，任何一個季節都能成熟。種類多得不得了，短圓、肥厚、肩平，大小各異；有和蘋果接枝的蘋果芒，粉紅色，也有大如柚子的新種，本來的顏色只有綠和黃兩種。

東南亞一帶的人也吃不熟的，綠芒果有陣清香，肉爽脆，最為泰國人喜愛。一般的吃法是削絲後拌蝦膏和辣椒，也有人點醬油和糖。

中國古代醫學説芒果可以止嘔止暈眩，為暈船之恩物，但芒果有「濕」性，能引致過敏和各種濕疹。西醫沒有這個「濕」字，也警告病人有哮喘病的話，最好少吃。芒果吃多了也會失聲，也會引起嘴唇浮腫，應付的方法是以鹽水漱口，或飲之。

吃法千變萬化，就那麼生吃的話，用刀把核的兩邊切開，再像數學格子那麼劃割，最後雙手把芒果翻掰，一塊塊四方形的果肉就很容易進口了。

好的芒果，核薄，不佳的巨大。核曬乾了可成中藥藥材，可治慢性咽喉炎；肉可曬成芒果乾，或製成果醬。

近年來，把芒果榨汁，淋在甜品上的水果店開得多，芒果惹味，此法永遠成功。又用芒果汁和牛奶之類做的糖水，取個美名，稱之為楊枝甘露，也大受歡迎。

日本人從前吃不到芒果，一試驚為天人，當今芒果布甸大行其道。一愛上了，自己研究耕種，在溫室中培養出極美極甜的芒果，賣得很貴。

適口者珍，但公認為最佳品種，是印度Alpfonso，從前只有貴族才有資格吃的，當今已能在重慶大廈買得到。

芒果很甜，又有獨特的濃味，別的水果吃多了會膩，但只有芒果越膩越繼續吃，有點俗悶，擠不進高雅水果的行列。

# 檸檬

檸檬，指的是黃色的果實，與綠色，較小的青檸味道十分接近，同一屬，但不同種。前者的英文名 Lemon，後者稱為 Lime，兩種果實，不能混淆。

可能由原名 Lemon 音譯，中國的檸檬是由阿拉伯人帶來的，宋朝文獻有記載，但應該在唐朝已有人種植。

據種種考究，檸檬原產於印度北部，在公元前一世紀已傳到地中海各國，龐貝古城的壁畫中有檸檬出現，火山爆發在公元七十年，時間沒有算錯。

檸檬是黃香料柑桔屬的常綠小喬木，嫩葉呈紫紅色，花白色帶紫，有點香味。兩三年便能結果，橢圓形，拳頭般大。在意大利鄉下常見巨大的檸檬，有如柚子。帶着芬芳的強烈酸性，是檸檬獨有的。一開始就有人用在飲食上，是最自然和高級的醋。具藥療作用，反而是後來才發現的。

航海的水手，最先知道檸檬能治壞血病，中醫也記載它止咳化痰、生津健脾，現代的化驗得知它的維他命C含量極高，對於骨質疏鬆，增加免疫的能力很強。當今還說可以令皮膚潔白，製成的香油，佔美容市場很重要的位置。

吃法最普遍的是加水和糖之後做成檸檬汁 Lemonade，它是美國夏天的最佳飲品，每個小鎮的家庭都做來自飲或宴客，是生活的一部份了。

檸檬和洋茶配合最好，嗜茶者已不可一日無此君。說到魚的料理，不管煮或燒，西洋大廚，無不擠點檸檬汁淋上的，好像沒有了檸檬，就做不出來。

中菜少用檸檬入饌，最多是切成薄片，半圓形地在碟邊當裝飾而已。反而是印度人和阿拉伯人用得多。印度的第一道前菜就是醃製的檸檬，讓其酸性引起食慾。中東菜在肉裏也加檸檬，來讓肉質軟化。希臘人擠檸檬汁進湯中。有種叫 Avgolemono 醬，是用檸檬汁混進雞蛋裏打出來的。

做起甜品和果醬，檸檬是重要原料之一。香港人也極愛把它醃製為乾果，叫甘草檸檬。

檸檬的黃色極為鮮艷，畫家用的顏料之中，就有種叫為檸檬黃色 Lemon Yellow 的。用原隻檸檬來供奉在佛像前面，又香又莊嚴，極為清雅，不妨試之。

# 青檸

青檸 Lime，原產於馬來西亞，台灣人音譯為萊姆。體積比黃檸檬小，呈圓形。無核，綠色皮薄，而較光滑。酸性則有黃色檸檬的一倍半之多。

青檸的芳香與檸檬有微妙的不同。檸檬多長於溫帶，而青檸則在熱帶和亞熱帶盛產。

長白色小花，洋人也有將青檸花曬乾加入紅茶的習慣，做法像我們的香片。種類變化極多，有些青檸還帶甜的呢。分佈也很廣，從中東到歐洲、印度和東南亞，最後在美洲落腳。墨西哥的產量最多，他們喝啤酒時流行把青檸切成四塊，擠一塊的汁進去，或者就那麼吸，然後灌一口特奇拉。

和檸檬一樣，富有維他命C，青檸可說是一種「治療水果」，據說能防癌，有降膽固醇之功效，但人們多數只注重其酸味，更是在東南亞料理中不可缺少的食材。

越南菜一定有青檸，先放入他們最喜愛的魚露之中，以中和它的鹽份。柑桔鳳梨雞的做法和中國的咕嚕肉一樣，不同的是以青檸汁代替了醋，豬肉改為雞肉而已。越南的酸湯，用香茅去熬海鮮或牛肉，加上一種叫白露的香料，再淋大量青檸汁而成。

泰國的冬蔭功異曲同工，也需青檸汁。煮起烏頭魚來，更非加不可。最後別忘記檸檬蘇打這種最流行的飲品，用的不是檸檬而是青檸。

變種的青檸，叫為 Calamansi，菲律賓最多，馬來人也最喜愛，反而在泰國和湄公河諸國中找不到。

馬來華僑叫 Calamansi 為桔仔，魚蛋般大，深綠色，肉黃。香味最為濃厚，通常就是那麼擠汁加糖加水加冰來喝。

也可以剘了四刀，擠出汁和取掉核之前，把一個陶缸翻底，用那粗糙部份把桔子皮的澀味磨掉，再加糖後曬成蜜餞，十分美味。

宴客時，先來一道開胃的前菜，做法簡單：把蝦米、豬油渣、爆香的花生及紅辣椒舂碎，切青瓜絲和紅乾蔥片，放鹽和糖，最後擠大量的桔子汁去涼拌。酸甜苦辣，惹味到極點。當然，找不到桔子的時候，以檸檬汁代替亦可。

# 番石榴

番石榴有個番字，當然是外國移植來的。早在公元前八百年，秘魯人已種番石榴，後來傳去西印度群島，再到夏威夷和南洋來，分佈區域甚廣，凡亞熱帶和熱帶，皆見此果。

英文名字為Guava，中國別名番稔，也有人稱之為番桃，台灣人叫為芭樂，南洋人則叫拔仔。

種植後一兩年就能結果，開白色花，葉對生，枝亦對生，故南洋小孩常鋸下後當彈弓。果實種類多，深綠色又很硬的，最為原始，核也多，味苦澀；放置久了果實會變黃，才較柔軟，這時發出獨特的香味，也甜了許多。

也有桃色和紅色的番石榴，切開了分兩層，內面全是核，外邊層方可食，核極難消化，吃下去後原狀排出來。

泰國種的番石榴肉極厚，核部很小，最為好吃，當今的已改造又改造，甚至已用接枝方法，生產出全部是肉，一點核也沒有的果實來。

有些種類一聞之下，有陣臭味，故名雞屎果，但吃下去卻香甜可口，連中國大陸也有人種植，華南和四川盆地均有栽培。

成熟的番石榴呈淺綠色，皮連在肉上，不必削去，即可食之，口感爽脆，味香甜。泰國人還嫌不夠，時而沾甘草粉和黃糖來吃。新加坡和馬來西亞人更把白糖放在濃醬油中，加紅辣椒絲點之，又甜又鹹，別的地方人看不慣，當取笑之。

番石榴所含維他命甚為豐富，屬於健康水果，榨了汁，據稱能止瀉。用它的葉子來煲茶，也說有止糖尿病的功效。

台灣人好食番石榴，經常做成蜜餞、果醬、醋和浸酒，但最流行的是芭樂汁了，當今製成罐頭，擺在食肆中。

二〇〇二年，日本益力多公司研究，證實它有控制血糖的功效，並獲日本衛生局批准為健康食品，但日本人覺得番石榴味道甚怪，至今流行不起來。

素食者把果實挖空中心，可當小碗，木耳、白果、松子炒後置於其中，再蒸熟，連碗嚼之，又好看又好吃。所有用梨來烹調的食物，都能以番石榴代替，變化無窮。

# 波羅蜜

大樹菠蘿是廣東人的叫法，學名又稱木鳳梨，馬來語為 Mangka，英人叫 Jack-fruit，法人稱 Fruit de Jaquier，還是在唐朝從印度傳來時命名的波羅蜜，較有禪意。

樹高十五至二十五米，從幹上直接長出一顆顆的果實，大起來有四五十公斤。皮又厚又韌，長滿小刺，但並不尖，不像榴槤那麼刺人，是世界上最大的。

割開外面這層硬皮後，露出幾百粒黃色小果，拳頭般大。掐出來吃，爽脆帶韌，很甜，少見帶酸的，故以蜜稱之。

氣味並沒榴槤那麼強烈，但也很有個性，喜惡分明。核如荔枝，可以油炸或水煮來吃，味勝番薯。剝開波羅蜜時看見有長條的內瓤，淺黃顏色，是煮咖喱的一種較為罕用的食材。

波羅蜜樹分佈很廣，熱帶最常見，村民後花園種植數株，果實一長出就用報紙包裹防蟲，營養不足的自然淘汰，留着的巨大。樹也耐寒，在亞熱帶也能結果，台灣和香港均產。

有種外形相似，但果實完全不一樣的迷你波羅蜜，馬來人稱為尖必辣，果肉柔軟，更甜，味較濃，核亦可食。

外皮像怪獸的鱗甲，味道又怪，西洋人不能接受，故在他們的烹調書和食材書上難於找到波羅蜜。香港的街市中時常出現，小孩子好奇試之，喜歡了後會上癮，討厭的掩鼻走。

多數就那麼生吃，因為果實被黏性的物質包着，有些人吃前先把波羅蜜浸鹽水。南洋生產過剩，吃不完曬乾成乾果，吃起來已沒甚麼味道，只是甜而已。也有製為罐頭的，比乾果好吃。

新摘的鮮果，果柄和果皮都會流出白色膠汁，放幾天後，膠乳自然消失，果實一成熟就發出強烈的味道，喜歡的人急不及待地用力剁開硬皮，或乾脆把大果切半。這時，才發現刀被很稠的乳液黏着，拔不出來。老手開波羅蜜，多數把刀抹了花生油或椰子油才派上用場。

掐出黃色果實時，手也會被果實外層的黏液黐住，這時用火水來擦手，一擦即刻乾淨，但當今家庭的廚房中已找不到火水，沒有其他方法對付了。

# 火龍果

火龍果是近年才流行起來的水果，最初來自越南，市面上見有一顆顆的果實，形狀甚異，身上帶着尖刺般的綠色軟鱗葉，整粒果實顏色紅得有點像假。

一刀切半，露出灰白色的肉，有一點點像芝麻般大的小種籽，試食之，淡而無味，雖然帶點甜，但糖度不足，故流行不起來。

之後移植海南島、廣西、福建等地，因根系旺盛，吸水力強，具很強的抗熱、抗旱能力，打理簡單，無甚病害，修剪容易，省工省錢，成本很低，大量種植起來，品種也作變更。

當今已有紅皮紅肉的火龍果出現，基因改造，已開始甜了起來，但還是屬於低等的水果。原產於墨西哥及南美，英文名字也用墨西哥名為 Pitahaya，是仙人掌類的果實，外形較蘋果大、較芒果小，長在三角形的柱狀上。當今人工栽培，多用架子讓樹枝蔓延，會開巨大的花朵，大花綻放時發出香味，可作觀賞用，又給人吉祥的感覺，亦有名為吉祥果。

當今在高級水果店中，可以買到黃顏色的火龍果。肉白色，來自哥倫比亞，港人美其名為麒麟金果，味道有意想不到的甜美，和一般的火龍果相差十萬八千里，價錢亦然。

廉價的火龍果，對人體的健康和哥倫比亞產的是一樣的，主要含有一般水果少有的植物性蛋白質及花青素，維他命C含量又比其他水果高，並有胡蘿蔔素、鈣、磷等物質。吃法最普通的是切開，剝皮後生吃，也有榨成果汁的。因其皮韌度夠，形狀又甚美，有些大廚就把肉挖出來後，將火龍果汁和魚膠粉製成啫喱，切粒，再裝進果殼中上桌，這都是因為火龍果本身味淡而做的功夫，哥倫比亞的黃色麒麟金果，就怎麼吃也行。

雖屬仙人掌科，但與真正仙人掌生長出來的果實不同，名字各異。仙人掌果英文名字叫 White sapote，西班牙文為 El Zapote blanco，產於墨西哥高原，皮有尖刺，也有些是平坦的，顏色並不鮮艷，像番薯，也有黃色的，切後見其肉是赤紅色，也有芝麻般的小種籽。此果最甜，亦能釀酒，做果醬和雪糕，用處諸多，在墨西哥受歡迎的程度，比火龍果高，兩者不可混淆。

# 山竹

榴槤為水果之王，山竹是水果之后。山竹的地位，永遠較為低微。正是山竹味道清新，並不劇烈之故，凡是個性不強的東西，總次之。

山竹，英文名為Mangosteen，名中有個芒果的字，但與芒果一點關係也沒有。

樹形甚美，可長高一二十米。單葉對生，葉呈橢圓形，開紅色的花，結果季節與榴槤相同。山竹木堅硬，又甚甸重，可製造傢俬。

果實和網球一般大，又紫又黑。蒂有黃綠色的果柄，果蒂有如半個銀鈴，一共有五六瓣。皮很厚，但不堅硬，用雙手一掰，即能打開。考究一點，用把刀在圓果中間橫剁，便能把半圓球形的上半殼打開，果皮肉瓤是很美麗的紫色，中間便有雪白的果實了。

如果把果實一翻，在底部有個花朵形的圖案，就是它的臍了。臍有多少瓣，裏面的果實便有多少瓣，一定不會錯，可以和洋人及小孩玩這個遊戲。

也可以警告他們，千萬別給果皮的紫色液體沾到衣服，否則絕對洗不脱的，也因為如此，有些人用山竹皮液來當染料。

果肉像蒜瓣一樣藏在皮中，有時給蒂上的粘液染成黃色，並不必介意，不會影響其味。熟透的果實，有時會變成半透明，這情形之下最為甜美，一般的帶酸居多。

小瓣的無核，大瓣的帶核，吸噬後露出核來，但也有很多纖維粘住，吐在泥土中，當成幼苗的營養。

山竹具有清涼解熱的作用，這剛好與榴槤的乾燥相反，一屬大熱，一屬大寒，上天造物，實在奇妙。

通常都是當成水果生吃，但也有例外，在加里曼丹和菲律賓之間的蘇路群島中，所生的山竹特別酸，當地人用黃砂糖泡之。

馬來西亞人也醃製山竹，稱之為 Halwa Manggis。

當今的山竹品種已改良，能耐久。原始的易壞，怪不得在十九世紀英國維多利亞女皇嘆息，説自己的領土上生長的果子，還有吃不到的。

# 熱情果

熱情果 Passion-Fruit，台灣人從英名的發音譯成百香果，也妙不可言。

大家都以為和情慾有關，有些人甚至以為能夠催情，這完全是一個大誤會，Passion 也有耶穌被釘在十字架的意思。

在南美洲，花朵的名稱為 Flor de las Cinco Llagas，是五傷之花，代表耶穌屍體的五個傷口。而花朵中有三枝花冠，代表了三枝釘在耶穌身上的釘。花瓣上還長了些長毛，象徵着在耶穌頭上的刺冠。

和熱情一點也拉不上關係。

原產於南美洲，當今種植到熱帶和亞熱帶各國去，在澳洲也大量生產，是種爬藤科的植物，年初種植，年尾便有水果收成。它不擇土質，耐熱耐寒、粗生粗長，又自授花粉，可以不必怎麼打理就一直長出果實來。

果實適合貯藏，放兩三個月都不壞，船運到任何地方去，世界每一個角落都有熱情果可食。

果汁含有多種對人體有益的元素，如蛋白質、多種氨基酸和維他命C等，還有排毒的作用，對喜歡喝酒的人來説是恩物，它不但能解酒，而且還防血壓高。

用手打開軟脆的果殼，裏面就露出一排排、一顆顆的種子。種籽呈黑色，被一層透明的黃色軟膏包着，人們吃的就是這種果肉；連種子也一塊咬碎，味道酸的居多，也有特甜的，叫Sweet Granadilla，種植於墨西哥和夏威夷，因為皮黃色，有時也被稱為水檸檬。

其實果實外表有多種顏色，有些是綠的，有些紅的，有些深紫。大小也不一，從荔枝般到蘋果，也有些很長，像香蕉，叫為香蕉熱情果Banana passion fruit。

核和果肉的結合，像石榴，應屬同科，西班牙名中也帶着石榴一字。墨西哥菜中，淋上白色的乳醬，上面撒些紅色的石榴子，非常漂亮，黃色的熱情果也可以同樣炮製。

大多數是榨汁喝，製成的份量少，可調大量的水，印尼有種熱情果汁叫Markeesa，很受當地人歡迎。在澳洲，做他們最著名的蛋糕Pavlova，也非加熱情果不可。

# 榴槤

每年六月和十二月，是榴槤盛產的季節，但當今已改變基因，一年從頭到尾都有榴槤生產，不逢季的只是不香，一味是甜，吃了不過癮。

榴槤最強烈的個性，就是那陣氣味，喜歡的人聞到了不吃全身不舒服，討厭的一看到就彈開，愛憎分明，沒有中間路線。

樹可以長高成五六十尺，有雌雄之分，後者長不出果實來。

研究的結果，得知原產地是馬來西亞的加里曼丹，後來分佈到東南亞諸國。去到泰國已變了種，可以從樹上採下來，等到榴槤成熟後才吃。原來的馬來亞種不同，它是要在樹上熟後掉下來，當天就要吃，隔天就裂開變壞的，所以馬來榴槤並不出口，泰國的可以運到香港。最初是有錢階級享用，家傭一試上癮，廣傳了，當今已經成為最受香港人歡迎的水果之一。

對榴槤有種種傳說，一是它有眼睛，從樹上掉下來時，從不會打穿人的頭，這一點的確很少發生過，皆因榴槤在深夜才成熟掉下之故。

另一種是吃了榴槤後喝酒，會死人的。這個傳說沒人證實過，但因榴槤性熱，吃了喝烈酒總對身體有害，喝少許啤酒倒是沒事的。

一般榴槤的愛好者，以為只有一種味道，其實它有帶苦、帶酒味的；有的肉濃厚，有的稀薄。

味道最強烈、核又薄又小的是最高級的品種，賣成天價，在泰國這種樹下還有守衛帶槍看管。核通常很大，也不能像大樹菠蘿一樣煮來吃，有人試之，味全無，如嚼發泡膠。

當今的榴槤盛產，已可曬成榴槤乾來賣。自古以來做成榴槤膏的例子甚多，製為糖果的也不少，現在流行的是榴槤甜品和雪糕。

吃多了榴槤，會有發熱的現象，水果之中有山竹能解，但喝大量鹽水也行。手拈了榴槤，味道久久不散，最佳解法是拿了榴槤殼放在水喉下，讓水沖殼後流下，再洗手，說也神奇，那麼一來，一點異味也沒有了。

沒嘗過榴槤的人，夏蟲不可語冰。最貼切的形容只是：躲在廁所裏面吃芝士蛋糕。

# 番荔枝

番荔枝，皮若荔枝，故名之。香港人的名稱加多幾個字，叫番鬼佬荔枝。因為果實表面由許多凸起的鱗目組成，樣子很像佛祖的頭髮小團，台灣人就乾脆把它叫成釋迦；同一種，表面較為平坦的，稱為鳳梨釋迦。

英文名字叫 Custard Apple 蛋撻蘋果，指的是鳳梨釋迦，而普通的番荔枝，英文名應作 Sugar Apple 或 Cherimoya 才對。有蘋果般大，呈心形，故時而稱之為牛心 Bullock's Heart。

原產於非洲，後來移種到東南亞，是最受華人歡迎的一種水果，歐美人不懂得欣賞。收成期一年二季，春天和秋天，但是當今一年從頭到尾有得賣，是因為來自澳洲，他們的季節和世界各地相反。

水果有些酸，有些甜，但番荔枝永遠是甜，從來沒吃過酸的，尤其是當今來自澳洲的改良品種，個子大，肉很厚，甜得像蜜糖。

原始的番荔枝比網球還小。樹不高，俯身可採。在樹上的番荔枝全綠色，非常漂亮；看到鱗目之間發黃的時候，果實已成熟，可以摘下。從前的番荔枝不耐放，一下子就腐爛，當今的已變種，儲藏兩三個星期也行，但是日子一久，開始有黑斑，並長着白色蛀蟲，最後全部變黑，已不能食。

用手掰開，露出一顆顆雪白的果肉，中間有黑核。鳳梨釋迦整粒成一體，核分佈其中，吃時用刀切開。

番荔枝含有小量維他命和礦物質，故在藥療上起不了作用，它一味是甜，糖尿病患者反而要迴避之。

吃法一般都是由樹上摘下後，就那麼當水果吃。從前不能耐久，商人也會把它冰凍，運到歐美各地。

因為果肉所含水份不多，很少人用它來榨汁，可以把核取出，肉放於攪拌機內打碎，淋在刨冰上或製成雪糕。

製成啫喱更是美麗。把魚膠粉溶解，加入玫瑰糖漿，呈紅色，置碗中，再拆番荔枝，去核，把一粒粒白色果肉置於糖漿中，凝結後翻碗入碟上桌，在西餐廳店拿出來，可成為高價甜品。

# 紅毛丹

個子有雞蛋那麼大，紅色，外殼生軟毛。英文名Rambutan，源自馬來文的Rambut，是毛髮的意思，原產於馬來西亞，其後移植到東南亞各國，尤其在泰國的Surat Thani省，更大量種植，每年八月，還舉辦紅毛丹節。

紅毛丹樹可長至很高，葉茂盛，花極多，可達千餘朵，在三個月後結果，初看綠色，成熟後轉紅。

剝開硬皮，就露出半透明的水果，壞的種很酸，肉又黏着核，只有野孩子才肯去摘取。目前吃到的紅毛丹，多已改良成優秀品種，樹較矮，以便採摘，果肉厚而甜，但有時也黏住了核子的外皮，很難除去，連着吃口感不佳，去皮又麻煩。

馬來西亞和泰國的紅毛丹罐頭，去了核，塞入一塊菠蘿（鳳梨），很奇怪地，二者配合得極佳。

一個是橢圓形，一個是圓形，紅毛丹和荔枝的肉，一看甚像，但吃入口是截然兩種不同味道，紅毛丹的肉質較硬較脆；兩者都是略為冰凍後更可口。當成甜品，可加上龍眼，三種不同的水果混合起來上桌，也甚有趣。

一棵果樹，成熟後可分數次摘取，摘時整穗，一共有十幾顆；也有個別摘下的，只要看見它們轉紅就是。通常三四天採收一次。各別品種的成熟期都不一樣，馬來西亞的在七月到十一月，印尼的十一月到二月，泰國的二月到九月，台灣的八九月到十、十一月。季節不對的時候，地球相反地區的澳洲也有生產，故一年從頭到尾都有紅毛丹，當今泰國已有冷凍技術，全年供應。

紅毛丹的種子沒有大樹菠蘿那麼好吃，但有脂肪，可當工業原料；也有人炒來吃，說味道有點像杏核。

在馬來西亞也可以看到另一種紅毛丹，殼長的不是細毛，而是一枝枝的深紅色軟角，當地人說是野生紅毛丹，吃起來味道甚甜，但肉薄，核也特別大。生產量很少，在外國不常見。

# 菱角

菱角，有很多人還以為是蓮花的一部份，雖然都是水性植物，但兩者搭不上關係。菱角屬於菱科或千層菜科，是中國傳統的食物。

在攝氏二十五度左右的池塘和沼澤就能生長，農夫把稻米收割後就種菱角的幼苗，它很粗生，一下子蔓延。

葉片為墨綠色，葉柄中空，浮於水上，開紅色的小花，仔細觀察，可知它和向日葵一樣，隨着陽光而轉動。

花落結果，小菱角初為綠色，後變成黑，樣子像水牛的角，通常在秋天收成。到了中秋節，中國人有吃菱角的習俗，在周朝時已有記載。

除了又尖又硬的黑色菱角之外，也有外殼很軟的種類，角不尖，顏色有紅有綠，故有「採紅菱」的民歌，這種菱角可以生吃，帶甜，爽爽脆脆，口感像馬蹄。

黑菱角多數要煮熟了才能吃，味道像栗子和芋頭，又名水栗或沙角，重澱粉質，含葡萄糖、蛋白質和維他命。《本草綱目》說「補中、延壽」，評價甚高。生吃寒涼，熟食又易飽脹，小量欣賞，總是好事。

菱角可直接當零食或點心，也能入饌，炸、蒸、炒、煨皆佳，又是很好的齋菜食材。

水煮菱角，放水入鍋，煮至沸，加鹽，約半小時即成，去殼後就那麼吃，有人拿去點糖，或者點蒜蓉醬油。菱角炆排骨，或者紅燒半肥瘦的豬肉，都是送酒的好菜。

當成甜品，可照芋頭的做法，磨成菱角泥，也有人做菱角月餅，更可做菱角雪糕。只要把想像力擴充，菱角也能做為糕點。剝殼取仁，把長方形刀放平，用力一壓，直拖，很容易做成泥狀，再摻以蝦米、臘腸等，放入平底鍋蒸之，就是很美味的菱角糕，比蘿蔔糕更香。

別以為只是中國人吃菱角，英文名 Water Chestnut，也有人叫為 Caltrop。Caltrop 是種攔路鈎，像鐵蒺藜，歐洲的菱角有四個角，因此得名。在公元一世紀已有食用的記載，今日的意大利和法國還有人吃兩角的黑菱角。他們說菱角的味道像栗子，也像味道不強的芝士，印度和埃及也有人食之。

# 奇異果

奇異果這個名字取得好。不知情的人聽其名，還以為像熱情果一樣，是外國輸入，但據專家研究，它其實就是中國古名為獼猴桃的水果，反而是從中國移植到澳洲和紐西蘭去的。

澳洲人已把它當成國寶，名叫 Kiwi fruit，因為它毛茸茸，像隻 Kiwi 奇異鳥。後來，澳洲人乾脆叫自己為 Kiwi。

橢圓形，像雞蛋那麼大，表皮褐色，帶着細毛。切開來，肉呈綠色，有並排的黑色種子，味道甚獨特，一般都很酸。

種植最多的反而是紐西蘭，他們在近年還改良品種，種出外皮金黃的奇異果來，汁多，肉也轉甜了，非常美味。

以色列更在沙漠中種出奇異果，皮綠色，個子很小，只有葡萄那麼大，也很甜。

因為產量多而需大肆宣傳，由紐西蘭發出的消息，簡直把奇異果當成神奇的藥物，能減壓、益智、促進腸蠕動、令人安眠，又是美容聖品；要減肥，非靠它不可。

中醫解為：味酸、性寒、清熱生津、利尿、健脾。這一說，好像較為踏實。因性寒，容易傷胃而引起腹瀉，不宜過量食之反而是真的；尤其脾胃虛弱的人，更應忌之。胃酸過多的，可用奇異果滾湯來中和。做法是下甘菊花、黨參、杜仲。先在水中滾一滾，倒掉，然後加瘦肉和奇異果去煲。但記住別用鐵鍋，沙煲較宜。

洋人多是就那麼削皮當水果吃，做起甜品來，因奇異果色綠鮮艷，也已經是不可缺少的裝飾品，榨汁喝也最為普遍。為了減少酸性，可將綠色的奇異果摻以黃色的，再加上細粒的以色列種，下點甜酒飯後吃，就比較好玩和美味。

也有人把整顆的奇異果放進紅色啫喱之中，魚膠粉放多一點，令啫喱較硬，冷凍後切片，煞是好看。

中菜裏也有吃凍的，先炒香中芹，油爆鯇魚腩去腥，最後放入奇異果，下大量胡椒粉，滾成濃湯。鯇魚有膠質，攤冷後放進冰箱，結成凍，是夏天的一道很好的開胃菜。

# 紅棗

紅棗叫大棗，也叫乾棗，英文為Jajube，因為新鮮果實口感和蜜棗一樣爽脆，英文也叫Chinese Date。

棗樹可長到百呎之高，魯迅先生形容家裏種的，就是這種中國棗，葉子和蜜棗的樣式完全不同，是圓的，頂端成尖形，柄上長滿了乒乓球狀的果實，有紅有綠，在山東看到的紅棗，更是巨大。

綠棗當今在台灣大量種植，是春天的主要水果，市場中到處可見，但始終容易碰爛，又很快地長出褐色斑點，運到香港的，日期很短，並不常見。

新鮮的紅棗，輸入香港的例子也不算多。紅棗綠棗，汁都很少，也不像蜜棗那麼甜。都以曬乾為主。

《神農本草經》中將乾紅棗列為上品，說久服多食並不傷人。中醫認為人類的脾臟是後天之本，而紅棗則為「脾之果」，可知其健脾的效用。感到疲倦，或食慾減少時，多服紅棗可以益氣補身，因為它赤紅似血之故吧？

消化不良者，中醫則勸少食紅棗，如果氣脹的人想吃，配搭生薑，可以緩和。

紅棗茶能活氣化痰，滌垢膩，據稱有減肥作用，曾經大受女士歡迎。做法簡單，選紅棗數顆，加紅茶。煮時把棗剝開，去核，釋出的成份較多，煮久一點也不要緊。

拿來煮粥，是一道活力十足的佳餚，做法為米一杯，紅棗十多顆，到藥材店買些茯苓，加雞肉一起煲，起鍋前再下鹽。

燉梨則可補血益氣，亦止咳。把梨和紅棗洗淨，加冰糖，隔水燉之，時間可待久一點，至少要燉上兩小時以上。

當成甜品，紅棗是主要食材之一，韓國人尤其喜愛。中國人則用百合、雲耳、白果等煲成湯水，冷食熱吃皆宜。

紅棗的糖份並不夠，做成蜜餞，則要加大量白糖來煮。日本人亦種棗樹，叫為「夏芽 Natsume」，因在夏天有嫩芽發出而起，多數糖漬。印度也大量種棗，有綠有褐，帶點酸味，當地人甚少食之。

# 海底椰

我們在甜品店吃到海底椰，或用來煲湯，說是可以潤肺止咳，到底是甚麼果實，樹形又是怎麼樣子呢？

從名字聽起來，是一種很大的誤會。

首先，海底椰根本不長在海底。真正的所謂海底椰，只長在非洲的塞舌爾群島。我們在菜市場找到的海底椰，只是扇葉椰子的果實，和塞舌爾海底椰也搭不上關係。

最初，馬爾代夫漁民出海，發現西印度洋上飄浮着像椰子的果實，以為是海中長出來的，法國名為 Coco de Mer，也是海中椰子的意思。到了一五一九年，才有文字記載，說同樣的果實在塞舌爾群島看到，才知道它長在樹上的。

屬於棕櫚科，樹高可長至六十至九十尺，葉子張開很大，寬六尺。果實生長緩慢，十幾年才有一個，通常分為兩粒，所以也有雙椰 Double Coconut 之稱。

果實巨大，最重的可達二十五公斤。它雌雄異株，雄者的花序狀如男性生殖器。雌樹長的果，外殼像女性的臀部，中間部份如陰戶。在暴風雨晚上葉子被吹動，發出沙沙之聲，土人説樹在做愛，更蒙上神秘的色彩。

傳説歸傳説，真正的海底椰極為難得是事實。塞舌爾群島中也只有一兩個島，長出四千多株海底椰樹罷了，政府當成重點保護，嚴禁砍伐，不得擅自採摘果實，也不可出口。

遊客去到塞舌爾，要找到一個有許可證的海底椰也不易，每粒價高兩三百美金。那麼我們買到的海底椰，絕對不是塞舌耳的了。它們來自斯里蘭卡、印度和泰國，一粒只有拳頭那麼大，帶着淡棕色的皮，剝開來半透明的果肉，吃了口感有點韌性，略甜，不是甚麼值錢的東西。

為甚麼廣東人認為它有藥性呢？老祖宗的《本草綱目》沒記載過呀。化驗結果，發現有人體需要的氨基酸，故能保健，這也是只有粵人研究出來的結果，不得不佩服。

塞舌爾的海底椰已經珍貴，有種專門剝開果實堅硬外殼的螃蟹更為難得，肉甚甜，到該島旅遊，不容錯過。

# 櫻桃

櫻桃，古稱含桃，為鸎鳥所含，故曰。又名果櫻、櫻珠和楔。英文名 Cherry，港人音譯為車厘子，法名 Cerise，德名 Kirsche，釀成烈酒，和啤酒一塊喝的 Kirsch，因此得來。

原產地應該在亞細亞西部，沒甚麼正式的證實。公元前三百年，希臘已有文字記載過。和梅、杏同屬玫瑰科，櫻桃可長至三四十尺高，但並非每一棵櫻都能結實，否則日本全國皆是；可以長出櫻桃的日名叫為「實櫻」。

最大分別是甜櫻桃和酸櫻桃，前者就那麼當水果生吃，後者味酸濃，多數用來加工，糖漬之後做乾果或糕點。

許多人以為日本應該是櫻桃的最大產出國，但剛好相反，數量極少，賣得也最貴，一盒三四十粒的櫻桃要賣到幾百塊美金，令歐洲人咋舌。

產量最大的是德國，接之是美國。美國種之中有叫 Bing 的，是紀念一個中國人的移植技術而命名。歐洲種的櫻桃多數為深紫色，那邊的櫻樹和日本的不同，葉茂盛，長起櫻桃來滿枝皆是，很少看到的是粉紅的。

法國的 Montmorency 堪稱天下最稀有、最甜蜜。一上市已被老饕搶光，法國人說能夠嘗試到一粒，此生無悔。

日本的櫻桃多粉紅色，酸的較多，其中有高砂、伊達錦，但最高級的是佐藤錦。當今澳洲來的櫻桃也不少，最好的是塔斯曼尼亞島上的黑魔鬼。個子很大，只比荔枝小一點，多肉多汁，最甜。

中東人也好吃櫻桃，乾吃或用來煮肉，伊朗有很多櫻桃菜。前南斯拉夫的 Zara，生產一種很酸，但味道強烈的櫻桃，叫它為 Maraschino。用來釀酒，意大利也做這種酒，特別之處是將櫻桃核敲碎，增加了杏仁味。

在食物用具舖子，可以找到了一枝鐵鉗，樣子像從前的巴士剪票員用來打洞的，那就是櫻桃去核器了。

把櫻桃用糖醃漬，裝進玻璃瓶中，做起雞尾酒來，和綠色橄欖的地位一樣重要。著名的曼哈頓雞尾酒，一份美國波本威士忌，兩份甜苦艾，最後加的一顆又大又紅的櫻桃，是不可缺少的。

# 甘蔗

甘蔗的來源有三個説法：一是印度、二是新畿內亞、第三是中國。從拉丁學名Saccharum Sinensis來看，前者是甜的意思，後者指中國，應該肯定了出自中國的。早在魏晉，已有文字記載。

種類可分：竹蔗，綠色、皮薄、味香；蠟蔗，色紫，可做砂糖；紅蔗，只能生吃。

在內地，常見人民手抓一棍，就那麼用牙撕皮，細嚼蔗肉吸汁。雖然清熱解渴，中醫説是性寒，不宜多吃。但是，甘蔗輕火一煮，又變為熱氣的飲料，能益氣補脾，真是神奇。

全世界有一百多個國家種甘蔗，它很粗生，適合栽種於陽光充沛的地方，十八個月即能收成。長出一根根像竹的桿，斬了就能榨汁或生吃。人體需要的糖份，有七成是來自由甘蔗製造的糖。

把甘蔗汁用火來煮，燒乾後便成甘蔗糖，這是最原始的形態，有些部份像黃砂，有些部份結成黑團。在沒有瑞士糖果的年代，小孩子就是找這些黑團來吃的。加水，再煮，除去雜質之後的結晶體，就是我們日常食用的白糖。放在顯微鏡下一看，最純的單斜晶系有二十面體，一般的只有八至十五面體；無色、透明，像一顆鑽石，煞是好看。

砂糖被小腸吸收，分解為葡萄糖和果糖，在體內燃燒，變成能量，又含多種維他命，是人類不可缺少的物質。

南洋人多數把甘蔗榨汁，加冰生喝。熱帶地方，像牙買加等國家，也喜將蔗汁發酵，製成冧酒Rum。

溫帶地方的人，則愛將之煲湯，像竹蔗茅根湯，就是一種最受歡迎的飲品。生喝時可配上梨子汁，味道更複雜，也有潤燥清肺的作用，竹蔗加蓮藕榨汁，也可止咳。另有一說，是泌尿系統受感染時，俗稱赤尿，蔗汁也對此有療效。

煮竹蔗茅根湯時，可加紅蘿蔔和馬蹄，味道更佳。蔗汁也可以加麵粉煮成糕，或加魚膠粉結成凍。

西洋料理中，用原始砂糖的例子不多，也不流行喝生蔗汁了。

# 橙

橙，已是不必多加解釋的食材。流行於天下，中西人士早餐的橙汁，已是生活中的一部份了。

當然有說不盡的好處和維他命，除了核，全身皆能吃，就連所開的白色橙花，也是做香水的一種重要的成份。陳皮不但用來燒菜和調味，亦能當藥。陳皮最重要的是那個「陳」字，越老越好，有些賣得比金子還貴，小販每年都曬陳皮，甚至於不要橙肉，也要其皮。

據考究，原本應產於東南亞，後傳入中國，更及歐美。當今熱帶沙漠也種起橙來，以色列的紅色像血一般的橙，就是一個例子。

很多人不能把橙和橘分辨出來，最簡單的是：能用手剝開皮，取肉來吃的叫橘；橙的肉和皮連在一起，需要刀剖開。

橙的種類極多，顏色和樣子也各異，主要分酸和甜的，山吉士橙由三會移植到加州去的，較甜。

甜如蜜的橙，也有台灣的柳丁。泰國的綠顏色橙也極甜，但水份很容易揮發，變成像柚子了。泰國的另一種又髒又醜的黃綠色橙，也很甜，反正是越難看越好，墨西哥種，也一樣的醜和甜。

製成甜品時，花樣更多，從果醬、蛋糕到啫喱到冰淇淋。西方人照樣注重果皮，果醬中一定有果皮。雜果蛋糕中，糖漬的果皮，不能缺少。

凡是圓形，果皮又略為堅硬的，都能當成餐具。把肉挖出，橙皮就是一個很漂亮的小碗，中西菜式皆用。因為和蟹肉配合得極佳，有一道菜是將果肉挖去後，摻以蟹肉，塞了進去，再拿到焗爐去焗一小時。只要下點鹽，甚麼調味品都不加，又美麗又好吃。

同個做法，填入其他水果的雪糕或大菜糕，橙味由果皮中得到。

自古以來，已有人用橙來浸酒，有些加糖，有些只取其味，越烈越好喝。

橙的保存期很長，有些可達一兩年。一般採下後都噴上層蠟，蠟中有防腐劑，就算洗刷，也很難清除，建議食者避免接觸。陳皮則不用擔心，那層蠟早已被陽光曬掉了。

# 三、家禽

# 蛋

人類最初接觸到植物以外的食材，也許是蛋吧？怕恐龍連自己也吃掉，只有偷牠們的蛋；追不到鳥類，也只有搶牠們的蛋。

蛋是天下人共同的食物，最普通，也最難燒得好。

有次在西班牙拍戲時，大家表演廚藝，成龍說他父母親都是高手，本人也不賴。請他煎一個蛋看看，油未熱，成龍就打蛋進去煎，當然蛋白很硬，不好吃，即刻露出馬腳。

喜歡做菜的人，應該從認識食材開始，我們今天要談的就是這一顆最平凡的蛋。

雞蛋分棕色或白色的兩種，別以為前者一定比後者好吃，其實一樣，雞的品種不同罷了。至於是農場蛋或是放養式的蛋，則由蛋殼的厚薄來分。雞農為了大量生產，每隔數小時開燈閉燈來騙雞白晝和黑夜，讓牠們多生幾個，殼就薄了，蛋也小了。

怎麼分辨是農場蛋或放養蛋呢？從外形不容易認出，但有一黃金規律：貴的蛋、大的蛋就是放養蛋。

一般上人們以為買了雞蛋放進冰箱，就可以保存很久，這是錯的。外殼一潮濕細菌便容易侵入，所以雞蛋應該儲存於室溫之中。從購入那天算起，超過十日，丟棄可也。

雞蛋的烹調法千變萬化，需要另一本字典一一說明。至於甚麼是一顆完美的蛋，這要靠你自己掌握，每一個人的口胃都是不同的。

先由煎蛋說起。油一定要熱，熱得冒出微煙，是時候下蛋。

你愛吃要蛋黃硬一點，就煎得久一點，否則相反處理，就這麼簡單，但是別人替你煎的蛋，永還不是你最喜歡的蛋。

所以就算你有幾位菲律賓家政助理，或者大奶二奶數名，為了一個完美的蛋，你得下廚。記得廚藝不是甚麼高科技，失敗了三次，一定學會，再不行，證明你是弱智，無藥可救。

我本人只愛吃蛋白，不喜歡蛋黃。年輕時想，如果娶一個老婆，只吃蛋黃，那麼就不會浪費了。豈知後來求到的，連蛋都不喜歡吃。天下很難有完美的事。

# 雞

小時候家裏養的雞到處走，生了蛋還熱烘烘的時候，啄個洞生噬。客人來了，屠一隻，真是美味。

現在我已很少碰雞肉了，理由很簡單：沒以前那麼好吃。也絕對不是長大了胃口改變的問題，當今都是養殖的，味如嚼蠟。

西餐中的雞更是恐怖到極點，只吃雞胸肉，沒幻想空間。煎了炸了整隻吃還好，用手是容許的，凡是能飛的食材，都能用手，中餐反而失儀態了。西餐中做的土雞，還是吃得過。法國人用一個大鍋，下面鋪着洗乾淨的稻草，把抹了油和鹽的雞放在上面，上蓋，用未烤的麵包封口，焗它二十分鐘，就是一道簡單和原始的菜，好吃到不得了；將它變化，下面鋪甘蔗條，雞上撒龍井茶葉，用玉扣紙封蓋，也行。

在西班牙和韓國，大街小巷常有些舖子賣烤雞，用個玻璃櫃電爐，一排十隻，十排左右，轉動來烤，香味撲鼻，明知道沒甚麼吃頭，還是忍不住買下一隻。拿回去，第一二口很不錯，再吃下去就單調得要死。

四川人的炸雞丁最可觀，一大碟上桌，看不到雞，完全給大量的辣椒乾蓋着，大紅大紫，撥開了，才有那麼一丁丁的雞，叫為炸雞丁，很貼切。

外國人吃雞，喜歡用迷迭香 Rosemary 去配搭，我總認為味道怪怪地，這是我不是在西方生長之故。我們的雞，愛以薑葱搭檔，洋人也吃不慣，道理相同，各有各精彩。

談起雞不能不提海南雞飯，這是南洋人發揚光大，在海南島反而吃不到像樣的。基本上這道菜源自白切雞，將雞燙熟就是，把燙後的雞油湯再去炊飯，更有味道了，黑漆漆的醬油是它的神髓。

日本人叫烤雞為燒鳥。燒鳥店中，最好吃的是烤雞皮，又脆又香，和豬油渣異曲同工。

近年在珠江三角洲有很多餐廳賣各式各樣的走地雞，把牠們擱在一個玻璃房中，任君選擇，名副其實的「叫雞」。

# 鴨

為甚麼把水陸兩棲的動物叫為「鴨」？大概是牠們一直「鴨，鴨」聲地叫自己的名字吧？

鴨子走路和游泳都很慢，又飛不高，很容易地被人類飼養成家禽。牠的肉有陣強烈的香味或臭味，視乎你的喜惡，吃起來總比雞肉有個性得多。

北方最著名的吃法當然是北京烤鴨了。嫌牠們不夠肥，還發明出「填」法飼養，實在殘忍。

烤鴨一般人只吃皮，皮固然好吃，但比不上乳豬。我吃烤鴨也愛吃肉，就那麼吃也行，用來炒韭黃很不錯。最後連叫為「殼子」的骨頭也拿去和白菜一齊熬湯。時間夠的話很香甜，但是熬湯時記得把鴨尾巴去掉，否則異味騷你三天，久久不散。

鴨尾巴藏了甚麼東西呢？是兩種脂肪。你仔細看牠們游泳就知道，羽毛浸濕了，鴨子就把頭鑽到尾巴裏取了一層油，再塗到身體其他部份，全身就發光，你說厲不厲害？

可是愛吃鴨屁股起來，會上癮的。我試過一次，從此不敢碰它。

南方吃鴨的方法當然是用來燒或滷，做法和鵝一樣。貴的吃鵝，便宜的吃鴨。鴨肉比鵝肉優勝的是牠沒有季節性，一年從頭到尾都很柔軟，要是燒得好的話。

至於鴨蛋，和肉一樣，比雞的味道還要強烈，一般都不用來煮，但是醃皮蛋都要用鴨蛋，雞蛋的話味不夠濃。

潮州福建的名菜蠔煎，也非用鴨蛋不可，雞蛋就淡出鳥來。

西餐中用鴨為材料的菜很多。法國人用油鹽浸鴨腿，蒸熟後再把皮煎至香脆，非常美味。意大利人也愛用橙皮來炮製鴨子，只有日本菜中少見。日本的超市或百貨公司中都難找到鴨，在動物園才看得到。

其實日本的關西一帶也吃的，不過多數是琵琶湖中的水鴨，切片來打邊爐，到燒鳥店去也可以吃烤鴨串。

日本語中罵人的話不多，鴨叫為Kamo，罵人家Kamo，有老襯的意思。

# 鵝

鵝，是將雁子家禽化的鳥類。巨大起來，比小孩高，性兇，看到兒童穿着開襠褲，也會追着來啄。鄉下人也有養牠們來看門的習俗。

比雞和鴨都聰明，鵝看到矮橋或低欄時，會把頸項縮起，俯着頭走過。也有人目睹牠們知道在附近有老鷹，飛翔着的野鵝群，每一隻都咬着一塊石頭，防止自己的吵雜本性，喜歡鵝鵝地叫個不停。

最常見的灰色鵝，也有野生的，養殖的多數是白色。

世界上也只有歐洲人和中國人會吃鵝。但古埃及的壁畫上已有養鵝圖畫，當年已經學會填鵝，迫使牠們的肝長大。

日本人不懂得，充其量也只會吃鴨子。至於鵝，只能在動物園裏看得到。

我們吃鵝，最著名是廣東人的燒和潮州人的滷。前者有時吃起來覺得肉很老很硬，這對專門賣鵝的餐廳是很不公平，認為他們的水準不穩定。其實鵝肉一年之中，只有在清明和重陽前後的那段時間最嫩，其他時候吃，免不了有僵硬的口感。潮州人知道這個毛病發生在燒鵝上面，燒鵝只是皮好吃，不如滷起來，不管年紀多大的鵝，都能滷得軟熟。

一般人有時連鴨和鵝都分辨不出，其實很簡單，看頭上有沒有腫起來的骨頭就知了。鵝的身體、線條也較優美，鴨子很醜陋，兩者一比就分出輸贏，怪不得王羲之愛鵝不愛鴨。

吃鵝的話，除了滷水，香港的鏞記做得最好。他們燒起鵝來連木炭也講究，要求製出最完美的招牌菜。不過，要吃好的，是煙燻鵝。

在鏞記廚房，鵝的佳餚變化多端，可用鵝腦製凍，也用鵝肝做臘腸。

說到鵝，不能避免談鵝肝醬，法國人最拿手。但勸告各位要試的話，千萬要買最貴最好的。我最初就是沒那麼做，接觸到劣貨，覺得有陣腐屍味道，差點作嘔，後來都沒碰過它，直到在法國鄉村住下，試過最好的鵝肝醬才改觀，但已經白白浪費了數十年。

# 四、豬、牛、羊

# 豬肝

豬肝，東方人吃得最多，洋人幾乎不見入饌。日本人也不吃，數十年前開始在中華料理中出現的韭菜炒豬肝，已漸被接受，當今成為學生們的廉價菜餚之一。

到菜市場去選購，其實很容易分辨出新鮮與否，呈深紅，以顏色艷麗得發亮的最好；色彩已暗淡，變為褐黑的不買為佳。

但也有人愛吃帶黃的豬肝，略有病態，用來切成小丁，放入湯中滾個爛熟，不會有事，加上大量的芫荽和薑，非常可口。

粥麵店的白灼腰膶，是廣東名菜。粵人認為肝的發音與乾相同，不吉利。乾的相反是潤，就稱豬肝為豬膶了。

白灼的話，一定要靠師傅的刀功片薄，太厚的話，灼後帶的血水太多，有點恐怖，尤其是當今的人認為豬肝是百分之百的膽固醇，更不會去碰它。

及第粥中必有數片豬肝，用來做啫啫煲，亦為家常菜。宴會酒席中，豬肝不常出現，究竟還被人認為是便宜貨。

名為炒豬雜的菜，加進豬肚，和豬心一塊兒炒豬肝，這幾樣肌肉纖維不同組成的食材，一般人都以為是分開來炒的。其實做法是下豬油，爆香蒜頭、葱段和薑片，把所有的東西部一齊放下去炒，上桌同樣軟熟，為甚麼？秘訣在於豬肚用小豬的，豬心用中豬，而豬肝則用大豬。

處理豬肝，最出神入化的是台灣人。街邊檔賣的麻油豬肝，味道一流。當地人拿麻油爆香，用猛火炒豬肝，全靠火候，過生血水太多，太老了又生硬，不容易掌握。

台灣家庭主婦買了一副豬肝回來，用管注射器，裝入醬油、花椒和八角，打進豬肝裏面吊起風乾，蒸熟後攤凍切片來送酒。

張大千廚藝最佳，做的蒸肝，是將豬肝煮熟後磨成粉漿狀，裝入砵中，再隔水蒸之，軟若豆腐，其味無窮。有一位主婦學做，蒸出來後總看到表面有水跡，拿去請教張大千，學他在蒸籠的蓋底鋪了一層布，吸收蒸氣，再也看不到有水跡印。

# 豬肚

家禽的胃部，中國人通稱為肚。那個胃字聯想到反胃和倒胃，不用是有道理的。

豬肚只有中國人吃，洋人和日本人是不去碰的。這與他們不會洗濯有關，傳統的方法極為複雜，當今已只是文字記載，真正實行的人不多，過程分三洗三煮：

一個豬肚，先擦了鹽，沖乾淨，刮掉肚中的肥膏，再撒上生粉，然後在滾水中灼一灼，拿出來，把豬肚再刮再洗，又拋進滾水中煮個十五分鐘。撈出沖冷水，才輪到第三次在上湯中煲個一小時，大功告成。

就算不花那麼多工夫，豬肚的清潔還有一法，外層用鹽洗淨，然後伸手進肚內，將它反轉。不必下油，將鑊燒紅，把豬肚當手套，在鑊面上灼之，除去豬肚內層的薄膜。這麼一來，整個豬胃就乾乾淨淨了。

再不然，用最原始的辦法，洗後又洗，再洗之，只要勤力就是。

老潮州人還會做水灌豬肚，讓其肌肉纖維膨脹，大量的水灌下，整個豬肚很厚，中間部份近於透明。此物拿來滾湯，才最爽脆，可惜此技已經失傳。

老一代的廣東人真會吃，先用四隻老母雞熬了湯，加白果，再把豬肚放進去煮，不會吃豬肚的洋人，要是嘗了此味，也即上癮。

及第粥少不了豬肚。豬肚燒賣，和豬膶燒賣同級，是懷舊點心。

將整隻雞塞進豬肚之中，熬數個小時，是東莞菜之一。

潮州人也很會做豬肚，代表性的有他們的豬肚湯。抓了一大把原粒的胡椒放進肚內，用鹹酸菜和豬骨整個熬出來，上桌時才把豬肚煎開，切片，不但美味，還有暖胃的作用。

豬雜湯中除了豬膶、豬腰、豬紅等配料之外，最主要的還是豬肚，用上述的灌水方式炮製，上桌前加珍珠花菜，用豬油爆香的乾葱和蒜泥，是人間美味。

選購豬肚時，最重要是看胃壁夠不夠厚，薄了便枯燥無味。有些人只選最厚那個部份片成薄片，稱為豬肚尖，最豪華不過了。

# 牛肚

牛胃由四個胃室組成，即瘤胃、網胃、瓣胃和皺胃。聽學名，有點恐怖。廣東人最會起名了，把第二個叫成金錢肚，因為胃壁有蜂窩形的構造，連外國人也是會叫為 Honeycomb Tripe。

第一個胃最大，形狀有如地氈，也像草地，改稱為草肚。

第四個很小，像大腸，一般人都叫不出名字來，賣牛肉的稱之為牛傘托。

第三個，也最受食客歡迎，就是牛百頁，四川人所謂的毛肚！

牛百頁有一層衣，像厚皮書的封面，夾着的多瓣薄片，像書頁，故名之。

顏色是黑的，但上了菜市場就漂白了。挑選起來有講究，要又軟又實，不能爛，手感有彈性，聞之無味，方可購之。

灼牛百頁時，時間也要控制得極恰當，否則一過火了就發硬，咀嚼不動，暴殄天物。

所以韓國人乾脆生吃，洗得很乾淨之後揉上海鹽，淋點麻油，就那麼上桌，試過感覺爽脆無比，口感極佳。韓國人生吃了那麼多年沒有問題，我們吃了也不會出毛病。這一道菜連日本人也吃得上癮，稱之為Senm Aei，是漢字「千枚」的音讀。日人把薄的東西都以「枚」稱之，叫為百頁異曲同工。

中國人吃牛百頁，最普遍的當然是火鍋。四川的毛肚火鍋由此而來。上海人也愛吃牛百頁，古老的做法是將牛百頁一張張撕下來，棄其底部，用京蔥在豬油中爆香，牛百頁灼了一灼，淋上葱油，美味無比。

老饕們都不喜歡漂白過的百頁，吃原來黑色的最佳。切成絲，煮炒、涼拌皆宜。

金錢肚和草肚，廣東人在炮製牛雜時不可缺少，牛傘托較少人吃。潮州的滷水檔中，也用大量的金錢肚。

外國人也吃，美國南方的黑人最愛牛肚了。意大利人會做菜，用番茄和牛奶將牛肚熬至軟熟，一大鍋一大鍋在街邊賣。翡冷翠的名勝旁邊，時常看到小販賣牛雜，付點小錢，當一頓飯，是背包旅行者的最高享受。

# 骨髓

骨髓，英名 Bone Marrow，法國人稱之為 Moelle。

英國人美國人吃牛扒，一大塊煎了或烤了上桌，吃來吃去都是同一個味道，老半天鋸這塊東西，單調得很。

法國人也做牛扒，但是較薄，旁邊擺着各種蔬菜，但最主要的是有個小杯樣的東西，那就是牛的大腿骨鋸下來的一節，裏面剩着份量很多的骨髓，吃起牛扒來就有變化。

做法並不難，可用蔬菜或香料葉子把骨頭底部包起來，煮熟後再煎。更方便的是請牛販將大腿骨用電鋸切成一段段，置碟中，撒上鹽，在焗爐中炮製。或者，就那麼放進微波爐中烤煮也行。

意大利人的燴牛膝 Osso Buco，與其說是吃肉，不如說骨頭中的髓更加誘人，這道菜要是骨髓少了就不地道。

有些意法餐廳，乾脆只供應骨髓做為一道菜，吃時用一枚特製的小銀匙，禮儀隆重。

除了牛骨髓，羊的更為珍貴，法國人有個專用名詞，叫為Amourettes。多數是燴了羊腿而做出的，或就把羊骨髓煎熟上桌。

印度人把羊腿熬湯，撈起，將肉削了，切成一塊塊去燉湯。剩下一點點肉的羊骨，整枝整枝地拿去炒紅顏色的咖喱濃醬，又甜又辣，炒熟後啃下那小塊肉後，就是吸它的骨髓了。通常炒得一大碟上桌，吸個不亦樂乎。有些骨髓連在骨中吸不出，就抓來在桌子上敲，發出聳聳的聲音，待骨髓流出，再吸之，此道菜也跟着聲音而名，叫為Tok Tok，要吃得滿手滿臉都是咖喱紅醬，才過癮。

當今除了意法人不怕死之外，很少人吃骨髓了，見到它都以為全是膽固醇，嚇得臉青。

中國人也愛吃骨髓，從前的白斬雞，骨頭還是鮮紅的，也照吸它的骨髓不誤，當今已沒人敢那樣做。吃點心時，也有蒸骨髓這道名點。豬骨煲中更少不了骨髓。

古代洋人還用骨髓當甜品，以果醬炒之。據說維多利亞女皇最愛吃，怪不得這位老饕長得那麼胖了。

# 他類肝臟

外國人不太吃豬肝，我們則不吃牛肝。牛肝的纖維組織較為粗糙，味道也沒豬肝那麼好，在西方，多數是餵了麵粉炸之，或簡單燒烤，被認為次等的食材，價錢便宜。如果吃的是小牛 Calf's Liver 的肝臟，就算高級了一點。

小牛肝的做法甚多，意大利有道名菜叫 Fegato Alla Salvia 就是用鼠尾草 Sage 來煎小牛肝的。煎炸之前，把小牛肝浸在牛奶中，這一來牛肝更軟滑。用同樣方法去處理豬肝，也行。

不然，以牛奶浸小牛肝後做中菜，來代替豬肝，也是一種變化。其他牛肝的做法，是用來填鵪鶉，也可以做肉醬，壓成塊狀。

亦有人曬牛肝臘腸，煙燻之後切片來吃。以牛肝來包的水餃，在德國和奧地利很流行，叫為 Leberknoel。

雞肝只有在法國和意大利還有人吃，英國和北歐等對食物沒甚麼幻想力的地方，多數是丟掉的。中國人從不拋棄這個部份，拿來蒸炒。有時也切片後夾着肥豬肉燒烤。

鴨肝較雞肝大，滷汁處理後切片，和鴨肉一齊上桌。潮州的滷水鵝肝，更受人歡迎。

說到鵝肝，當然少不了法國的著名的鵝肝醬 Foie Gras 了，製法相當殘忍，是把一隻鵝抓來硬填，每天令牠吃過量的食物，使其肝臟肥大，充滿脂肪。

鵝肝醬為何那麼令人着迷，是有道理的。它味道鮮美，口感中得到的享受，不遜於日本魚生 Toro。但是要試的話，最好選高級的，價錢極貴。貪便宜，買到劣等的鵝肝，吃起來有種死屍味，那就會破壞印象，使你今後不敢碰它。

因為鵝肝醬太過油膩，多數用甜果醬來中和，就那麼煎熟，淋點果醬就可進食。複雜起來，用個餅皮，先鋪一層生鵝肝，再鋪黑松菌，最後把果醬煎炒的鵝肝放在中間，包上餅皮，再焗出來，是天下美味之一。

鵝肝有筋，烹調之前應該學會將它片了，取出筋來，不然咬到又硬又韌的粗筋，就暴殄天物了。

# 五、海產、河鮮

# 三文魚

從澳洲出生，游向大海，又一定回到原地產卵的三文魚，是初學吃魚生的人最喜歡的。

三文魚給人一個很新鮮的印象，是因為牠的肉永遠柑紅色，而且還帶着光澤，其實敗壞了，也是這個顏色，又不覺魚腥呢。

這是多麼危險的一回兒事！

所以，正統的日本壽司店，絕對不賣三文魚魚生，老一代的人也不吃。日本年輕人嚐之，是受到外國人的影響。

吃三文魚是歐洲人生活的一部份，北歐尤其流行，不過他們也不生吃，大多數是整條煙燻後切片上桌。三文魚雖為深水魚，但也游回水淺的河中，易長寄生蟲也。

東洋人一向以鹽醃漬。海水沒受污染的年代，三文魚大量生長，日本軍國主義者捕之，硬銷到中國來，通街都是，我的父母親還記得大家都吃得生厭呢。

當今產量減少，被叫為「鮭（Salmon / Sake）」的三文魚，在日本賣得也不便宜。切成一包香煙那麼厚，在火上烤後送飯，是日本人典型的早餐。

三文魚最肥美的部份在於肚腩，百貨公司的食品部切為一片片賣。但是更多油的是肚腩那條邊，日本人最整齊和美觀，把它切掉。市場中偶爾可以找到，一包包真空包裝，稱之為「腹肋 Harasu」，很賤價。

腹肋是三文魚最好吃的，用個平底鑊煎它一煎，油自然流了出來，是我惟一能接受的三文魚。

三文魚的卵像顆珍珠那麼大，大紅顏色，生吃或鹽漬皆佳。日人叫為 Ikura，和問多少錢的發音一樣。

精子則少見，我只有在北海道吃過一次，非常美味，日本人也沒多少個吃過這種他們叫為 Sake No Shirako 的東西。

大西洋中捕捉到的三文魚，肉很鮮美，生吃還是好吃的。在澳洲的塔斯曼尼亞小島的市場上，我看過一尾呎長的大三文魚，買下來花盡力量扛到友人家，當見面禮。朋友的父母用刀切下肚腩一小塊送到我嘴裏，細嚼之下，是天下絕品。

# 油甘魚

油甘魚Hamachi，台灣人稱之為青魽，英文名字黃尾Yellow Tail，是吃壽司店中最受歡迎的食材之一。

牠屬於鰺科魚類。很多人認為牠和鰤魚Buri名字不同，但肉質很像，其實是同一種魚。

十五公分以下的叫Wakashi，四十公分左右的叫Inada，六十公分左右的叫Warasa。但是總括起來，從十五公分至五十公分的都叫為Hamachi；以上的都叫鰤魚Buri了。

一般，日本人吃魚頭只吃鯛魚Tai的頭，油甘魚的頭是不吃的。日本料理在東南亞流行起來，眾人大吃油甘魚，認為把牠的頭扔掉可惜，就拿來斬件鹽燒。日本人看我們吃得津津有味，又學回去，當今東京的店舖也賣了。

油甘魚多數是生吃，但也有切片後塗醬油烤，用清酒來煮的吃法。

在美國和澳洲，油甘魚也很流行，那邊的人一見到 Yellow Tail，就能喊出日本名字的 Hamachi，皆因牠的產區很廣，到處能夠捕捉，就拿來生劏刺身扮成日本魚吃。距離遠，沒辦法由日本空運過去之故。

香港人認識的 Hamachi，都是由日本進口，附近的海洋並沒有油甘魚。Hamachi 很好吃，尤其是牠的腹部，油很多，但是更好吃的是鰤魚，到了冬天，變肥大，叫為寒鰤 Kan Buri，比油甘魚好吃十倍。在美國和澳洲的魚種長不大，只限於 Hamachi 階段，洋人們就不懂得寒鰤的滋味了。

可是初嚐刺身的香港人，很容易被三文魚吸引過去，忘記了油甘魚。三文魚多數人工養殖，還下大量的色素，才變得鮮紅。肉擺久，色也不變，腐壞了看不出，是很恐怖的事，勸大家少吃三文魚，還是吃 Hamachi 好。

星馬人過年都要吃撈起，原來用的是鯇魚魚生，但怕生蟲，大家改用三文魚代替，想不到更糟糕，我主張撈起要用三文魚的話，就不如用油甘魚了。

吃喇沙的時候，全都蔬菜太寡，切點油甘魚魚頭混進去，味道完全不同，不相信的下次試試看。在日本的中華料理店中，油甘魚刺身已經變成了中國菜其中的一道了。

# 金槍魚

金槍魚英文名作「Tuna」，洋人不知怎麼炮製。日本人生吃，稱之為「鮪Maguro」。錘形的身體，像頭巨大的炮彈，可達十幾呎長，重七八百公斤。

天下最高級的金槍，叫「黑鮪」，生長於日本近海，還有一種叫「南鮪」的，等級次之，在東南亞一帶和澳洲西北岸也能抓到。其他種類生長於印度和歐洲各地，肉質最劣。但過量捕捉而減產的關係，也空運到日本出售。

當今要是能夠吃到真正日本產的金槍魚，已是幸福事。牠全身皆油，背部和尾部已比印度、西班牙的鮪魚腹部Toro好吃得多，日人稱之為「本鮪Hon Maguro」。

全世界的產量有一百六十多萬噸，其中九成以上賣到日本，世界各地的壽司店再從日本買回，真是怪事！

金槍魚一年四季皆能捕捉，生長得極快，是因為牠睡覺時也游着泳，張開口，吞下大量海中的海草和微生物。近來已有養殖金槍魚的技術發明了，但肉質當然不可和天然的相比，食量大，養起來也不合算，流行不起來。

吃法並不多，除了刺身，有些日本人拿醬油來漬，也有用噴火槍在腹部 Toro 的表面上燒它一燒的。太劣質部份，就拿去做罐頭。

在築地魚市看到的金槍，都是已經切掉頭由外國輸入。日本近海抓到的頭也吃之。每個頭有兩個西瓜合起來般巨大，放進一個更大的烤箱中撒鹽焙出。稱之為 Kabuto Yaki，單單是眼睛已如蘋果，愛吃魚眼的人有福了。

我們遊大阪的黑門市場時，也看到了這些魚頭和頸項上那兩條肉，吃起來並不比 Toro 差。當然，頰部的面肉也非常可口。

一次在金澤最高級的壽司店中吃到「本鮪」，腹部 Toro 上面和皮下之間有片白色的東西，大師傅依傳統棄之，我叫他拾回，切成細絲沾醬油送酒。廚子看了也試食一口，大呼一生人還沒有吃過那麼肥美的。當然，全是脂肪嘛。

Toro 呈粉紅色，在台灣壽司店賣的也有粉紅色魚肉，那是劍魚 Kajiki Maguro，台灣人堅稱牠為 Toro，我只好不出聲了。

# 烏魚

烏魚，廣州人稱之為烏頭，日本稱為鯔，英語作 Mullet。由海游入川，烏魚鹹淡水皆有，我們吃的，多數是池塘中生長者。

廣東人多數蒸來吃，泰國人也吃煮的，鋪上青檸和中國芹菜梗，有時也用酸梅，但此魚吃泥底的有機物質和水藻，味不腥，冷食亦佳。潮州人就最喜歡拿來當魚飯，連鱗煮熟後，攤凍了點普寧豆醬。

魚肥時，肚中充滿脂肪，掀開鱗，皮下帶着一層黃色的魚油，刮而食之，甘美無比。

一般人認為此魚有陣土味。也是難怪的，從前的魚塘挖得深，烏魚不是整天埋在泥中，故無此味；當今的縱然也是養殖，但泥塘又淺又小，抓起來容易，又不等夠時日，烏魚的肥美和甘香盡失。

烏魚有種器官，是所有的魚都沒有，那就是牠的肚子有粒東西，像個小型富士山，廣東人稱之為「扣」，潮州人則叫為魚臍，爽脆美味，最為珍貴，老潮州人買烏魚，沒有了那粒魚臍，就喊着不給錢。

此臍是怎麼生長出來的？烏魚只吃有機物質，齒漸退化，消化系統之中逐漸長出一個新器官來磨碎吃下的東西。

用芽菜和大蒜來爆烏魚扣，是一道老廣東菜，一碟中要集合數十粒，實在難得。

烏魚游在海裏時，體積要比池塘養的大很多，懷卵期捕獲，取出魚子鹽醃後曬乾，就是鼎鼎有名的「烏魚子」了，台灣賣得最多，而台灣人是從日本人那裏學會吃的。

同時間，中東歐洲人也發現了烏魚子的美味，所以土耳其人、希臘人都有烏魚子生產，也只有法國人和意大利人懂得欣賞，英國人美國人都不會吃，在英文食材字典中，沒有烏魚子的記載。

台灣人除了吃烏魚子，還很會吃烏魚扣，海裏的烏魚，其扣有魚丸般大，拿來曬乾，非常堅硬，這時把烏魚扣拿在火上一烤，然後就炮製魷魚乾一樣，用鐵槌舂之，越舂越大越長，再次烤而食之，此種美味天下難得。當今污染，烏魚又少，扣又小，再也吃不到了。

# 馬友

馬友，魚中佳品，俗稱馬鮫郎，潮州人叫它為伍魚，每年二三月最為甜美，但近來的馬友都是外地輸入，一年四季皆有。

可大可小，大造十多尺長的，一般上尺半兩尺左右。前者直切，成一塊塊碟狀的魚片，通常就那麼煎了就可進食；後者則以清蒸烹調，亦可加芽菜半煎煮。

因為捕捉後即刻死亡，馬友並不被香港人看重。年輕人的印象，只叫鹹魚的時候侍者問道：「要鱠白或馬友？」中得來，以為馬友只能做鹹魚。

目前的鹹魚也多來自印度或孟加拉，可見當地盛產此魚；台灣也有，菲律賓更多，在菜市場中看到灰灰白白凍得僵硬、帶鱗的，就是馬友了。

最佳吃法，也是最普通的，便是用鹽水把馬友煮個三五分鐘，撈起來風乾，或等冷卻後放入冰箱待冷食。掀開魚鱗，裏面肥肥白白的肉呈現在眼前，用筷子挾了點豆醬吃，是潮州人所謂的「魚飯」。很奇怪地，任何魚一點豆醬，入口便不腥了。

豆醬要食普寧做的，在九龍城的潮州人雜貨店中出售，也可以在泰國店買到。泰人潮州籍多，也依足了普寧的做法製豆醬，不過味道遜色得多。

清蒸也行，在魚上鋪上豆醬薑絲，看魚的大小，蒸五至十分鐘，其他配料甚麼都不必加，魚肚中的肥膏，是無上的美味。

小時吃奶媽用馬友打漿的魚圓，此生難忘。當年馬友還是很容易抓得到的，現在要吃一條香港水域捕到的，已是難上加難。

大條馬友，直切成片後煎之，因為骨頭只有中間的脊，非常容易入口，是廣府人的所謂啖啖是肉。

煎馬友時發出的那陣香味，是令人不可抵擋的。所以從前的潮州大排檔都備有一平底鑊，下大量的豬油來煎馬友，客人走過即刻被吸引，停住了腳。用這方法招徠是最高超的，目前香港也只有九龍城的「創發」是這麼做。有很多潮州餐廳，我勸他們煎馬友，但都回答說怕油腥，真是塞錢入袋都不懂。

# 香魚

手掌般長的香魚，東南亞少見，台灣只有人工繁殖的。只有日本還很多，他們稱之為「鮎 Ayu」。

是一種和三文魚一樣的魚，在溪流產卵，小魚長大後往海中游，最後還是回到原產地。牠的壽命只有一年。

名叫香魚，不但烹調後香，就是活生生的，抓起一尾來聞，一點腥氣也沒有，嗅到的是青瓜般的味道。

台灣人的吃法學足了日本，一般都是鹽烤，很少蒸來吃的。最地道的做法是抓緊了魚，用一枝鐵叉吊起來，魚身要弄得彎彎曲曲，樣子才好看。在豪華的日本旅館中，大廚會弄一桶活生生的香魚，在你面前吊起，撒點鹽，插進一個大陶甕中，圓圈圈地圍着木炭，慢慢烤到略焦為止。這時香味飄來，食指大動。

吃的時候要有技巧，先用筷子把彎曲的香魚壓直，再從魚脊再壓一次。這麼一來，骨頭已經由肉鬆開，把尾折斷，抓緊魚頭，輕輕一拉，整條骨頭就能起出。見內臟還黏在骨頭上，千萬別丟掉，這副膽肝最好吃，喜歡的人說甘甘地，其實只是苦，但像吃苦瓜的苦，是美味的。

香魚盛產時，有些日本人還收集了內臟，用味噌麵醬漬之，為下酒的極品。旅館中有時也把大桶活的香魚放在一鍋滾着的味噌湯旁邊，抓一尾煮一尾，把湯喝完，再慢慢欣賞魚肉，是優雅的吃法。

香魚本身很清潔，牠只能生長在不污染的溪澗，水一骯髒了就死，所以不必剖肚。剛剛成長的香魚，手指般粗，骨頭還軟，就那麼拿去炸天婦羅，整條魚肉連骨吃進口中，鮮美得很。

但是養殖的香魚就不甜了，一定要野生的才好吃。到了夏天解禁，很多日本人跑到鄉下清澈的河流中去釣。也有守株待兔的辦法，搭了一個竹架，沉入淺溪中，讓香魚沖上來，一尾一尾拾起。

據稱氣象台人士，水箱中都養了一群香魚，牠很敏感，如果游個團團亂轉時，地震一定來臨，是不是真的沒有親眼見過。爐上烤香魚和煮香魚麵豉湯就吃得多，是代表夏天的食物，百食不厭。

# 鱒魚

鱒魚Trout，屬於三文魚類，外國人說分別在海裏面的是三文，在溪流中的是鱒。其實鱒魚也分降海類和非降海類的，前者和三文魚一樣在溪澗產卵，長大後游入海，再回來老家，後者一直留於淡水之中。

中菜很少用鱒魚入饌，我對牠的認識還是由舒伯特鋼琴五重奏《鱒魚》得知，後來跟洋人在溪邊釣魚，抓到一尾彩色繽紛的，他們大叫Rainbow Trout，才知道是鱒魚，樣子像小型的三文，體側有虹色帶，非常漂亮。

虹鱒一降海，彩虹即消失，整條變成銀白，肉也沒那麼好吃了。

當今只在西餐廳吃得到鱒魚，他們不會蒸，多數是煮或煎，又喜歡淋上檸檬汁或來一大團酸薯仔蓉配搭，多新鮮的魚，弄得酸酸地，總好吃不到哪裏去。

我們在外國工作時，買不到游水魚，將就把鱒蒸了，發現魚肉呈粉紅色，味道有點怪怪地，雖然新鮮，但總不及石斑。鱒魚最美味的時候在於冬天，產卵之前肚中有一層很厚的黃油，又有一團團的脂肪。吃魚油和內臟，肉棄之。

另一種日本人稱為Amago的，英文為Red Spotted Masu Trout，就美味得多，牠的特徵在於有一點一點的紅斑，用牛油來煎，沒有一般鱒魚的異味。當今的鱒魚多為養殖，把雌魚肚中的卵擠出來，放在一個大盤中，再灌大量的雄魚精子進去，然後放回溪中去，在下流弄個閘防止牠們逃掉，幼魚生長得很快，半年後即可收成，大的鹽燒，小的拿糖和醬油醃製成送粥的小食。

因為選清澈的溪澗來養，故鱒魚可當刺身來吃，但口感不佳，軟軟地沒彈性，味道也十分平凡。

日本石川縣有種叫為「骨酒」的，是把小條的鱒魚燒了，放進燙熱的清酒中浸，連骨頭的味道也泡了出來，一點也不腥，頗為清甜可口，在溪邊即釣即燒即燙即飲，稱之為「野趣」。

# 鯧魚

鯧魚，捕捉後即死，非游水者，不被粵人所喜。潮州人和福建人則當鯧魚為矜貴之海鮮，宴客時才出鯧魚。

正宗蒸法是將鯧魚洗淨，橫刀一切，片開魚背一邊，用根竹枝撐起，像船帆。上面鋪鹹菜、冬菇薄片和肥豬油絲。以上湯半蒸半煮，蒸至肥豬肉溶化，即成，此時肉鮮美，魚汁又能當湯喝，是百食不厭的高級菜。

上海人吃鯧魚，多數是燻，所謂燻，也不是真正用煙焗之，而是把鯧魚切成長塊，油炸至褐色，再以糖醋五香粉浸之。

廣府人吃鯧魚，清一色用煎，加點鹽已很甜的。煎得皮略焦，更是好吃。還是潮州人的做法多一點，他們喜歡把魚半煎煮，連常用的剝皮魚一起煎，煎完之後，加中國芹菜、鹹酸菜煮之。以鯧魚代替，就高級了。

劣魚如魔鬼魚或鯊魚，卻是斬件後用鹹酸菜煮的，鹹酸菜不可切絲，要大塊熬才入味。以鯧魚來代替，又不同了。

鱸魚火鍋也一流，火鍋中用芋頭做底，加鱸魚頭去煮，湯滾成乳白色，送豬油渣。用鯧魚頭代替鱸魚，是潮州阿謝的吃法。阿謝，少爺的意思。

我家一到星期天，眾人聚餐，常煮鯧魚粥，獨沽一味。

別小看這鍋鯧魚粥。先要買一尾大鯧魚，以魚翅和魚尾短的鷹鯧為首選。把魚骨起了，斬件，放入一魚袋之中，鯧魚只剩下啖啖是肉的，才不會鯁喉。等一大鍋粥滾了，放入魚袋，再滾，就可以把片薄的鯧魚肉放進去的，熄火。香噴噴的鯧魚粥即成。

大鍋粥的旁邊擺着一個小碗，裝的有：一、魚露；二、胡椒粉；三、南薑蓉；四、芹菜粒；五、芫荽碎；六、爆香微焦的乾葱頭；七、天津冬菜；八、葱花；九、細粒豬油渣和豬油。

要加甚麼配料，任君所喜，皆能把鯧魚的鮮味引出，天下美味也。

# 鯉魚

淡水魚中，最平凡和最粗生的，就是鯉魚 Carp 了。但是一變成顏色繽紛的錦鯉，就身價百倍。在日本，一條錦鯉賣到一兩百萬港幣，絕不出奇。用來賄賂政客，當成送禮，稅務局查不出證據。

鯉魚性甘，健脾胃，安胎氣，但是廣東人很迷信，說牠有毒，沒人敢去碰。粵菜中的做法，僅止於薑葱焗鯉，很少其他。

上海人不同，鯉魚做法極多，用鯉魚來滾蘿蔔絲湯只是其中之一，炮製方法是將鯉魚煎香，然後炒蘿蔔絲，加水猛火略滾，最後收火慢慢煨半個小時，即成一鍋乳白色又香又濃又甜的湯。

四川更有醬爆鯉魚的名菜，先一刀剖開，抽出鯉魚體中獨有的兩條筋，煮起來才軟滑。滾水灼熟，炒大量的紅辣椒和蒜蓉，或用豆瓣醬爆熱後淋上，醒胃刺激，越辣吃得越過癮，停不下筷子來。

潮州人則用酸梅來清蒸，或以鹹酸菜來煀，有開胃驅風的作用，進補時還可加淮山和山楂，味亦鮮美。

不管是甚麼地方的人，都認為鯉魚的精子比卵子好吃，它很潤滑，有點像吃豬腦，亦無腥味，被視為高等食物。卵子則略嫌粗糙，不能和烏魚子相提並論。

到菜市場去買，看見魚體較扁的，就是公魚了；肚子肥脹，則是雌的。如果你是一個不大下廚的家庭主婦，還是辨別不出來，一問魚販，他嫌煩，乾脆抓了一尾，用力揑牠的肚子，是精子是卵子，即刻擠出來給你看，非常殘忍。

日本人也吃鯉，但不當是甚麼高級食物，他們的做法是去鱗除皮，將精子和卵子完全去掉，把魚放入冰水之中，利刀切出薄片來當刺身，吃時加點梅醬。

在韓國，吃過的鯉魚，多數是和金漬泡菜及豆腐一塊兒滾湯，不見他途。

西餐中很少有鯉魚出現，以為洋人不懂得吃，其實在意大利產米的地區都吃鯉。有水稻田就生鯉，他們把肥大的白米塞進鯉中，蒸出來吃。米本身質素佳，鯉又肥，是天下美味之一。

# 鯽魚

鯽魚鯉魚好兄弟，凡產鯉的池塘，必捕到鯽魚。

學名為 Carassius duvdtus，原產於中國，在公元三百年已有歷史記載，在宋朝出現家養的鯽魚，呈金色，壽命最長四十三歲。

人工飼養下，有白色、銀色、花紅色等，亦變動為獅子頭，拿到外國去，被丟棄在池中，野化了變回原來褐黑色，體長可達三十厘米，在美加的池塘中大量繁殖，但是外國菜中，總不見鯽魚入饌。

非洲人也不吃鯽魚，但在鹹淡水交界處長的一大群一大群，是因為那邊的魚對疾病有很強的抵抗力，而且長得極快。

東方人一看，即刻將這種鯽魚移植到亞洲來，叫非洲鯽難聽，美名為金山鯽。

金山鯽與眾不同的是口孵魚，魚媽媽把卵子含在口中，以防水的溫度忽然變低。在小魚的孵卵期間，可以停止吃東西，完全依靠體中儲存的脂肪維生。

卵子變成幼魚，就離開母親口中，小魚四個月後又能交配，繁殖力是驚人的。

但是金山鯽的肉並不鮮美，一般餐廳拿來充數，很可惡。原來的鯽魚，因為骨頭多，售價已經不高，何必去吃金山鯽？

上海人炮製鯽魚最拿手了，他們的葱爆鯽魚是最基本的家庭菜，每個主婦都燒得好，可惜肯入廚的已少，當今連餐廳的師傅也做得不正宗，氣死人也。

葱爆鯽魚先行選一尾帶春的，洗淨備用。鍋中爆大瓣的蒜頭，不能切碎。油要多，再爆葱和魚，魚要煎到骨頭發酥，下醬油紅燒，看魚的大小，憑經驗收火，其實不是很難的一道菜，只看你肯不肯經過失敗的考驗。

此菜可冷吃，放冰箱即結凍，魚卵亦可口。

廣東之中，順德人最會吃，他們的鯽魚粥早已聞名。功夫完全出在刀切，鯽魚全身的骨頭，給大師傅一刀刀片薄，連影子也不見了。滾了一鍋粥，把鯽魚片投入，即熄火，加點生薑絲，此鍋粥之香甜不可用文字形容，試過才知。

# 石頭魚

石頭魚樣子和石頭一樣，躺在海底。牠的頭上還有兩根像羽毛的東西，震動着這個擬餌，讓其他魚來啄食時，迅速地將對方一口吞掉，所以英文名字叫為釣魚魚Angler Fish。

中文名也以琵琶魚或華臍魚稱之。吃西餐時，看到菜單上有和尚魚Monk Fish這一味，不懂的人還以為是河豚之一類光禿禿的魚，其實就是石頭魚了，做法多數是煎和煮。

日本人叫為鮟鱇，主要是吃牠的肝，鮟鱇之肝，為珍味之一。韓國人叫為Ago，斬件後用大量辣椒醬來煮，非常刺激。牠不是甚麼貴魚，所以在韓國餐廳供應的多是一大碟，人數不多的話很難吃得完。

石頭魚的種類，在世界上有十七科、二百七十種之多。顏色褐黑，但也有鮮艷的粉紅色加上圍着綠色的黃點，日本人稱之為綠房鮟鱇。一般色彩太過鮮艷的動植物皆有毒，但這一類的可以安心食之。

由手掌般大，到三呎多長，石頭魚大大小小都能吃。西洋人不太會處理牠的頭部，所以只留尾巴，去皮後出售，這個部份除了中間的大骨，全是肉，非常鮮美，煮熟後變白色，外國老饕還稱之為魚中龍蝦呢。

肉質由細膩到粗糙，後者較硬，口感如嚼雞鴨，所以石頭魚也叫為鵝魚 Goose Fish。

日本有句老話，說西邊的人吃河豚，東邊的人吃鮟鱇，可見石頭魚在他們那裏地位很高。在日本抓到的石頭魚多數是巨大的，牠全身軟綿綿，又滑溜溜，不能放在砧板上來劏，也怕牠本身的重量壓破了膽，只有用鐵鈎掛起來，一刀刀切之。

首先是把大量的水從牠的口中灌入，不讓魚晃來晃去。把鰭和尾切了，從魚的下巴劏開，剝掉魚皮，魚皮有膠質，能煮成魚凍，這時劏肚取出最珍貴的魚肝。石頭魚除了中間那條脊髓骨之外全身都能吃，尤其是魚胃，更是爽口。魚肝則可做刺身，不然煮熟了當前菜，也有裝進罐頭中出售的，賣得很貴。魚又肥又大，但是脂肪極少。樣子雖醜，一身是寶，真不可貌相。

# 鰣魚

一講到鰣魚，就會想起郁達夫故鄉富春江，那裏的鰣魚，天下第一。古人不時不吃，鰣魚連這名字也用上了，牠應該是中國土生土長的，洋人不會吃。

大起來有一米長，鰣魚是越大越肥越好吃的。身上有大鱗，肥美起來，脂肪長到鱗中，故可食。富春江的鰣魚，魚鱗經日光折射而呈彩虹，而且嘴唇還生胭脂色。

骨多而細，是鰣魚的缺點，但所有好吃的魚，都有這個通病，凡骨多，必美。

產地也不止於富春江，凡是臨江的大海，多有鰣魚，牠在海水中長大，游到江水生卵，二水交界處的魚最完美，所以珠江口也有鰣魚，廣東人稱之為三鯬（音：黎）。鰣魚最好吃時是在五、六月間，廣東的三鯬，則九、十月還是可以的。很奇怪，在南洋也有鰣魚的出現，過年時才吃。

離水即死的鰣魚，自古以來已是稀有的，當成貢品，設有冰窖，並每三十里一站，白天懸旗，晚上懸燈，做飛速傳遞，送到京城。這種勞民傷財的事，從宋朝一直做到康熙二十二年才被張紹麟上書諫止。

六十年代，大量鰣魚空運到香港，許多滬菜京菜館子皆有售，做法大致是清蒸，金華火腿鋪在魚上蒸，或者是鐵板鰣魚，學洋人弄個上牛扒用的鐵盤，把鰣魚連鱗煎了，放在鐵板上上桌，舉筷之前淋上醬油和黑醋，一陣蒸氣冒出，客人搶着鱗吃。

後來，鰣魚漸少，當今珍貴得不得了，但魚鱗已沒從前那麼好吃，是因為冰凍得水份都揮發掉之故。有時發現肉霉，也都是冰凍了多時，纖維被破壞了。

珠江三角洲的吃法則多數用苦瓜來炆鰣魚，魚本身已甜美，加上苦瓜更能把甜味突出，粵人聰明之處也。

因骨多，古人還有刮肉做魚圓的吃法，有鰣魚豆腐者，則是鮮鰣熬出汁，拌豆腐，加醬蒸之，更有白酒糟鰣魚。

最精彩的做法只是傳說而已：有一媳婦將魚鱗去掉，公婆因而貶之，豈不知媳婦是將魚鱗用絲線穿起，蒸魚時掛在鍋中魚上，使鱗中魚脂熱後滴入魚內，上桌去鱗片，既無鱗又肥美。

# 比目魚

比目魚為甚麼是比目？幼魚的眼睛和普通魚一樣，是生於兩側對稱的。起初牠長於水面上層，長大後沉入海底平臥，這時一側的眼睛開始移動，是因兩眼間的軟骨被身體吸收之故。

又叫鰈魚，有幾百種種類，小型的英文叫為鞋底 Sole，大起來可達三、四呎，十多公斤，則叫為 Turbot 了，大陸人翻譯為多寶魚，但他們養殖的多數只是小型的比目魚罷了，常在餐廳中看見，長方形的塑膠玻璃盒中一尾疊一尾，雖然方便擺放，狀甚可憐。

多寶魚也叫牙鮃，黃海渤海能捕到，用的是海底曳網，也快要絕種；外國黑海和地中海的，為太小的放生，也不過量捕捉，又有休漁期，產量較為豐富，也常空運到香港的高級餐廳來。

厚身的多寶魚，魚鰭的部份，也就是廣東人所謂的邊，最好吃了，它有軟骨和嫩肉之混合，煮熟了又有啫喱狀的部份，非常可口。日本人吃魚生也特別注重這部位，稱之為緣側 Engawa，懂得點刺身的老饕，一見櫃台的玻璃櫃中有比目魚，向大師傅要 Engawa，他知道你懂得吃，一定受到尊敬。

體積較小的比目魚，日人稱之為 Kare，多數是連骨頭也炸酥了，全尾吞下。

比目魚到了廣東，名稱就多了，甚麼撻沙、龍脷、左口等，最珍貴的七日鮮，也是比目魚的一種，當今已幾乎絕跡。

英國人最愛吃比目魚了，俗稱為 Dover Sole，因為 Dover 這個地方產量豐富，又靠近倫敦，故名之。

到了北美，名字就改為 Flounder 了，口可朝左或朝右，名字依舊。

洋人吃比目魚，多數是烤了，上桌時擠檸檬進食，其他吃法不多，而且他們認為比目魚要死後一兩天，味道更佳，這是東方人不能想像的事。

中國的蒸魚，以為洋人不懂，法國人也會把多寶魚拿去蒸，但這門廚藝近乎失傳，只在少數的法國餐廳才能找到。

# 鱖魚

鱖魚應該是中國獨有魚類，生於江河、湖泊之中，又名桂魚、香花魚。身上帶花紋，很明顯的是雄的，稍晦者為雌。背上有鬐刺，被刺到的人，可用橄欖撞磨來治之，這是《本草綱目》中說的，信不信由你。

野生的鱖魚，應該非常鮮美，陸游也有詩讚之：「船頭一來書，船後一壺酒；新釣紫鱖魚，旋洗白蓮藕。」清代，鱖魚是紹興的八大貢品之一，說道：「時值秋令鱖魚肥，肩挑網筋入京畿。」

鱖魚少骨，一向被視為宴席上的珍品，紹興傳統名菜清蒸鱖魚為代表性，配以火腿、筍片、香菇、薑、紹酒、雞油、鮮湯來蒸。還有松鼠桂魚，亦名震中外。

一般雄鱖魚一年就長大，雌的再兩年。一年中能多次產卵，每次數量到幾十萬粒，包着油球，隨水飄浮而孵化，舊時產量極多，當今河水污染，幾乎絕種。

目前在市面上看到的鱖魚，都是人工養殖的，肉質粗糙，一點味道也沒有，變成最不好吃的魚了。

養殖的，只能用濃味去炮製，像下大量的黑麵醬或豆豉。也有大廚以南洋辛辣香料去煮去炸，不這麼做，根本吃不下去。

有人說鱖魚態美，可作觀賞魚。灰黑色的身體和花紋，體高側扁，背部隆起，口大下顎突出，這個說法不能成立。牠的性格也非常兇猛，從幼魚起，逢魚必殺，水草是不吃的。獵食方式是從別的魚的尾部咬起，慢慢嚼噬，絕不會像其他魚一口吞之那麼仁慈。

養殖鱖魚，普通的飼料是引不起牠的興趣，一定要將垂死的魚餵之，不動的，鱖魚也不吃。以魚餵魚，經濟效益不高，養出來的魚價賤，不知道這單生意是怎麼做的。

鱖魚亦有淡水石斑的美譽，但是都是沒甚麼機會吃到海鮮的人說的，二者根本不能相比。也許，當今的石斑也是養的，故類似。

高級海鮮餐廳中，鱖魚是不會出現的，只常用於普通食肆，香港人喜歡吃活魚，稱之為游水魚，而養殖鱖魚的唯一價值，是牠不容易死，能夠游水罷了。

# 鯰魚

鯰魚，銀灰色，無鱗，長了六根長長的鬍鬚，洋人稱之為貓魚Catfish。分淡水和海水兩種，前者在珠江三角洲產量最多，在河鮮之中，可與鯪魚匹敵。到了秋天特別肥美，皮帶膠質，下面有一層很厚的脂肪，甘香無比。

一般做法是將鯰魚斬件，一圈圈地先用油、薑、蒜頭爆過，再入鍋中炆出來，鍋底部份黐着鯰魚的皮，有點發焦，更香。

其實，冬至前清蒸也不錯，鋪上上等陳皮絲，撒點鹽即成。尤其是有魚春的蒸起來粒粒分明，細嚼之下香味撲鼻，是味覺的頂點。肚中的魚鰾也好吃，爽脆之中帶膠。膽劏破了也不要緊，有點苦，印象更為深刻。

海中的鯰，體積比淡水的大，可達七八斤重一尾，肉味較濃，台灣人叫牠為「臭臊成」，大的也叫「尖頭成」，小的叫「粉成」，皮帶點紅色。

臭臊，閩南語中腥的意思，是不會做菜的人給的印象，牠本身吃魚蝦長成，肉質很細嫩，新鮮的話，不應該有臊味才對。就算魚味重，高手總會處理掉。

閩南人和潮州人的吃法，多數和鹹酸菜一齊煮，煎過之後，加水淹過魚，煮至八分熟時再下鹹菜，不然鹹菜會煮得太老。

古時魚穫豐富，吃不完就曬成魚乾，從肚子一刀分二，背連着，打開來日曬，再煮來吃，味道沒那麼鮮。高級食客只吃曬乾了的魚鰾，還原後味更美。

洋人起初不煮鯰魚，後來在美國南部的黑人開始烹調，才學着吃，他們多數是斬件後餵粉炸香，再淋上醬汁的。猶太人不會去碰，因為他們不吃無鱗的魚。

鯰魚和鱉魚屬同一魚科，鱉魚能長至十尺長，數百公斤重，時常出現於湄公河一帶。在曼谷的一家出名的潮州粥店中，還掛着人類捕捉到的，比人還高大。

鱉魚的鰾，通常讓潮州人掛在廚房中，煙燻得變黑，年份越長越好，可當藥用，專治胃潰瘍，當今已賣得比黃金更貴。

鯰魚魚子，可在泰國菜市場見到，大如胡椒粒，呈粉紅色，因在寮國水域獲得，故有「寮國魚子醬」之稱，最為珍貴。用油煎，美味無比，天下絕品之一。

# KINKI

Kinki 沒有漢字，是日本魚中被認為最高級的一種，香港人起初不會吃，當今已有不少人欣賞，售價很貴，一尾一尺左右的，就要貴到近百塊美金了。

顏色鮮紅，眼睛很大，不懂的人一看，就大叫是大眼雞，其實口感和香味有天淵之別，根本就不一樣。因為沒有漢字名，大家都用同類魚的喜知次 Kichigi 稱之。Kinki 另有日本名 Kinkin 和倭奴名 Menmensen，英文名為 Big Head，或者是 Thomyhead。

真正的 kinki 只生於北海道，而且要在海深一百到一千呎以上的海底，才能用拖網捕到，因大量撈獲，已瀕臨絕種，當今在市場中看到，多數是阿拉斯加喜知次冒充。

怎麼分別？北海道的，在背鰭的第八根刺後，有一道黑紋，像沾了墨後加水，在宣紙上化開，並不清晰。阿拉斯加的，在第十根刺後，有明顯的四粒黑點。

一般，阿拉斯加的大，二尺左右，北海道的，最大也不過是一尺半。因為生於深海，又不太游動之故，脂肪含量有二十巴仙之多，富有維他命A。吃進口，一股香味，肉質柔軟幼細得不得了，非其他魚可比。

日本人多數是當為煮物 Nitsuke 來炮製。廣東人一向以蒸魚自豪，甚瞧不起這個做法。其實，在鑊中加清酒、醬油和生薑，煮到剛好熟了，也很特別。沒有把握的人可以煮個半熟，把熟的部份吃了，生的再煮，到最後吃到剩下骨頭為止，不會失敗。

一捕得多，就片開了拿去日曬，也不用全乾，撒上鹽，帶濕也不腐壞，這時用炭來烤，特別美味。

魚不新鮮，就用油炸了，因為喜知次本身已很肥，油炸後肥上加肥，外焦內嫩，也有人喜歡這種吃法的。

最好吃的，當然是從漁船下貨後，切開來當刺身。Kinki 的刺身，在海外的壽司鋪吃不到，只有去北海道的高級店裏找。遇到高手的師傅，用噴火槍將魚生中太肥的部份燒它一燒，吃了才知道甚麼叫 Kinki。

# 鱸魚

到西餐廳去，海鮮的欄目中總看到有種叫 Sea Bass 的，很多人翻譯成鱸魚。

自古以來有當官的張翰，想起家鄉吳江的鱸魚美味，作了「秋分起兮佳景時，吳江水兮鱸正肥；三千里兮家未歸，恨難得兮仰天悲」之後，就棄官返鄉，傳為佳話。那麼鱸魚應該是江中魚，為甚麼有個 Sea Bass 的海水魚名？

原來鱸魚春天時在鹹淡水交界產卵，生長快，秋天游入淡水河中，再回頭出海。

一般外國的鱸魚全身嫩白，中國鱸身有直紋和黑色的斑點，外國有種叫 Striped Bass 的，身上也有直紋。但西洋鱸和中國鱸到底是不是兩種魚呢？大概只是屬於同一個家族罷了。相似之處，是兩地方的人都認為鱸魚肉美，又不多骨。

人類以為魚的習性都一樣，其實湖裏江中的淡水魚，鱒魚和鱸魚就有不同的智商。用假魚餌釣魚，鱒魚要試了七八次才知道，鱸魚只要一聞，即彈開。

鱸魚有大嘴和小嘴兩種，這一點外國的文獻有同樣的記載。性兇猛，和獸類一樣要霸佔地區，大口鱸通常只有尺半兩尺長，但張開口可吞小孩拳頭，搶食超快，在牠的地區之內的魚蝦不易逃過。

有些人也曾看到一大群的鱸魚跳出海面吞食各種飛蟲，非常壯觀。他們認為海水的鱸魚，好吃過淡水的，我們相反。

在大陸的名字叫花鱸，香港人稱之為百花鱸，因性喜游於海面，香港的有一種汽油味，並不美。淡水鱸捕後即死，在香港的售價甚賤，並不像吳松江中那麼昂貴，慕名到吳松江的食客至今不絕，但因過量捕捉，已近乎絕跡。

鱸魚有急凍的，多由外國進口，若製西餐，不妨採用，多數只是煎了來吃，中國鱸魚由十月開始最為肥美，菜市場中不難找到。

雖說好吃，但與其他魚比較，還是味寡，宜用醬料蒸之。增城欖角，是上選。其他吃法多數是炸後再淋濃味的醬，和桂魚相同，沒甚麼吃頭。古代名人雅士，吃鱸膾。膾即生吃，還是做 Sashimi 較佳。

# 縞鰺

吃魚生，金槍魚的肚腩 Toro 固然被認為最貴最肥美的食材，但是太油，多吃會膩，就不比縞鰺 Shima Aji 那麼高級了。

縞鰺屬鰺類魚，因為兩側都有一條鮮黃顏色的帶子而名，英國人叫 Striped Jack，法國名 Carangue Demtue。

和日本的鰤魚 Buri 的樣子很相像，時常混淆，但是到了壽司鋪，叫師傅來幾片 Shima Aji，他總分辨得清楚。老饕一嘗之下，即能比出高低。縞鰺的肉甜得多，纖細得多。多數魚到天寒才肥，縞鰺很特別，天熱也有油，是在夏天吃到最高尚的魚。

分佈很廣，全世界的暖海中都能生存，日本南部尤其量多。歐美人也經常將牠和青花魚 Mackerel 的鯖魚混亂，其實應屬 Scad 的鰺科，但他們連起來叫為 Mackerel Scad，鯖與鰺更是糾纏不清了。

一般人，最初學會吃金槍魚 Maguro 刺身，進步到吃牠的腩部 Toro。再學下去，懂得甚麼叫油甘魚 Hamachi，一旦認識了縞鰺之後，就知分別，油甘魚再也吃不下去了。到壽司店，夏天叫縞鰺，冬天叫寒鰤 Kan Buri，是錯不了的。

從前，日本人吃魚頭，只限於紅鱲 Tai，自從香港人叫師傅把油甘的頭也拿去鹽燒之後，縞鰺魚頭也同樣炮製，但吃縞鰺，主要還是切成生魚片上桌。

縞鰺大起來三呎左右，所以不像其他小一點的鰺魚類，很少劏成兩半日曬當魚乾吃的。能在魚市場看到一尾，應該即刻買來吃，肉質肥嫩，鮮美無比，非常難得。

也有師傅把縞鰺肉剁碎，像一般的小鰺來做 Aji No Tataki，混入薑葱，亦美味。肉厚的關係，亦能去骨後拿來燒烤，塗上醬汁，香甜得很。日本人吃午餐，來片縞鰺，一碗白飯，是高級行政人員才能享受到的，價錢比普通魚要貴出幾倍來。

西洋人抓到了縞鰺，則用來煎，或者去骨後炸，擠點檸檬汁享用。為甚麼那麼新鮮的魚，要用酸的東西來破壞？

# 白飯魚與銀魚仔

街市中常見的白飯魚，拇指般長，一半粗。英文名為Ice Fish，日人稱之為白魚Shirauo，活着的時候全身透明，一死就變白，故名之。牠與三文魚一樣，在海中成長，游到淡水溪澗產卵後，即亡。

我們通常是買回家煎蛋。把兩三個雞蛋發勻，投進白飯魚，油熱入鑊，煎至略焦為止。不加調味料的話，嫌淡，可以點一點魚露或醬油，這種吃法最簡單不過，也很健康，當家常菜，一流。

因為魚身小，都不蒸來吃。用油乾煎，最後下糖和醬油，連骨頭一塊咬，也很美味。日本人用白飯魚來做壽司，一團飯外包着一片紫菜，圍成一個圈，上面鋪白飯魚來吃。

炸成天婦羅又是另一種吃法，有時在味噌麵豉湯中加白飯魚，也可做成清湯的「吸物」，在西洋料理中就很少看到以白飯魚入饌的。

銀魚仔屬於鰯科，是幼小的沙甸魚，故英文名叫 Japanese Sardine，仔細觀察，會發現每隻魚身上有七個黑點，是牠的特徵，只有尾指指甲的十分之一那麼小，像銀針。

連煎也太少了，只可以鹽水煮後曬乾，半濕狀態下最為鮮美。我們通常是放進碟中，鋪了蒜蓉，在飯上蒸熟。台灣人則喜歡在蒜蓉上再加一點濃厚的醬油膏，更是美味。

一時胃口不好，又不想吃太多花樣時，把銀魚仔蒸一蒸，混入切得很幼的青葱，淋一點醬油，鋪在飯上就那麼吃，早中晚三頓都食之不厭。

銀魚仔在潮州人的雜貨店中有售，但有時看到蒼蠅，就不敢去買了。去日本旅行時如果見到透明塑膠包裝的，不妨多買幾袋回來，分成數小包，放在冰格中，藏數月都不壞，吃時選一小包解凍即行。

曬得完全乾的銀魚仔肉質比較硬，牙齒好的人無妨，也可以保存得更久了。

日本人還把生銀魚仔鋪在一片片長方形的鐵絲網上曬乾，叫為 Tatami Iwashi，像榻榻米形狀之故。將牠在炭上烤一烤，淋上甜醬油，吃巧而不吃飽，是送酒的恩物。

# 鮑魚

最珍貴的鮑參翅肚，鮑魚佔了第一位，可見是海味中天下第一吧。

乾鮑以頭計，一斤多少個，就是多少頭。兩頭鮑魚，當今可以登上拍賣行，有錢也不一定找得到。

鮑魚從小到大，有一百種以上。吃海藻，長得很慢，四五年才成形，要大得七八吋長的，需數十年。殼中有三四個孔，才稱鮑魚，有七八個孔的小鮑，有人稱之為床伏 Tukobushi 或流子 Nagareko，九個洞的，台灣人叫九孔。

大師級煮乾鮑，下蠔油。我一看就怕，鮑魚本身已很鮮，還下蠔油幹甚麼？依傳統的做法，浸個幾天，洗掃乾淨。用一隻老母雞、一大塊火腿和幾隻乳豬腳炆之，炆到湯乾了，即上桌，沒有炆好之後現場煮的道理。

乾鮑來自日本的品質最好，這沒話說。澳洲南非都出鮑魚，不行就不行。

別以為貴就當禮品。日本人結婚時最忌送鮑魚，因為牠只有紫邊殼，有單戀的意思，不吉利的，但可送一種叫熨斗鮑魚的，是將牠蒸熟後，像削蘋果皮般團團片薄，再曬乾。吃時浸水還原，當今已難見到。

新鮮的鮑魚，生吃最好，但要靠切工，切得不好會很硬，最高級的壽司店只取頂上圓圓那部份，取出鮑魚肝，擠汁淋上，吃完之後剩下的膽汁，加燙熱的清酒，再喝之，老饕才懂。

韓國海女撈上鮑魚後，用鐵棒打成長條，叉上後在火上烤，再淋醬油，天下美味也。澳洲鮑肉質低劣，只可生吃，或片成薄片，用一火爐上桌，灼之，亦鮮味，但也全靠片工，機器切的就沒味道。

最原始的吃法是整個活生生的鮑魚放在鐵網上燒，見牠還蠕動，非常殘忍，此種吃法故稱「殘忍燒」。

吃鮑魚，我最喜歡吃罐頭的，又軟又香，但非墨西哥的「車輪牌鮑」不可，非洲或澳洲的罐頭一點也不好吃。買車輪牌也有點學問，要有罐頭底的凸字，印有PNZ的才夠大。

鮑魚有條綠油油的肝，最滋陰補腎，我們不慣吃，日本人當刺身，吃整個鮑魚如果沒有了肝，就不付錢了。

# 鯊魚

講到以鯊魚當食材，應該不是十分殘忍，罪過的是中國人愛吃魚翅，把牠們捕殺得快要絕種。單單吃鯊魚肉的話，大自然還可以維持平衡，亦可大量繁殖。

鯊魚肉好吃嗎？美味得不得了，看你怎麼去炮製罷了。

最普通的吃法是拿來煮鹹酸菜；凡是有魚腥味的魚，都可以用鹹酸菜來中和，當然別忘記放幾片薑。請魚販替你清理軟骨，再自己切鹹菜進去煮就是，煮個十幾二十分鐘，即刻入味，湯汁也不妨加多，可以撈飯。

我們吃的多是小尾的鯊魚。大的肉粗糙，不宜食之。很奇怪地，你會發現牠身上只有一條脊髓，兩旁並沒有刺骨，因為牠的皮厚，並不需要。

鯊魚皮分兩層，外表充滿有棱角的硬石，日本人用來包刀柄或磨山葵。去掉此層，裏面的很柔軟彈牙，是很可口的。

潮州人賣的魚飯，將魚用海水煮熟了風乾，點普寧豆醬吃，一點腥味也沒有。

但雖説小鯊魚，比起烏頭來也巨大，魚飯是一塊塊直切出來，不整條賣的。

煙燻鯊魚是台灣人的著名小食，在任何一檔賣切仔麵的都能找到，他們喜歡切成細片後點醬膏吃，食時還在醬油膏中放大量的山葵，都不是生磨出來，用山葵粉拌成膏狀，加入人造色素，綠得可怕，但極為攻鼻，沒有了它，煙燻鯊魚就好像沒那麼好吃了。

當今罕見的是鯊魚的肝，非常肥美，煮熟了漏出一大碟油來，一看就知道營養比銀鱈魚的魚肝油高。煮肝時，要鋪上大量的蒜蓉，才能辟味，但也有人享受那種濃腥的刺激。

在馬來西亞也吃過咖喱鯊魚，那是把一尾小鯊魚用油炸了，再用乾咖喱煎的，做得很出色，整尾噬光，剩下一條長骨。

西餐中從來沒有鯊魚出現過，他們看了怕怕，怎能像中國人甚麼都敢嘗試？日本海也產鯊魚，學會中國人吃魚翅，肉是不懂得享受的，全部扔回海裏。

我們殺得鯊魚多，有時聽到鯊魚咬人的新聞，並不恐怖，覺得非常之公平。

# 鯨

鯨，自古以來，人類捕食，約二千年前，挪威已有壁畫記載。大起來，一條鯨魚有三十米，一百二十呎左右；小鯨魚，如殺人鯨，也有三十呎。

中國人很少吃鯨魚，西方人也只取其脂肪當油燒，只有阿拉斯加的原住民和日本人吃之，說從頭到尾，沒有一個部份不能欣賞。

捕鯨的技師，最早是用長矛，那是非常危險的事，不知道要死多少人才能殺到一頭鯨魚；日本人後來發明了用巨大的網來捕捉，但多數是小條的。

自從挪威人發明了射炮槍，被殺的鯨魚劇增，人類的貪念又無止境的，越多越好，幾乎殺得絕種。所以在一九八七年，國際捕鯨委員會全面禁止，除了冰島原住民以此維生之外，不能殺鯨，捕鯨業才逐漸銷聲匿跡。

但是，日本人對鯨魚的嗜愛是不能停止的，他們自從奈良時代禁止食肉以來，吃鯨文化發達，一年要吃十五萬噸，後來減至八萬噸。到了一九八七年減至一萬二千噸，九三年只有一千四百噸。到最後說是完全不輸入了。

當今，日本的大城市中，還能見到賣鯨的餐廳，那是為甚麼？原來日本狡猾，說是醫學研究用的，繼續殺之，國際反對人士也束手無策。鯨魚肉好吃嗎？尾部的「尾之身」充滿脂肪，的確比金槍魚的Toro還要美味，但是除此之外，肉質粗糙。

對鯨魚的各個部份，他們都冠以名稱，「赤肉」是背脊，多數用來像牛扒那樣煎，或者燒烤，也有人炸了來吃。

「胸肉」比較硬，用來製造火腿和香腸，以及罐頭等加工食物。

「須之子」是魚翅部份，和赤肉一樣吃法；「畝」是下巴，用來做鐵板燒。連着肥肉的做成鯨魚貝根；「皮」是一百巴仙的肥肉，醃製後切片吃。

「百尋」為小腸，煮後食之。「丁字」是鯨的胃，「豆臟」是鯨的腎。也吃舌頭和乳頭，當今日本人吃鯨，好奇多過求生，不能鼓勵，讓美麗的鯨魚活下去吧。

# 青口

青口，英文叫 Mussel，法文叫 Moules，日本人稱之為紫貽貝或綠貽貝。

牠是一種微生物，附貼到巖石或橋躉時便很快地生長成一至二吋長的貝類，顏色由紫至深黑，內殼帶綠色。

香港海灣採取到的青口，是這種貝類最低劣的，剝開殼一看，肉中還有一撮毛，像女性生殖器，有點異味，並不好吃。產量又多，賣不起價錢，從前在廟街還有一檔賣生灼青口，是醉漢最便宜的下酒菜。

一到歐洲就身價不同了，法國人在十三世紀時開始當牠是寶，宮廷菜中也出現了青口，但都是不同的品種，味清香，又很肥大，讓人百食不厭。

全世界各地都長青口，因為牠容易貼在船底生長，船到甚麼地方就生長在甚麼地方。當今海洋污染，野生的青口有危險性，多含重金屬，少吃為妙，要吃買紐西蘭進口的。

養殖青口有三種辦法：在淺海的床底插上木條，播下種，就能收成，但是此法有弊病，漲潮退潮，幼貝不能長時間食取微生物或海藻；第二個方法是乾脆造個平底的木筏，浸在海中；第三是插一巨木在海底，再放射式地牽上繩子，讓青口在繩上長大，此法西班牙人最拿手。

西班牙的海鮮飯 Paella 少不了青口，土耳其人也喜歡用碎肉釀入青口中烹調，意大利人更把青口當成粉麵的配料！Mouclade 和 Moules Mariniere 是法國名菜。

基本上，最新鮮肥美的青口是可以生吃的，但全世界人都沒有這種習慣，連日本人也不肯當牠為刺身。

最佳品種是法國 Boulogne 區的 Wimereux 青口，體積較小，只有一吋左右，樣子肥嘟嘟，殼很乾淨。

吃法簡單，用一個大鍋，加熱後，放一片牛油在鍋底把大量的蒜蓉爆香，放青口進去，倒入半瓶白餐酒，上蓋，雙手抓鍋拼命翻動，一分鐘後即成，別忘記下鹽和撒上西洋芫荽碎，這時香噴噴的青口個個打開，還一個最小的，挑出牠的肉吃完，就可以把這個小殼當成工具，一開一合地將別的青口肉挾出來。法國人看到你這種吃法，知你是老饕，脱帽敬禮。

# 蜆

蜆的種類多到不得了。這是廣東叫法，上海人稱之為蛤蜊。蜊為古字，日本人至今也借用。英語通稱為Claw，巨大的叫櫻石Cherry Stone，小的叫幼頸Little Neck。

用蜆來煮湯，一定鮮甜。最近我在澳門喝花蟹冬瓜煲蜆湯，甜上加甜，煮得過火也不要緊，只要別把湯煲乾就是。你從來也沒煲過湯？做此道菜吧，不易失敗。

新鮮的吃不完，就特地拿來醃鹽，蜆蚧醬就是那麼發明出來。它有一種很獨特的怪味，配炸鯪魚球一齊吃極佳，但是吃不慣的話，聞到就掩鼻走開。

殼上有花紋的，也叫花蜆，裏面含沙，也是叫為沙蜆的原因吧？老人家教導，買蜆回來，浸在鐵盒中，放一把菜刀進去，牠會把沙吐個精光。這可能是蜆受不了鐵銹的刺激，所以放一塊磨刀石效果也是一樣的。

洋人吃蜆，很少用在烹調上，多數生吃。幼頸肉不多，但很甜；我最喜歡吃櫻石，又爽又脆，口口是肉，認為比吃生蠔更過癮。

日本人把大粒的蜆叫為 Hamaguri。Hama 是濱，而 Kuri 則是栗，海灘中的栗子，很有意思。吃法是用大把鹽將牠包住，在火上烤，煮了爆開，就那麼連肉帶湯吃。有時用清酒蒸之，也很美味。

日本的小粒蜆叫為淺蜊 Asari，多數用來煮味噌麵豉湯，也用糖和鹽漬之，叫為佃煮。日人在婚宴上慣用蜆為材料，因為牠不像鮑魚的單邊殼，兩片對稱的殼有合歡的意思，意頭甚佳。

至於更小粒，殼呈黑色的蜆，日人稱之為 Shizimi。大量放進鍋中，不加水，就那麼煮開，喝其汁，能解酒。台灣人則用淺蜊滾水過一過，就浸入醬油和大蒜中，稱之為蚋仔，是我吃過的最佳送酒菜之一。

壽司店中也常見橙紅色的蜆，尖尖地像雞啄，叫為青柳 Aoyagi，盛產於當今千葉地區，古地名為青柳之故。牠也叫為馬鹿貝 Bakagai，牠像傻瓜伸出舌頭收不回去。

上海菜中，最好吃也是最家常的，有蛤蜊蒸蛋這道菜。可惜當今的滬菜館都不供應，已沒有大師傅懂得怎麼蒸，就快失傳。

# 蟶子

蟶子，長條形的貝，有大小各種種類，最大的像古老的摺疊剃刀，故洋人稱之為剃刀貝 Razor Clam，貝中有吸管露出，又像一把彈簧刀，亦稱 Jack-knife Clam。雙邊的薄殼，隨手可以剝開，取出肉，洗淨後，去腸、尾可以那麼生吃，要是海水不受污染的話。

通常養在海邊的沙泥底下，只露出頭來，一手抓牠即縮了進去。有傳聞說在上面撒鹽，蟶子就會從洞裏爬出來，這根本就是胡說八道，海水已是鹹的，撒鹽有甚麼用？

蟶子肉鮮美，中國人煮食之前，多養牠一兩天，浸在水中，把生銹的刀或一塊磨刀石放進去，牠自然會吐出沙來。

在歐美和亞洲的海底都可抓到，分佈甚廣。中西老饕皆愛食之。日本人叫牠為馬刀貝 Mategai，或簡稱 Mate。從北海道到九州皆生長，一直到朝鮮半島，韓國人喜歡用牠和泡菜一齊熬成湯。

日本人的吃法，最簡單的只放在火上燒烤，也用來煮麵豉湯。挖出肉來，用醋醃之，拌以青瓜，當為前菜。在秋冬最為肥美，其他季節不食。

廣東人則喜歡用大蒜、豆豉或麵醬來炒，食時下點葱段。

福建沿海也多產蟶子，他們有種獨特的吃法，那就是用一個深底的瓷盅，把蟶子一顆顆地直插進去，插到滿盅為止。這時，加點當歸清燉，炮製出來的湯非常鮮美。

土筍凍是福建人的至愛，用沙蟲為原料，煮後冷凍成啫喱膏狀，連蟲蟲一齊吃，口感爽脆，味道鮮美。但沙蟲在別處難找，肉又不多，可用蟶子代替，將蟶子熬出濃湯。沙蟲有黏液，自然結凍。用蟶子代替時則可下一些魚膠粉，結成凍後，肉多、有咬頭，也同樣鮮甜，口感亦佳，可試試這種做法來醫治鄉愁。

外國人煮蟶子，方法和青口一樣，在鑊中把牛油煎熱，大蒜和西洋芫荽碎爆一爆，放蟶子，淋白餐酒，加點鹽，鍋上蓋，整鍋翻幾翻，即成。

意大利的蟶子湯叫為Zuppa Di Cannolicchi，是當地名菜，不可不試。

# 蚶

蚶，又叫血蚶。和在日本店裏吃的赤貝是同種，沒那麼大罷了。

上海人覺得最珍貴，燙煮後剝開一邊的殼，淋上薑蒜蓉和醋及醬酒，一碟沒幾粒，覺得不便宜。

在南洋這種東西就不覺稀奇，產量多，但當今怕污染，已很少人吃。

潮州人最愛吃蚶，做法是這樣的：先把蚶殼黐的泥沖掉，放進一個大鍋中，再燒一壺滾水，倒進鍋，用勺子拌幾下，迅速地將水倒掉。殼只開了一條小縫，就那麼剝來吃，殼中的肉還是半生熟、血淋淋。

有時藏有一點點的泥，用殼邊輕輕一撥，就能除去。這時沾醬油、辣椒醬或甜麵醬吃，甚麼都不點，就這麼吃也行。

吳家麗是潮州人，和她一起談到蚶子，她興奮無比，說太愛吃了，剝了一大堆，血從手中滴下，流到臂上轉彎處，這才叫過癮。

正宗的叻沙，上面也加蚶肉的。南洋人炒粿條時一定加蚶，但要在上桌之前才放進鼎中兜一兜，不然過老，蚶肉縮小，就大失原味了。越南人也吃蚶，剝開了用鮮紅的辣椒咖喱醬來拌之，非常惹味。

廟街的炒田螺店大排檔中也賣蚶，但是大型像赤貝那種，燙熟了吃。通常燙得蚶殼大開，肉乾癟癟地，沒潮州人的血蚶那麼好吃。

新加坡賣魷魚蕹菜的攤中也有蚶子。把泡開的魷魚、通心菜和蚶在滾水中燙一燙，再淋沙茶醬和加點甜醬，特別美味；有時也燙點米粉，被麵醬染得紅紅地。

不過吃蚶子的最高境界在於烤，兩人對酌，中間放一個煲功夫茶的小紅泥炭爐，上面鋪一層破瓦，蚶子洗乾淨後選肥大的放在瓦上，一邊喝酒一邊聊天，等蚶殼波的一聲張開，就你一粒我一粒用來送酒。優雅至極，喝至天明，人生一大樂事。

# 蝦

小時候，蝦很貴，但那也是真正的蝦。當今便宜，不過吃起來像嚼發泡膠。不相信嗎？台灣有種草蝦，煮熟了顏色鮮紅，但真的一點味道也沒有。

吃蝦絕對不能吃養的，就算所謂的基圍蝦，也沒甚麼蝦味。到菜市場中買活蝦，十塊錢美金一斤的，才有點水準。

你才吃得起！我們買便宜的，很省。是的，很省；不吃，更省。

游水海蝦，像麻蝦和九蝦，已被抓得七七八八，就算在市面上看到，也不是賣得太貴，少人知道、少人欣賞之故。

就那麼白灼好了。游水海蝦那條腸很乾淨，總不像養蝦那種黑漆漆的一道東西，整隻吃進口，沒有問題。啊，那種甜味留齒，久久不散，比一百罐味精還要鮮甜。

絕對別小看意大利的蝦，很少見到游水的，更已冷凍得發黑，但那股香味和甜味，也是東方吃不到的。一生人之中，說甚麼也要試一次。

法國煮熟後冷吃的小蝦，也極甜。在海鮮盤中，大家都先選生蠔來吃，但去伸手剝小蝦的，才是老饕。

龍井蝦仁用的是河蝦，但也一定要活剝的，冷凍蝦就完蛋了，怎炒也炒不好。淡水活蝦數十年前還可以生吃，當今大家怕怕，品嚐過的人才知道這種稱為「搶蝦」的，是無比的美味。淋上高粱酒，也能消毒，蝦醉死了給人吃很享受，並不殘忍，至今見到，還是可以試的，只要不太多，不會吃出毛病來。

越南的大頭蝦，養殖的也沒味道，用牠的膏來煮湯，還是可以的。湄公河上有種蝦，肉很少，殼大，把牠炸了，單吃殼，也是絕品，可惜當今幾乎見不到了。

蝦乾也千變萬化，但要買最高級的。煮即食麵時把那包味精粉丟掉，抓一把蝦米滾湯，是上乘的一餐。

總之，不是天然的蝦絕對別吃，食出一個壞印象，一生損失。便宜無好貨，在蝦的例子是正確的，吃過天然蝦就不喜吃養殖蝦了，算它一算，價錢還是合理的。

# 龍蝦

龍蝦種類甚多，大致上分有蝦鉗的和無蝦鉗的兩種。前者通稱為美國龍蝦，盛產於波士頓的緬因地區。香港捕捉的屬於後者，色綠帶鮮艷的斑點，肉質優美，是龍蝦中最高貴的；可惜已被捕得瀕臨絕種，當今市面上看到的多數由澳洲進口，外表也有些像本地龍蝦。日本人叫龍蝦為伊勢海老，基本上和本地龍蝦同種。英文名Lobster，法國人叫為Homard，用Langouste時，是指小龍蝦。

已經是被認為海鮮中的皇族，吃龍蝦總有份高級的感覺。美國人抓到了就往滾水中扔，鮮味大失；後來受到法國菜影響，才逐漸學會剖邊來烤，或用芝士焗，吃法當然沒有中國菜那麼變化多端。

我們把燒大蝦的方法加在龍蝦身上，就可以做出白灼、炒球、鹽焗等菜來，但是最美味的，還是外國人不懂得的清蒸。

學會生吃之後，龍蝦刺身就變成高尚料理了。也多得這種調理法，美國的和澳洲的，做起刺身來，和本地龍蝦相差不大，不過甜味沒那麼重而已。能和本地龍蝦匹敵的，只有法國的小龍蝦，吃起刺身，更是甜美。

一經炒或蒸，本地龍蝦和外國種，就有天淵之別，後者又硬又僵，付了那麼貴的價錢，也不見得好吃過普通蝦。

中國廚藝之高超，絕非美國人能理解，他們抓到龍蝦後先去頭，其實龍蝦膏是很鮮美的，棄之可惜。而且他們就那麼煮，不懂得放尿的過程，其實在烹調之前，應用一根筷子從尾部插入，放掉腸垢，那麼煮起來才無異味。

清晨在菜市場買一尾兩斤重的本地龍蝦，用布包牠的頭，取下。將頭斬為兩半，撒點鹽去燒烤，等到蝦膏發出香味，就可進食。把蝦殼剪開，肉切成薄片，扔入冰水中，就能做刺身來吃。腳和殼及連在殼邊的肉可拿去滾湯，下豆腐和大芥菜，清甜無比。

龍蝦，只有當早餐時吃，才顯出氣派；午餐或晚餐，理所當然，就覺平凡了。一早吃，來杯香檳，聽聽莫札特的音樂，人生享受，盡於此也。

# 蝦蛄

香港人稱之為「瀨尿蝦」，因為被捕捉後離開水面，會撒出一泡尿來。名字甚不雅，故叫回牠的原名「蝦蛄」，日人稱為 Shako。

也不能與潮州人叫的蝦蛄混亂，他們叫的蝦蛄是一般的琵琶蝦。

蝦蛄種類極多，香港和日本抓到的都只有手指般小；像口琴那麼巨型的多數來自泰國，但當今中國也養殖。

生活在淺海的砂石底，小魚小蝦游過，瞬眼間用雙鉗捕捉來吃。牠有五對爪，最前面的接連着口腔，形狀像螳螂的一樣，故外國人稱之為螳螂蝦 Mantis Shrimp，也叫海蝗蟲 Sea Locust，大家以為牠和龍蝦是親戚，其實屬於蟹類。美國人根本不會吃，懂得欣賞的歐洲人，也限於意大利的 Romagna 地區的漁民而已。

從前的蝦蛄，是最賤的海鮮之一，即使是游水的，價錢也便宜得令人發笑，根本登不了大雅之堂，酒樓是不會賣的。要吃蝦蛄只有在街邊的大排檔才能找到，和田螺、大赤貝一齊擺着，客人要了，便把一大碟蝦蛄扔進滾水中灼熟來吃。殼帶有芒刺，剝起來手指很容易被刺破流血。肉又很少，所以不受歡迎。其實蝦蛄的肉很甜，有一群捧場客。

抓住了竅門，吃起來並不困難，翻着蝦蛄的肚子，用手指把兩邊的殼折斷，肉露出來。最初嘗試時可用一把剪刀，把兩邊的殼剪掉，剩下黏在肚上的軟殼，一拉開就行。

大蝦蛄輸入到香港，是九十年代的事，大家沒見過，驚為天人。做法多數是椒鹽，香港的所謂椒鹽，都是油炸罷了，下大量的大蒜蓉上桌。這種蝦蛄肉很厚，又非常甜美，當今賣的價錢，已貴過龍蝦了。

壽司店裏，蝦蛄是主要食材之一，不可缺少的，但從不生吃，都是煮熟後放在櫃枱的玻璃箱中，你看到一條條紫顏色的東西，就是蝦蛄了。有季節性之別，蝦蛄的腹中充滿黃顏色的春，最為肥美；瘦和無膏的不合時，通常拿在炭火爐一烤，再塗點甜醬油來吃。

數十年前，日本人還花工夫把蝦蛄的鉗拆下，一隻隻挑出肉來，擺在一個木盒中，當成刺身，非常美味，可惜這一門學問已經快絕種了。

# 蟹

世界上蟹的種類，超過五千。

最普通的蟹，分肉蟹和膏蟹，前者產卵不多，後者長年生殖，都是青綠色的。蟹又分淡水和海水。前者的代表，當然是大閘蟹了，後者是阿拉斯加蟹。

生病的蟹，身體發出高溫，把蟹膏逼到全身，甚至於腳尖端的肉也呈黃色，就是出了名的黃油蟹。別以為只有中國蟹才傷風，法國的睡蟹也生病，全身發黃。

最巨大的是日本的高腳蟹，拉住牠雙邊的腳，可達七八呎。銅板般大的日本澤蟹，炸了一口吃掉，也不算小。最小的是蟹毛 5mm 罷了。

澳洲的皇帝蟹，單單一隻蟹鉗也有兩三呎，肉質不佳，味淡，不甜。

從前的鹹淡水沒被污染，蟹都可以生吃，生醬大閘蟹很流行，當今已少人敢吃，日本的大蟹長於深海六百米，吃刺身沒問題。

中國人迷信，蟹一死就開始腐爛，非吃活螃蟹不行；外國人卻吃死蟹，但也多數是一抓就煮熟後冷凍的。

小時母親做鹹蟹很拿手，買一隻肥大的膏蟹，洗淨，剝殼，去內臟，用刀背把蟹鉗拍扁，就拿去浸，一半醬油，一半鹽水，加大量的蒜頭。早上浸，到傍晚就可以吃了。上桌時撒上花生末，淋些白醋，是天下的美味。

別怕劏螃蟹，其實很簡單，第一要記住別忍心，在牠的第三與第四對腳的空隙處，用一根筷子一插，穿心，蟹即死，死得快，死得安樂，這時你才把綁住蟹的草繩鬆開也不遲。

洗淨後斬件，鑊中加水，等沸，架着一雙筷子，把整碟蟹放在上面，上蓋，蓋個十分鐘即成。家裏的火爐不猛的話，繼續蒸，蒸到熟為止，螃蟹過火也不要緊。

另有一法，一定成功，是用張錫紙鋪在鑊中，等鑊燒紅，整隻蟹不必劏，就那麼放進去，蟹殼向下，大量的粗鹽，撒到蓋住蟹為止，上蓋焗。怎知道熟了沒有？很容易，聞到一陣陣的濃香，就熟了。剝殼，用布抹穢，就能吃了；吃時最好淋點剛炸好的豬油，是仙人的食物。

# 花蟹

花蟹，名副其實地在殼上有獨特的花紋；活着的時候帶着深褐的紋理，一熟了鮮紅，非常美麗。

在歐洲幾乎看不到有人吃花蟹，據稱是背殼的花紋讓教徒們聯想到十字架。其實牠的分佈很廣，從中國到東南亞沿岸都能捕捉，經澳洲到印度洋西部生長。香港人和大陸客一吃開，幾乎絕種，目前在市場看到的，多數是由外國進口。

花蟹長在水深十至七十米的沙泥底，和一般螃蟹大小的無肉，皆棄之。一吃就要吃大的，可長至二三呎，越大越貴，肉並不會大而粗糙。

除了中國人之外，只有少數的日本人會吃，他們把花蟹叫為縞石蟹Shimaishigani；縞，就是花紋的意思。

花蟹的殼，除了外殼和雙鉗之外，都不是很硬，我們的廚子並不親切，只是斬件了就上桌，如果能夠像日本人吃毛蟹一樣，用快刀把較軟的內殼割開，吃起來方便得多。

肉清淡，有一股幽香，最著名的吃法就是潮州冷蟹了，蒸熟後風乾，掛在櫥窗中，當成了潮州餐廳的標誌。

有信用的舖子賣的凍蟹，肉很充實。一看到瘦蟹，客人應有權退貨，牠吃起來不但肉少，而且有點苦澀，不能收客人那麼貴的價錢。

吃凍蟹要點帶甜的梅醬；甜與鹹配合得那麼完美，也是奇才想出來的吃法。蒸法的心得，要把蟹腹向上，才能避免蟹腳跌落。

近年來也發明了用蛋白和紹興酒去蒸的吃法，很受歡迎。吃完剩下的汁，還能用伊麵去炆它一炆，不必用其他配料，也是上菜。

潮州人也用普寧豆醬去蒸花蟹。年輕廚子不懂，以為下豆醬就是，其實要加薑絲、麻油和蒜蓉才美味，上桌前撒紅辣椒絲點綴。

也有金蒜焗花蟹的古方，蟹洗淨斬件點生粉，蒜蓉和麵包糠分別炸至金黃。蟹半熟，放入沙煲再焗。蒜蓉和麵包糠中混入大地魚末，是秘訣。

# 蠔

蠔，不用多介紹了，人人都懂，先談談吃法。

中國人做蠔煎，和鴨蛋一起爆製，點以魚露，是道名菜。但用的蠔不能太大，拇指頭節般大小最適宜；不能瘦，越肥越好。

較小的蠔可以用來做蠔仔粥，也鮮甜得不得了。

日本人多把蠔餵麵粉炸來吃，但生蠔止於煎，一炸就有點暴殄天物的感覺，鮮味流失了很多。他們也愛把蠔當成火鍋的主要食材，加上一大湯匙的味噌醬，雖然可口，但多吃生膩，不是好辦法。

煮成蠔油保存，大量生產的味道並不特別，有點像味精膏。某些商人還用青口來代替生蠔，製成假蠔油，更不可饒恕了。

真正的蠔油不加粉，只將蠔汁煮得濃郁罷了。當今難以買到，嚐過之後才知道它的鮮味很有層次，味精也不下，和一般的不同。

吃蠔，怎麼烹調都好，絕對比不上生吃。

最好的生蠔不是人工繁殖，所以殼很厚，厚得像一塊岩石，一隻至少有十來斤重，除了漁民之外，很少人能嚐到。

一般的生蠔，多數是一邊殼凸出來，一邊殼凹進去，種類數之不清，已差不多都是養的了。先不提肉質，講究海水有沒有受過污染，這種情形之下，紐西蘭的生蠔最為上等，澳洲次之，把法國、英國和美國的比了下去。日本生蠔尚可，香港流浮山的已經沒人敢吃了。

說到肉的鮮美，當然首選法國的貝隆 Bélon。牠生長在有時巨浪滔天，有時平滑如鏡的布列塔尼海岸。樣子和一般的不同，是圓形的，從殼的外表看來一圈圈，每年有兩季的成長期，留下有如樹木年輪般痕跡，每兩輪代表一年，可以算出這個蠔養殖了多久。貝隆蠔產量已少，在真正淡鹹水交界的貝隆河口的，更少之又少了，有機會，應該一試。

一般人吃生蠔時又滴 Tabasco 或者點辣椒醬，再擠檸檬汁淋上。這種吃法破壞了生蠔的原味，當然最好是只吃蠔中的海水為配料，所以上等的生蠔一定有海水留在殼裏，不乾淨不行。

# 螺

螺的貴族當然是巨型的響螺，牠的殼可拿來當喇叭吹，故叫響螺吧？響螺會不會自響呢？在海底叫了沒人聽到。田螺倒會叫，花園中的蝸牛也會在下雨之前或晚上叫。

把響螺劏片，油泡之，為最高級的潮州菜。響螺的內臟可吃，因為鑽在殼的尖端，故稱之為「頭」。潮州人叫響螺吃，如果餐廳不把頭也弄出來的話，就不付錢了。

小型響螺當今在菜市場中也常見，並不貴，可能是大量人工養殖。請小販為你把殼去掉，加一塊瘦肉來燉，是非常滋陰補腎的湯；喝時加兩三滴白蘭地味道更佳。

外國進口的很多冷凍響螺肉，已去殼，覺得更便宜，用來燉湯也不錯。

響螺的親戚東風螺，身價賤得多，但也十分美味，看你怎麼炮製，像辣酒煮東風螺就非常特別，已成為一道名菜，這一功應記當年「大佛口餐廳」的老闆陳啟榮，是他首創的。

更便宜的螺，就是田螺了。和其他親戚不一樣，牠長在淡水裏，有人耕田，就有田螺吃。近來這個想法也不同了，種穀時撒大量農藥，連田螺也殺個絕種。

加很多蒜蓉和金不換葉子來炒田螺最好吃。從前廟街街邊小販炒的田螺也令人念念不忘，但是遇到田螺生仔的季節，吸田螺肉吃下，滿口都是小田螺殼，非常討厭。

新派上海菜肉塞田螺改正這個毛病，大師傅把田螺去掉子和其他內臟，只剩下肉，再加豬肉去剁，最後塞入田螺殼裏去炒，真是一道花工夫的好菜。

法國人吃的田螺，樣子介乎中國田螺和蝸牛之間，大家卻笑他們吃蝸牛，其實是螺的一種，生長在花園裏，亦屬淡水種。法國人的吃法多數是把蒜蓉塞入田螺中，再放入爐裏焗，但也有挖肉去炒的做法。

日本有種螺，蘋果般大，叫為「蠑螺 Sazae」。伊豆海邊最常見，放在炭上烤，肉挖出來吃，海水和螺汁當湯喝，是下酒的好菜。至於把螺肉切片，冬菇等蔬菜再塞入殼中炮製的叫「殼燒 Tsuboyaki」，沒有原粒烤那麼好吃。

# 響螺

響螺，是貝殼類的一種，挖肉來吃，剩下的殼，能吹出聲音來，故叫響螺。

英文名字叫 Whelk，洋人都吃牠們較小的親戚，對於大響螺，是不知道怎麼炮製的。

日本人稱為 Tsubugai，是從壺 Tsubo 的發音演變，樣子像個壺嘴。大起來有兩三尺長，西藏人拿牠的殼當法螺，來自日本的，也叫為蝦夷法螺 Ezobora。牠的殼比起普通響螺來得又厚又硬，肉也更鮮美。當今已非常難找到了。

一般的響螺，日本用來吃刺身，北海道產量還是很多的，都能在日本料理店吃到。中國的響螺，以潮州近海的最為肥美，潮州人也以吃響螺聞名。

燒響螺這道菜，名副其實地燒。先把大響螺放在炭上，烤個半生熟後，用極快的刀功把螺肉切成薄片。

這個過程很考大師傅的功力，要把整個螺一面轉一面片，才能做出又薄又大片的螺肉來。這時再拿出油爆，不能太久，一下子就要起鑊。上桌時，一碟螺片，甚麼配菜都不需要了。數十年前，一片螺片就要賣到一兩百塊港元，不止材料貴，大廚的薪金也不菲。

有些人點蠔油吃，這太暴殄天物了，螺片本身鮮甜，不必藉助蠔油，但一點也不鹹的話也不好吃，點鹽或點醬油，都不如點蝦醬那麼刺激，潮州人的這種吃法已經有數百年歷史，不可不信也。吃完燒螺肉，最後上桌的是白灼牠的「頭」。所謂頭，是螺殼尖處的內臟，包括了肝，最為鮮美，又傳說能補身，一碟燒螺片上桌之後，要是看不到螺頭，客人就不肯付錢了。除了燒響螺，潮州吃法還有焗，酸梅菜、西芹炒和橄欖燉。青橄欖和螺片的配合極佳，味道又甘、又苦、又清甜。

菜市場中很多小隻的響螺，小販們會替你把殼敲開，取出螺肉。買回家後洗淨，加塊瘦肉，就那麼拿去清燉好了，鮮甜到極點；喝湯時最好下一小茶匙白蘭地吊味，更佳。

買不到活響螺的話，凍肉店有加拿大的雪凍螺出售，個頭很大，價錢又便宜，清燉之，雖不及新鮮的，但也夠濃郁，是道好菜。

# 海參

海參，日人稱之為海鼠，洋人叫為「海青瓜 Sea Cucumber」，的確有點像。我們中文是用意義取名的，海參的營養，據古人說，和人參相同。

從前海參非常貴重，排在鮑參翅肚的第二位。不知道是哪位食家發明出來，竟然把海裏面的那一條醜東西拿來曬乾，再發漲來吃。

當今在街市上常見的，一般家庭主婦不懂得怎麼烹調，賣得很便宜，到了山東，看到藥材店賣的刺參，才知價錢還要貴得驚人。別小看指頭般大的那條東西，第一晚浸水已經大出一倍，到了第二晚，已經有四五倍那麼大。

在北方菜館中點的婆參，體積更大得厲害，填入肉碎再蒸，一碟有兩條，已足夠給一桌十二個人吃。

賤價的海參沒甚麼味道，像在吃咬不爛的啫喱，但上等海參有一股新鮮的海水味，細嚼之下，感到幽香。中國人珍之惜之，是有道理。

吃法千變萬化，我見過一位大師傅，就可以燒出一席十二道菜的海參宴來，最後還把刺參發得半開，以冰糖熬之，成為甜品。

沒有刺的海參叫為光參；像菠蘿一樣大的叫為梅花參，是好貨。我吃過稀少的帶金線參，是極品。

炮製海參的方法是用滾水煮牠一煮，即熄火，冷卻後取出，用鹽揉之，再除淨其內臟，這時又滾它一次，冷水浸兩至三日，即成。

單單用醬油煨之，成為紅燒海參亦可。切片煮湯，是北方菜酸辣湯的主要材料之一。八寶菜中也少不了海參。洋人想也沒想到去吃牠，看了嘆為觀止。

日本料理中不把海參當為食材，但是用來送酒，取海參之生殖器和腸，用鹽醃製，稱為Konowata，樣子、味道和口感都很恐怖，一旦愛上，卻有萬般滋味。

我們小時候在海灘散步，退潮之際，經常踏到滑溜溜的海參，抓到手上，黏黐黐地一陣不愉快的感覺，但把牠剖開，取出其腸與肺，就是所謂的桂花蚌了。西班牙人也會吃，用大蒜和橄欖油爆之，爽脆香甜，十分可口。

# 海蜇

又是一種洋人怎麼想也不會去用的食材。海蜇是國宴中少不了的，一般餐廳也常用牠拼以芝麻和麻油，成為最受歡迎的前菜。

在海中看到的，有時成群數萬個一齊游過來，蔚為奇觀，但可以食用的種類只有二十多種。海蜇就是水母，也叫海母和水月，帶着很長的鬚，有毒，一被牠掃着，像皮鞭打過般火辣，又痛又癢，甚至會致命。

中國漁民把牠撈起，也不怕毒，去其內臟（其實也沒甚麼內臟，一層不好吃的內皮層了），用鹽醃了，就拿到市場來賣。

我們看到的，古時候裝進陶甕中，當今放入塑膠盒，一疊疊像紙張般堆了起來。

大多數人不會炮製，所以家庭料理中少用海蜇。處理方法其實很簡單，用水浸過夜，再沖牠乾淨就是，但切忌用滾水，否則牠會縮小，皮就硬繃繃，吃起來像咬橡皮筋了。

像雨傘般的水母，口腔部份肉較厚，有軟齒，就是所謂的海蜇頭了，最為珍貴，口感也最佳，和一般海蜇皮差個十萬八千里。

用一個生鐵鑊，下豬油，蒜蓉爆之；之前切好了海蜇頭、豬腰和油炸鬼，等蒜頭變黃、發出香味時，即刻把這些材料扔進鑊中，兜了一下，淋上已經拌好的鎮江醋和糖，再兜兩下，就可起鑊。這是一道稱為「糖醋海蜇頭」的福州菜，非常聞名。

用海蜇為材料的菜，多數加了醋，這可能與消毒有關吧？日本人的醋之物Sunomono中，也用海蜇。

泰國人也吃海蜇，拌以香茅、薄荷葉和金不換，稱之為Mang Maeng Kaphrun，醬料中當然少不了指天椒、麻油、魚露、糖，最重要還是醋，不然就用青檸汁。

當今水母也有人工繁殖的，在江蘇海域生產得極多，有些直徑三尺以上。優質的水母來自日本的備前，稱之為備前水母，捕捉後用石灰醃之。另外一種叫越前水母，比備前的大兩倍，直徑也有三尺。

海蜇除了爽脆的口感，沒有味道，完全依靠別的東西來調味。第一個發現吃牠的人，應該給他一個獎。

# 海膽

海膽，又叫雲丹。英文名海刺猬 Sea Urchin。屬於棘皮動物科，體外有放射形的石灰質骨骼，就是所謂的刺了。

刺有長有短，短的褐色，形狀像馬的排洩物，故稱為馬糞海膽。

從淺海到深海都有海膽繁殖，全球有五千種以上的紀錄，可食的大約有一百四十種。海膽殼中，有發達的生殖腺，亦稱生殖巢，可以生吃或燒烤，煮物後鹽漬和酒漬。日本的三大珍味之中，酒漬的海膽佔其中之一。

中國菜中幾乎不用海膽，只有漁民懂得享受，用牠來蒸蛋一流，有些還拿去煲粥。二三十年前，大家還沒受日本料理影響，西貢市場中賣得很賤，一斤不過十幾塊錢。日本人最會吃海膽了，剝開殼取去其生殖巢，我們叫為膏的，就是 Uni 了。用海水洗一洗，一排排地排在木盒中，運到各高級壽司店來賣。

海膽名稱也多，長着黑色長刺的叫「北紫海膽」，膏較少，分成五瓣，生在北海道，舊時討厭牠吃掉昆布海帶，當今當寶，但味道還是嫌淡薄。日本海膽年產量一萬三千噸，其中半數以上是「北紫海膽」。

「馬糞海膽」除北海道之外，分佈日本全國，味道比「北紫海膽」香濃，膏也厚，煮完鹽漬起來黏性也較濃。

「蝦夷馬糞海膽」比普通的大一倍，膏的顏色較黃較深，產卵期的六、七月最肥，味道佳，故被過量捕捉，差點絕種。

「白鬚海膽」生長於熱帶海洋，名副其實地刺帶白色，殼略紫，盛產於琉球群島。

「赤海膽」和「北紫海膽」同樣長着長刺，但呈紅顏色，產卵期較遲，在十至十一月，所以吃海膽要跟着季節才算老饕。

「紫海膽」則是在春末夏初的四五月吃最佳，牠是加了酒精醃製的最佳材料。法國人也生吃海膽，海鮮盤上一定有幾個，但膏很少，有時呈黑色，看了不開胃。意大利人把海膽混入意粉中，已是當今最流行的菜了。

海膽的確是天下美味之一，吃過了念念不忘。周作人返國後寫給日本友人的書信中，還請他們把雲丹的酒漬寄過來。雲丹就是海膽。

# 河鰻

我們一直對鰻魚和鱔魚搞不清楚，以為前者是大隻的，後者為小條；但是六七呎長的巨鰻，廣東人則稱為花錦鱔。外國人則通稱為Eel，比較簡單。

先談談河鰻吧，通常是灰白色，兩三呎長。認定牠們一定長在淡水之中，其實也不然，鰻科的魚，多數是在海中產卵，游入湖泊和溪澗生長，再回到大海中。

鰻魚的生命力極強，就算把牠的頭砍斷，照樣活動，家庭主婦難於處理，還是請小販們劏宰算了。

買回家後，舊時候從爐中抓出一把灰去擦，這一來鰻魚就不會滑溜溜，像廣東話中說的「潺」了。當今的家庭哪來的炭？用一把鹽代替吧，不然把手浸在醋裏也可以抓得牢。

鰻魚的做法數之無窮，一般人放一把杞子在清水中，下一條大鱔魚，清燉個個把小時，即能成為一鍋又香又濃的湯來，甚麼調味品都不必加，肉可食之，湯又極甜，天下美味。

潮州人的龍幡白鱔，是把鰻魚斬件，但是背脊部份還讓它連住，包以鹹酸菜的葉子，下面鋪了荷葉蒸出來，鰻魚團團轉，扮相極佳，味道又好。

鰻魚很肥，脂肪要佔體重的十三巴仙左右，所以皮的部份最好吃，也最為珍貴。巨大的花錦鱔，不可多得，生活在橋的基石邊，抓到了就打鑼打鼓，任鄉親們各分一份。

店裏賣的花錦鱔就不是免費了，要「認頭」，那就是只有客人訂購了鱔頭才劏的。頭最貴，身體的部份斬成一塊塊，便宜得多。做法是油炸後再炆，一個頭就是一大鍋，最後剩下的汁用生菜來煀。

一般上日本人是不吃魚皮的，除了鰻，他們最著名的「蒲燒 Kabayaki」就是最講究吃皮，越肥越厚越好。因含大量的維他命A，日本人認為夏天吃鰻，這一年的身體才夠強壯，每年到了夏天舉行「丑之日」來慶祝。鰻魚的肝和腸也好吃，燒烤和做湯都行。外國人也吃鰻，英國下層社會的「國食」，就是他們的鰻魚凍 Jellied eel。德國人有種魚湯 Aaluppe，都是名菜。北歐人還有鰻魚釀入麵包的做法，稱之為 Paling Broodjes。

# 海鰻

海鰻，是指一生中只生活在海裏，不游進湖泊或溪澗的鰻魚，像巨大的油䱽，也屬於海鰻的一種。

我們用海鰻做的菜，花樣不如河鰻多。油䱽也是斬件，油爆之後，再用葱蒜和幾塊燒肉一齊去炆的。吃起來，油䱽的肉相當粗糙，絕不比河鰻幼細，故油䱽的價錢一向不高，只能當成下等食材罷了。

日本人則不同，把海鰻當成寶，名之為「鱧 Hamo」，英文名是 Pike Eel。夏天在關東的東京人吃河鰻的時候，關西的大阪人最注重吃鱧，所有在節日中供奉的，非鱧不可。尤其是京都人，在著名藝伎區舉行的祇園祭，別名為鱧祭。

海鰻的生長地區很廣，西太平洋到印度洋的沙泥裏面，都鑽着海鰻；春天向北游，秋天向南，這時漁民用拖網大量捕捉，也抓之不完。

和河鰻一樣，海鰻的生命力也非常之強，頭斬下後還死不了。魚市場的師傅要用一根很長的鐵絲，由牠的脊椎骨中穿入，拉它幾拉，才能制止海鰻的活動。

骨頭又硬又多，要很有經驗的師傅才能仔細把骨頭片出，剩下的肉一刀一刀地細切，切到連皮的位置才停下，拋入冰水之中，讓牠捲起了花紋，又好看又好吃。

鱧全身可食，連皮部份用醬油和糖來燒烤，也油炸來吃。切成一圈圈後煮湯，肝腸則用油紅燒，也有包着海苔煮成的。骨頭炸酥後用來送酒。

和鱧不同，另一種海鰻叫「穴子 Anago」，身形較短。通常在壽司店吃到，絕不可以和河鰻混淆。壽司嘛，賣的一定是海裏面的東西，與淡水無緣，好的壽司店裏賣的穴子，都是一匹過的，切成幾塊上桌，就寒酸了。

外國人甚少吃海鰻，除了西班牙人之外，但西班牙人吃的也只是小條，剛出生的。他們用一個陶缽，像我們焗禾蟲的那種，把缽燒紅，放橄欖油下去，再加大量蒜蓉，一爆香，即刻抓一把活生生的海鰻苗投入。上蓋，不消一分鐘，大功告成。吃時用一根木頭做的調羹，鐵羹的話，放在熱缽中一久，會燙傷嘴唇的。

# 鱔

海鰻河鰻都談過，甚麼叫鱔呢？可以這麼分辨吧，凡是兩呎長以下，胖子手指般粗的蛇形淡水魚，都叫鱔。牠無鱗，外表黃色，故我們以黃鱔稱之。在西洋和日韓，皆沒看過人吃，應該是中國獨有的品種。

舊時的菜市場中，小販擺着一堆活鱔，給客人挑選後，用根釘釘住鱔頭，再把牙刷的柄磨得尖利，一劏就把骨與肉分開賣給你。

拿回家，先用鹽去掉魚皮上的那層潺，就可以用來煮炒。

鱔片的燒法多不勝數，最著名的有上海人的鱔糊，是將鱔下鑊，加醬料炒熟，裝入碟中，上桌之前用滾油把蒜蓉爆香，放在鱔片中間，拿到客人面前，油還在滾爆，嗞嗞作響，才是最正宗的，可惜當今的師傅沒多少人會做！

而且，處理黃鱔甚為講究，應放在一個皮蛋缸中養個三天，不餵任何食物，才能完全去掉泥味和令到內臟乾淨。好的滬菜或杭州菜館不介意讓你在廚房看到這種處理過程。

黃鱔來到廣東，烹調更變化多端，最拿手的是台山人做的黃鱔飯——分黃鱔煲仔飯、竹筒黃鱔飯、籠仔蒸黃鱔飯、生炒黃鱔飯等。

起肉之後，鱔骨和豆腐滾湯，加芫荽，是道送飯的好菜。

黃鱔煲仔飯的正宗做法要由整條活生生的鱔魚做起，用鹽去潺之後，洗個乾淨，再以滾水燙個半熟，拿起，剝肉去骨。燙過鱔的水不可倒掉，拿來煲飯，待飯收乾水時，將鱔肉炒過，再鋪在飯上微焗，撒芫菜和葱花，大功告成。

吃法也考究，上桌後不要急着掀開蓋子，再讓它焗個十分鐘，撈勻來吃，飯會更香。

一般台山餐廳做的煲仔飯，飯是白色的，真正老饕吃的是黑色，那是把鱔血也倒進去煲的。

鱔片放入高湯中灼一灼熟，然後拋入冰水中，加大量的冰塊，吃時點一點普通醬油即可，爽脆甘甜無比，是種最簡單最基本的吃法。

從前黃鱔價賤，我們吃的都是野生的，當今貴了就養殖，由越南泰國輸入的居多。是否野生的，試試水溫即知，溫水的一定是養殖，牠們一進冰冷的冰，即死。

# 八爪魚

八爪魚。吃的國家有中國、日本、韓國、墨西哥、意大利、西班牙；之外，見到也怕，別說吃了。希治閣有部電影，寫英國探長的老婆炮製八爪魚晚餐，她一轉身，丈夫即刻丟掉。

我們也很少將牠拿來煮炒，最普通的是吃八爪魚乾。和蓮藕一起煲湯。但也限於廣東人，江浙一帶的人不煲湯，一見八爪魚的紫色湯，大叫顏色曖昧也。

八爪魚熬汁後炒飯，是道名菜，從前富麗華的中餐廳做得好，當今已罕見。山東濟南有家做八爪魚做得出色的餐廳，白灼後點醬吃，客人特別喜愛，是因為灼得十分軟熟，如何灼法，該店說是商業秘密。

地中海國家最喜歡用橄欖油來煎牠，吃的是小隻的，大八爪魚他們還是不太會吃。

全世界吃得最多八爪魚的國家，應該是日本吧。一年吃十二萬噸，自己產四五萬噸，其他的由非洲輸入。

在北海道的菜市場中常看到一顆顆如二十世紀梨那麼大的紫色東西，起初不知道是甚麼，原來是煮熟的八爪魚頭。

乾貨店有一包包、裏面像加應子的東西，叫為Tobi，是八爪魚的嘴和啄角，味如魷魚乾，韌得要命，但旅行時啃一粒，好過香口膠。

一個個如柚子般大的，是煮八爪魚，連頭帶腳，有的很硬，有的軟熟。為甚麼做法不一樣。真正會做的人把八爪魚灼熟後，拿蘿蔔去敲碎纖維再煮，就軟了。當然，蘿蔔不是像棒一樣敲打，而是垂直，用臼舂之。

煮法也靠經驗，和紅豆一齊煮，才軟。所以你看到的熟八爪魚，多數是因為紅豆而染赤，下紅色顏料騙人的賤貨也有。

還是韓國人的吃法最特別，也不能叫為做法，只不過是把一隻拳頭般大的八爪魚斬為八塊罷了。

活生生地看到牠蠕動，就那麼沾醬油和山葵來吃，放進口，吸盤一下子黐住你的口腔，要拼命咬牠，才感到一陣甜味。那種經驗不是人人敢嘗的。

# 魷魚

魷魚，也叫烏賊，英文的 Squid 和 Cuttlefish 都指魷魚，日本文為 Ika、西班牙人叫為 Calamail、意大利名之 Caramaro，在歐洲旅行看餐單時習用。全世界的年產有一百二十萬到一百四十萬噸那麼多，魷魚是最平價的一種海鮮。

吃法千變萬化。從日本人的生吃，以熟練的刀章切為細絲，像素麵，故稱之為 Ika Someh，到中國人的煮炒，也靠刀功。剝了那層皮，去體中軟骨和頭鬚，再將它交叉橫切，刀刀不折，炒出美麗的花紋。這並不難，廚藝嘛，不是甚麼高科技，失敗了幾次就學會，做起菜來，比甚麼功夫都不花好得多，你說是不是？

魷魚的種類一共有五百多種，其中烹調用的只限於十五到二十種罷了，我認為最好吃又最軟熟的魷魚是拇指般大的那一種。要看新鮮不新鮮，在魚檔中用手指刮一刮它的身體，即刻起變化，成為一條黑線的，一定新鮮。不過不能在不相熟的魚檔做此事，否則被罵。把這種魷魚拔鬚及軟骨之後洗淨備用，用豬肉加馬蹄剁碎，調味，再塞入魷魚之中，最後用一枝中國芹菜插入鬚頭，牢牢釘進魚之中。放在碟上，撒上夜香花和薑絲，蒸個八分鐘即成，是一道又漂亮又美味的菜。

意大利人拿來切圈，沾麵粉去炸，這時不叫 Calamaro 而叫 Frittura Mista 了。其他國家的魷魚這種做法沒甚麼吃頭，但在地中海抓到的品種極為鮮甜，又很香，伴起意粉來味道也的確不同。日本人把飯塞進大隻的魷魚，切開來當飯糰吃，味道平凡。

有種把鬚塞肚，再用醬油和糖醋去煮的做法，叫鐵炮燒，但最家常的還是把生魷魚用鹽泡漬，又鹹又腥，很能下飯，叫為「鹽辛」，也稱之為「酒盜」，吃了鹹到要偷酒來喝。有次跟日本人半夜出海，捕捉會發光的小魷魚，叫「螢烏賊」，網了起來，魷魚還會叫，說了你也不相信。抓到的螢烏賊洗也不洗，就那麼弄進一隻缸豉油裏面，又叫又跳。這邊廂，炊了一大鍋飯，等熱騰騰香噴噴的日本米熟了，撈八九隻螢烏賊入碗，拌它一拌，就那麼在漁船中吃將起來，天下美味。

# 墨斗

墨斗和魷魚最大的分別，是前者身上有一塊硬骨，大起來有點像拖鞋，而後者只生一條透明的軟骨。

那塊硬骨在中醫上可以拿來當藥材用。我們小時沒電子遊戲機，成為玩具。把它在石頭上磨，磨得發熱，拿去燙其他頑童。

因為肉身厚，潮州人多數是把牠煮熟後掛起來風乾，等涼了切片來吃，廣東人也有此吃法，不過下顏色染成橙紅。

很奇怪地，和魷魚一樣，墨斗也有一層皮，皮不剝就煮的話，肉一定硬；剝了皮很柔軟，比魷魚更容易咬嚼。

日人稱墨斗為Mongo Ika，當刺身吃，也炸成天婦羅。當壽司還沒有流行時，我在西貢海邊看到有人賣游水大墨斗，我叫餐廳拿去切片，自備山葵和日本醬油食之，旁桌的人看了大驚小怪，當今此吃法已相當流行。肉當刺身，鬚和頭拿去煮湯。

刀功好的大師傅，可以將墨斗片成數層，留下一部份黏起來，再把蝦剁碎成花膠，釀入墨斗之中，再斬件後拿去蒸或炸，做成一層白一層紅的菜，又好看又好吃。

潮州人有時也把墨斗切件後煮鹹酸菜吃之。凡是腥一點的魚，如海鰻、魔鬼魚、鯊魚等，潮州人都用鹹酸菜煮，墨斗如此炮製，大概是嫌它價賤之故。

但當今的墨斗也賣得不便宜，所以打成墨斗丸之後，是所有肉丸之中最貴的了。貴歸貴，也有人買。但是在香港吃到所有的墨魚丸，都是芡粉下得太多，變成沒甚麼墨斗味，一咬下，盡是漿糊，是種極討人厭的感覺。為甚麼不做一些完全是墨斗肉魚丸呢？一好吃就做出名堂，做出名堂後就發財嘛，香港人不懂就是不懂。

煮熟後的墨斗，蘸潮州醬料如三參醬或橘油吃，很對味。這種甜與鹹的配合，也是三代有錢的少爺發明出來的吃法吧？

一次出海，網中捕到小隻墨斗，五毛硬幣般大，硬骨還沒形成，就那麼拿來混醬油當花生下酒，鮮甜得不得了，也是畢生難忘的經驗。

# 龜和鱉

海龜的種類很多，大小各異，其肉西方人吃的較多。古時航海，所帶的肉食變壞後，只有靠抓到海中的烏龜當成吃牛或吃羊了。西餐中著名的龜湯，也由海龜燉成，天主教或猶太教平民看到一個龜字怕怕，喝得起龜湯的，只是貴族社會。龜湯（Turtle soup）的確來得比清湯（Consomme）好喝，正統的做法湯中還有些龜裙，是黏在背殼和腹殼之間的部份，煮起來成啫喱狀，口感很好，湯的味道香甜，是一道西餐中必試的湯。

中國人不太吃海龜，也許是尊重牠們的長壽之故，最多是用在藥膳中，像治癌的金錢龜和龜苓膏等。日本人才不管，見到新鮮的肉就生吃，在離島小笠原島上的壽司店中有賣海龜刺身的，吃起介乎鯨魚肉和馬肉之間，並沒有 Maguro 或牛肉刺身那麼鮮美，也不夠油。

我們吃的多是淡水的鱉，叫為甲魚，也叫山瑞，問賣魚的說：「甲魚和山瑞有甚麼分別？」

「小的叫甲魚，老了便變成山瑞！那麼瑞字，不是老的意思嗎？」小販說。

其實鱉的種類很多，有些肉質粗糙無味，有的細膩甜美，甲魚屬於前者，而後者則叫為山瑞。體積由很小，人稱為馬蹄鱉的到上百斤重的海龜般大。

鱉鱉聲難聽，上海人叫甲魚為「圓菜」，但與植物一點也拉不上關係。多數是紅燒，濃油赤醬，加冰糖，又油又鹹又甜，很美味。

迷你甲魚則可用陳皮、花菇和火腿來乾蒸，劏開甲魚的肚，取出內臟，將上述的材料塞入魚肉，再加紹興酒，隔水蒸二十分鐘，上桌時淋上熟油和生抽。一人一隻，好吃到極點。

一隻水魚之中，最佳部位是膠質的裙邊和牠的手腳，鱉蛋也很美味。其實牠本身已甜，不必一味用紅燒來炮製。

京都有家出名的店鋪叫「大市」，專賣鱉，已上百年。他們的製法最為簡單，把砂煲燒紅，不加油，拋進斬件的鱉和京葱葱段，煎至微焦，這時下日本清酒和水煮熟而已，撒點鹽，已是天下美味，吃過即上癮，這種純樸的做法值得學習。

# 鱟

鱟，音讀為後，粵人稱馬蹄蟹，因外形像馬蹄鐵，連洋人也叫為 Horseshoe Crab 了。

其實它是一種節肢動物，與蟹科無關。活在地球上，和三葉蟲一樣，已有三四億年了，恐龍尚未出現。為甚麼會生存得那麼久，傳説是牠最愛性交，不停產卵，所以在海灘上看到，抓到其尾，必定是雌雄兩隻。有時是一隻雌，數隻雄附在一起，所以泰國人也叫它為皮條客。

這也是種誤解，《本草綱目》中早就説：「鱟生南海，大小皆牝牡相隨，牝無目，得牡始行。牡去則牝死。」解釋了雄鱟附在雌鱟背上，是因為牠看不到東西而已。

雌鱟有四對眼睛，分佈在頭甲前端和胸甲兩側，前者對紫外光最敏感，太陽直射時會死掉；後者為一對複眼，由無數的小眼睛組成，複眼能令圖像清晰，利用這原理，人類研究出電視和雷達系統來。

甲殼可以長到牛扒餐碟般大，尾部有長劍，但不刺人。看到鱟的血是藍色的，一般人認為鱟有毒，但食鱟中毒的現象並不如河豚那麼多，因為長成的大鱟多數安全，只是細小的鱟有毒，而小鱟無肉，少人碰之。

因移動速度不快，長成也慢，到咖啡碟那麼大，也要八年。大鱟所產的卵，有的像三文魚卵那麼巨型。泰國人喜歡把鱟的藍血混在一起煎炒，味道只是一般，並不特別。

馬來西亞一帶的人則愛把整隻鱟拿去燒烤，鱟肉不多，只吃其卵。也有把卵取出，打個雞蛋炒之的吃法。

早年窮困的潮州人，做成了鱟丸。那是把鱟熬了，將湯混入麵粉之中，搓成圓油炸，取其一點魚腥味而已。

到了廣府人手上，變化就多了，用無花果、黨參、杞子等藥材來燉鱟湯，說是滋陰補腎，也有人用蒜蓉和粉絲清蒸。

但這都是棄之可惜，食之無味的烹調。幸好如此，不然近年海水已經污染，加上大量捕食的話，活了數億年的鱟，就要給人類在這數十年間消滅，今後也許只有像三葉蟲一樣，只能看到化石了。

# 象拔蚌

巨型的象拔蚌，原產於北美洲，最初只有當地的土著才會欣賞，英文稱為Geoduck。

自從香港人吃盡海產，正在找尋新鮮的食材時，移民加拿大的華人發現了牠，進口到香港，也不知原名叫甚麼，看見外邊兩片殼，生出很長的水管，樣子像大象的鼻子，滿漢全席中有象拔這一道菜，就叫這種貝殼類的海鮮為象拔蚌了。

從前沒人會吃，當今連大陸也流行起來，這只有二三十年的光景，幾乎吃得絕種，還好在大連一帶繁殖，但都是很小型，嬰兒拳頭般大罷了。

大象拔蚌可養至五公斤左右，要十五年才能長成，肉鮮美爽脆，生吃也可，亦用來打邊爐，已成為重要的海鮮之一，煮、炒、蒸皆宜。凡是螺肉的吃法，都能用象拔蚌代之。

我們吃日本料理時，看到樣子相同，但細小數倍的也以為牠是象拔蚌了。

其實牠完全是另外一種種類的貝，發音為 Mirugai。Miru 是海藻的一種，叫為水松，有水松的地方，就長這種貝，有時抓到，口中還有水松，故日本的漢字名字是水松貝或海松貝，英文為 Gaper，與 Geoduck 是兩回事。

水松貝的肉纖細甜美，和象拔蚌相差個十萬八千里，吃不出的人還說象拔蚌肉厚，比壽司店中的好吃得多，實在是夏蟲不可語冰。

象拔蚌看樣子很難處理，其實做起菜來很容易，兩片大殼一下子剝開，取出全身，肉和內臟都可以吃，但多數人怕怕，只食象拔那個部份，它有一層褐色的外衣，只要用水龍頭流出來的溫水一湯，即能剝掉。

剖成兩半，開始切片，直切的話肌肉收縮，變成很硬，應用利刀橫片，片得越薄越好。用來燉蛋，口感起變化；炒的話，可加任何蔬菜，鮮百合尤佳。

也有人把象拔蚌曬乾來賣，用它來燉湯，不遜響螺或鮑魚。

養殖小型的象拔蚌，肉味甚淡，開邊後鋪上大量的蒜蓉蒸個三分鐘即熟，上桌時淋一點生抽，更能吊起鮮味。若不加生抽，則在蒜蓉中摻上天津冬菜代之，亦夠鹹。

# 田雞

食用青蛙，我們美名為田雞，聽起來舒服。我們中國人就是那麼厲害，叫田雞腿總比洋人叫 Frog Leg 文雅。

大田雞，還叫為石鴿呢。

田雞肉介乎魚和雞之間，肉質纖細，味甜美，是很上乘的食材，要是你不被青蛙的形象嚇倒的話。吃過一塊蒸肉餅，為甚麼那麼又甜又柔軟？來廚房偷師，原來是滲了田雞在豬肉碎之中。從此我蒸鹹魚肉餅，一定放田雞，客人看不到，我就不把秘密告訴大家。

老順德菜之中，有一道炒田雞扣的，把幾十個田雞的胃集中起來，用勝瓜、木耳和肉片來炒，又脆又爽又甜。舊式粵菜館尚做此菜，去旺角的「神燈」那一類的餐廳還能吃得到。

西餐之中，只有法國人吃田雞，英國人聽了怕怕。普羅旺斯的田雞腿天下聞名。各地方法國餐廳都有這一道菜。下大量蒜頭把田雞腿煎了一煎，再拿去用奶油蒸。上次去法國南部吃了一碟很正宗的，一下子吃完，老闆娘再添一碟給我，又吃完，那個大肥婆高興得把我抱着親吻，令人想起東坡肉。

小時候吃田雞是不花錢的，晚上拿了電筒照着牠們，呆着不逃，一夜可以抓數十隻，拿給媽媽去炮製。

菜市場中的活剝田雞是很嚇人的，眼不見為淨，付了錢走開好了，回頭來拿。田雞為我們這種老饕犧牲，生命也有了價值。

上海菜中有道炒櫻桃的，就是田雞腿，斬成小塊，炒起來收縮，變成圓形，形狀就像櫻桃了。

杭州菜的蝦田雞腿很出名，當今還有菜館會做，但煙燻田雞腿，則只剩「天香樓」了，每次去那裏都叫這道菜。有天忍不住，向李師傅學。做法是這樣的，選肥大的田雞，把上半身斬去，只留腿。用上湯加薑葱煮個八成熟，撈起。用個燻鍋（如果沒有燻鍋可用普通鑊，下面鋪塊錫紙防焦，再放個蒸魚架），把田雞放在荷葉上。撒糖入鍋，上蓋，看到煙發黃，打開蓋，把田雞翻身，再燻，即成，煙燻的過程前後不過數十秒。

# 六、山珍、海味

# 乾貝

乾貝又叫「江瑤柱」，是扇貝的閉殼肌曬乾而成。日本北海道的扇貝最多，所產江瑤柱肥美壯大，可惜當今的扇貝養殖的居多，沒有從前的甘美。我最喜歡燒的一道菜，又是永遠不會失敗的菜，就是蘿蔔煲乾貝了。

做法容易，把乾貝洗淨，放入鍋底，大的五六粒，小的話十粒左右，肥胖蘿蔔一條，削皮，切大輪。另外買一條豬腱，或者以一小塊瘦肉代之，出水後和蘿蔔一塊煮乾貝，滾個一小時左右，即成。

蘿蔔已經是很甜的東西，再加上乾貝的鮮美，甜上加甜，又有一塊豬肉吊吊味，令之不會太寡。

如果家裏有個南洋人用的大燉鍋，搪瓷的那種，分兩層。那麼燉它兩小時，出來的湯就比煲的清澈得多，也更出味，乾貝形不變，是煲完美的湯。煲青紅蘿蔔湯時，也可以放入乾貝，令湯更鮮。

用豬骨熬清湯，撈出。再下乾貝，待出味灼幾片豬肝，最後撒下一大把枸杞葉，也是更清又甜的湯，百喝不厭。

吃宴會餐時常出現蒸元粒乾貝，每每把味道蒸掉，剩下的乾貝有如嚼發泡膠，是大殺風景的事。

要吃蒸乾貝，我愛日本人做的，把乾貝蒸得剛好，味道保存，再用真空包裝。一粒一包，吃時撕開塑膠紙，即能送進口，一點也不韌，又有咬頭，這時甘汁流出，一升瓶的清酒，很快就喝光。但這種蒸乾貝有便宜有貴，買後者好了。日本人做生意，就是那麼一板一眼，一分錢一分貨。

茹素者也有乾貝吃，素菜中，用冬菇的帶泡脹，又將它撕開，不管樣子和味道，卻有如真的乾貝。

用乾貝送禮最適宜，這種東西放久了也不會壞，可以不必置於冰箱，存在乾燥的地方即行。

當今乾貝價錢從兩百塊到八百塊港幣一斤，根據大小和產地而異。自己吃，吃好的，送人，也要送好的。常吃便宜貨，不如一年吃一頓貴的。送人常送便宜貨，不如十年送一次貴的。

# 元貝

元貝，英名Scallop，法名Saint · Jacque，日文為帆立貝。形狀如蜆殼石油的標誌，可長得像手掌般大。看殼上有多少橫紋，就知道長了多少歲了。打開殼，可見一個巨大的貝柱，就是牠的閉殼筋，最宜食用，內臟得清除，貝邊可以曬乾當下酒菜食。

最肥美的時候在於四五月，產卵之前，生吃非常鮮美，曬乾了就成為江瑤柱。有些人混淆，以為帶子就是元貝，前者生在兩片又扁又長的薄殼中，內臟多，柱肉少，也可曬乾用來扮江瑤柱，但非常之堅硬，又不甜。元貝日文為Hotategai，帶子叫為Taira gai，身價不同。

日本產的元貝多數是養殖的，把貝卵放置在海底，讓牠自然生產，肉較甜。另一種方法是置於鐵籠中直放入海裏，長大拉起來收成，味較淡。

前者已叫為天然貝，後者才叫養殖貝。當今已將貝種運到大陸，大量生產，本來可以壓低售價，但無良的商人還是當成日本進口，賣得較貴。

選購元貝，先敲敲牠的殼，即刻閉緊的當然生猛。都是開着殼的，只有用鼻子去聞，無臭味者則佳。由西方進口者多數是冰凍，解凍後已不能再凍，選會發亮，內部不結霜的好了。除去內臟，拆開一邊殼，就那麼放在火上烤，等香氣噴出即食。不然放進滾水焓熟亦可，吃時把周圍的邊除去，看見有粉紅顏色的部份，是牠的卵，照食可也。

洋人多數加麵粉放進焗爐中烤，或者加很多忌廉醬，吃法變化不大。日人拿去當天婦羅的材料，有時也用醋浸之。中國人吃法變化多端，生炒或用蒜蓉及豉汁來蒸，當今宴會席上已少不了元貝，但是多數餐廳以帶子來充數。

吃新鮮的，還不如曬為江瑤柱那麼珍貴，我們一味向日本購買或自己養殖，倒不如去歐洲收集，他們所產種類很多，有 Great Scallop、Queen Scallop、Atcantic Deep Sea Scallop、Bay Scallop 和 Iceland Scallop 等，請他們曬乾就變成江瑤柱，就不必向日本人買貴貨了。

# 魚翅

魚翅，是指鯊魚的背鰭，游水時露在水面上的那個部份，其他的，像長在腹部的翅，或尾巴，都不能叫翅。

在海味店看到的乾翅，大起來有成人張開雙手那麼巨型，大得驚人。加工後，一整片的叫排翅，零零落落的，只能叫為散翅了。

想到吃魚翅的人是個天才，但也是罪人，從此屠殺鯊魚無數，有的還活生生割了翅，扔回海中，實在殘忍。好在鯊魚繁殖力強，至今尚未被吃至絕種。

魚翅本身無味，還帶腥氣，炮製過程相當繁複，得將乾翅浸水數日，刮去皮和雜質，再用上湯煨之。一般家庭主婦已經不會做了，可以向相熟的海味店買已經發好的，再用豬骨、火腿和雞等食材，熬至剩下膠質，就能上桌了。

當然，越長越粗的翅越貴，有所謂天九翅，已是天價。說有營養嗎？不過是着重膠質而已，其實吃曬乾的魚鰾，叫為花膠的，益處比魚翅要高得多。

吃法首推潮州紅燒翅，用了大量的豬油。沒有了豬油就不夠香。翅的份量一定要多，否則看到湯上浮着幾條，像在游泳，就倒胃的了。

婚宴上出現的魚翅，碗中常見有白色一條條的東西，那是連着魚身的部份，通稱魚唇，其實和唇一點也搭不上關係。單單是魚唇，售價就很便宜了，如果你認為吃魚翅對身體好，那麼吃魚唇去吧。營養一樣，口感不如魚翅，但較翅有咬頭，爽爽脆脆。

一煮，膠質失去，當今餐廳的做法多數是先將它蒸軟，再用上湯煨。泰國人賣魚翅，將一排排的排翅，圍着一片竹籮圓圈鋪着，放在櫥窗裏面，客人點了，再拿去煮，下的醬料之中有大量蠔油，把翅味都破壞了。

把最貴的食材魚翅，和最便宜的雞蛋一齊乾炒，叫為桂花翅，是完美的組合。但如果師傅手藝高的話，用粉絲來代替魚翅，也許有些人會覺得更美味。

常聽到有鯊魚咬人的消息，我們吃得牠們那麼多，死幾個來報答，也算公平呀。

# 海帶

海中的植物。最長最大的就是海帶了。

中國人不太吃海帶，只食幼細的海草，稱之為紫草，與海帶不同。

海帶可以入藥，當今廣東人煲湯或煮甜品，也開始食用。烹調變化多的還是日本人，他們叫為「昆布」。

昆布大多數在北海道生產，因為取之不盡，也不必人工培植。生長了兩年已夠大，通常是在七到九月之間採取，再曬乾。

去日本買海帶，怎麼樣的才算最好呢？第一，要看顏色，褐綠色的為上品，帶黃的是次貨，發黑的過期。第二，要看夠不夠厚，肉身厚的熬起湯來才夠味。

如果你還看不出的話，那麼買最貴的那一種好了，日本人做生意，總是一分錢一分貨。日本人吃海帶，有最基本的「佃煮」，高級的和牛肉一塊煮，便宜的用魚，但主要還是下了大量的糖，凡是「佃煮」，都很甜。

昆布卷也是家庭主菜之一。把乾海帶浸水，使之軟化，展為一張。鋪上鰊魚或鱈魚子，之後捲起來，再用一條曬乾了的葫蘆絲當成繩子綁起來，加糖和醬油煮一煮，再切成小塊上桌，是下酒的好餸。

酢昆布是把海帶浸在醋中，再曬成半硬半軟，海帶上面產生一層白粉，這不是發霉，可以就那麼含在口中細嚼。在一般的火車站小賣店中都可以買到一小包一小包的酢昆布，像口香糖長方形包裝，又酸又甜，如果你不怕海帶的腥味，下次可以買來試試看。

把一塊海帶鋪在平面桌上，用利刃割成一層層、一絲絲的做法就是Tororo昆布了，泡了滾水，變成黐黐黏黏的一團當湯喝。就那麼生吃也可以。磨成粉末，就是昆布茶了。

到高級的料亭吃懷石料理，日本人把昆布切成絲，再用它編成一個小筲箕或一個竹籮，再盛季節性的食物，很有藝術性。

但是吃昆布的最高境界，是用一個沙鍋，裝了溪水，鍋底鋪一片昆布，上面放豆腐，微火慢慢滾，昆布味進入豆腐。在一個空亭之中吃，四面飄着雪，來一杯清酒，禪意無限。

# 若芽

我們到高級日本料理店去，有時他們拿出來的湯，裏面有綠色的海藻，帶香味，又有咬頭，這就是若芽！

不可和叫「海帶」的昆布混淆，也和我們叫為紫菜的海苔不同，兩者之間的海中植物，才是若芽 Wakame。

若芽是低熱量、高鈣質的天然食物，為保存它們的乾淨和新鮮度，多數是挑選海水最清的地方養殖。我們到大連附近，也看到很多若芽養殖場，用來輸出到日本的。

新鮮的若芽，可以過過熱水後放點鹽醃製起，一次加工，就可以吃了。採取後就那麼曬乾了，浸冷水還原再煮也行，顏色還是帶綠，又漂亮又好吃，加點醬油和麻油，是很上乘的冷菜。

若芽分三個部份：一，葉；二，莖；三，芽。只吃芽最為高級，它是海藻的孢子葉，據説還有抗癌作用。要吃多少才有效，倒沒有聽説過，大概是靠海的人家經常吃，才不會生癌吧？只吃一兩次是沒用的。

若芽的莖部通常是做泡菜用，要泡鹽泡醋隨你；加上魚子，吃起來爽、脆，口感特別好。若芽的葉、芽和莖這三部份之中，最受歡迎的還是莖。

至於葉，多數是切絲後再曬乾的，已帶了鹽份，只要用冷水沖一沖，放在炊熟後的飯上蒸它一蒸，白飯變綠飯，又漂亮又美味。

若芽磨成粉，但不要太細，還存着粒狀的最佳，用來和麵糰一起搓，再切成一條條的麵，把魚骨熬湯，滚了用來淥若芽麵，份量不要太多，一口左右，是高級懷石料理的夏天菜，因為若芽在秋夏收採。

當今的日本百貨公司地庫食品部，都有新鮮的若芽出售，一份之中有三小包，一包若芽、一包蒸熟了的銀魚仔、一包調味品，拌在一起用來下酒，一流。

買若芽的芽部來打邊爐，也很高級。我嘗試用它來做甜品，比煮海帶的味道好。把綠豆煮熟後，加糖，若芽的芽千萬別煮，一煮就糊，灼它一灼，即可。

# 紫菜

雖然日本人自稱在他們的繩文時代已經吃海帶，但依公元七〇一年訂下的稅制之中，有一項叫 Amanori 的，漢字就是「紫菜」，後來日本人雖改稱為「海苔」，但相信也是用海苔加工而成的。紫菜，應是中國傳過去的。

原始的紫菜多長在岩石上面，刮下來就那麼吃也行，日本人在海苔中加糖醃製，不曬乾，叫岩海苔 Amanori。裝在一瓶瓶的玻璃罐中，賣得很便宜，是送粥的好菜，各位不妨買來試試。

至於曬乾的，潮州人最愛吃了，常食紫菜來做湯，加肉碎和酸梅，撒大量芫荽，很刺激胃口，又好喝又有碘質。

但是中國紫菜多含砂，非仔細清洗不可。我就一直不明白為甚麼不在製作過程中去砂。人工高昂，賣得貴一點不就行嗎？我們製造成圓形的紫菜，日本人做的則是長方形，方便用來捲飯嘛。最初是把海苔鋪在凹進去的屋瓦底曬乾，你看日本人屋頂上用的磚瓦，大小不就是一片片的紫菜嗎？

本來最出名的紫菜是在東京附近的海灘採取，在淺草製造，叫為淺草海苔。當今海水污染，又填海，淺草變為觀光區，你去玩時看到商店裏賣的大量海苔，都是韓國和中國的輸入品。

海苔加工，放大量的醬酒和味精，切成一口一片的叫「味付海苔 Asitsuke Nori」，小孩子最愛吃，但多吃無益，口渴得要死。

在高級的壽司店中，坐在櫃台前，大廚會先獻上一撮海苔的刺身，最為新鮮美味，顏色也有綠的和紅的兩種。

天然的海苔最為珍貴，以前賣得很賤的東西現在不便宜。多數是養殖的，張張網，海苔很容易便生長，十二月到一月之間寒冷期生長的海苔品質最為優秀。

中國紫菜放久了也不濕，日本海苔一接觸到空氣就發軟。處理方法可以把它放在烤箱中烘一烘，但是最容易的還是放進洗乾淨的電飯煲中乾烤。有些人還把一片片的海苔插進烤麵包爐中焙之，此法不通，多數燒焦。

# 海雜草

海中植物，除了海帶、海苔類之外，還有許多雜草類，「水雲」就是其中一種。「水雲」又叫「海蘊」，日人稱之為「Mozuku」，是沖繩島的特產。

世界組織研究，沖繩男女最為長壽，都與吃這種營養最高的「水雲」有關。

像一絲絲的頭髮，「水雲」的食感滑溜溜，並無太大的紫菜腥味。沖繩人為了推廣給香港人吃，請「鏞記」做了多款「水雲」菜，但始終我們吃不慣而作罷。

我們吃髮菜，也非認為是好味才吃，採它的意頭而已。如果能把「水雲」改名為「水髮菜」，一定有生意做。

還有一種叫「Hijiki」的，一枝枝像折斷了的黑色牙籤，放點糖和鹽醃製，味道怪怪的，但也有大把人喜歡。

把海草煮溶後提煉出來的東西，日本人叫為「寒天」。就是我們的「大菜」，南洋人叫為「燕菜」的食物，製造技術也應該是中國傳過去，但日本人不贊同，他們認為是四百年前京都的一家餐館用海草煮出來啫喱狀的食物宴客，吃不完扔在雪中，就變成了「寒天」。

日本的「大菜」，也有像我們拉成絲狀的，但大多數是切成方塊的長條，溶化起來比大菜絲快。也有磨成粉狀的，不必煮，加冷水調開即可。

甜品之中，日人最愛吃的有一種叫為「心太 Tokoroten」的東西，把「大菜」做成烏冬般粗的長條，褐黃顏色和外表看起來像切絲的海蜇皮，這種「心太」有歷史記載，是日本遣唐使帶回去的，我們反而失去了這種吃法。

把「大菜」煮了，凝固後切成塊狀，再以味噌來醃漬，做出來的東西清澄金黃，非常漂亮，又很美味，是下酒的好餸，但是這種做法在日本料理店已很少見，也許會失傳。

當今也影響到外國人也吃「大菜」，英文名叫「Agar-Agar」。

所有的海雜草類之中，最稀有的是叫「緇蔦」的海藻，沖繩島人俗稱為「海葡萄」，一粒粒有如魚子醬，吃起來有過之而無不及，如果人們能提倡吃它，就不必把鱘魚捕殺得快絕種了。

# 山珍

我們日常吃的蔬菜，從前也應該是野生的，故日本人叫蔬菜為野菜。近年來大家吃厭了芥蘭菜心等等普通的蔬菜，開始尋找些新花樣，就是所謂的「山珍」。

野味我不贊成吃，山珍倒是不會絕種的，大可嘗試。

國內當今最流行的是吃「蕨菜」，此種山珍分佈在世界各地，洋人不會吃。如果我們把大陸的吃光了，也可以儘管輸入。「蕨菜」的柄呈紫顏色，新鮮的炒來帶苦，曬乾了再浸水還原就能消除。它含有破壞維他命B1的酵素，又有致癌的物質，還是曬乾來吃為妙。又有傳說是可以壓抑性慾，所以很適合和尚吃。

像在侏羅紀時代已經存在的羊齒植物的「草蘇鐵」，頭上有捲起來的小葉，原來也可以吃的。

這種山珍沒有「蕨菜」的苦澀味，也不含有害物質，非常鮮美可口，但不能生吃，生吃味道還是古古怪怪，用滾水燙它一燙，上面撒些木魚屑或加點肉鬆，再淋點生抽，是非常特別的山珍。你爬山時看到可以採點回來煮來吃，別擔心，不會像菇菌那麼毒死人。

有種芽部像「鬼爪螺」的山珍，叫「楤」，沾點麵粉後炸出來吃，苦苦哋，但有獨特的香味。日本人最愛吃了，叫為Tara No Me，你去高級的天婦羅店就能看到，它的莖有刺，根部可以煎成醫治糖尿病的藥。

洋人吃山珍，除了最珍貴的黑菌香菌之外，就只有朝鮮薊Artichoke了。朝鮮薊又叫菊芋，由塊莖組成，一片一片包起來，成為球狀，煮熟之後拆開，吃最嫩的塊底部份，塊頭很硬，不能吃。西班牙人還喜歡把它烤了，浸在橄欖油中吃。我們東方人到底吃不慣，不覺得是甚麼山珍。

蘘荷，又叫蘘荷，吃剛剛從泥土中長出來的芽，像一粒長形的橄欖，尖端綠色，身粉紅，非常漂亮。吃起來味道特別，又不像薑，沒有其他植物可以比較，這就是吃山珍的好處，是你從未嘗試過的味覺，人生又多了一個體驗，何樂而不為呢？

# 冬菇

菌類之中，中國人吃得最多的就是冬菇了。我們日常吃的，多數來自日本。到日本植物場中看過程，先把手臂般粗的松樹幹斬一碌碌三尺長，到處鑽數十個小洞，將冬菇菌放入洞內，幾天後就長出又肥又大的冬菇了。收成後，那碌棍還可以繼續使用，直到霉爛為止。

貯藏松樹的地方要又陰又濕，當今的養殖場多數是鋪上塑膠布當成一個溫室，燃燒煤氣來保持溫度，一年四季皆宜種之。

摘下來的菇，有陣幽香，就那麼拿在炭上烤，蘸醬油來吃最美味。嫌太寡的話，點辣椒醬也行，但味道被醬搶去。真正的食客，點鹽而已。

曬乾了就成冬菇。種類極多，一般的並不夠香，大家認為花菇最好。所謂花，是菇頂爆裂着的花紋。其實有更厚肉的海龍冬菇是極品，花菇一斤一百六十元，海龍冬菇要賣三百六十元。

從前的冬菇絕不便宜，和花膠、魚翅等同地位，海產乾貨店才有得出售，當今在大陸大量種植，雜貨舖中也供應了。

乾冬菇要浸水來發，速成以滾水泡之，香味走掉不少，一定要用涼水。厚身的冬菇可以切成薄片炒之，或整隻的紅燒。燉品盅下冬菇，怎麼煲都煲不爛，笨拙的家庭主婦最好是用它當材料。

齋菜中少不了冬菇，甚麼素甚麼寶，炆了就吃，但是最巧妙的還是冬菇的蒂，通常是切而棄之的，把它撕成一絲絲，所有葷菜的江瑤柱做法，都能以冬菇蒂來代替。用油爆香，加上玉米的鬚，下點糖，是一道很精美的齋菜。

浸過冬菇的水也不必丟掉，用來和火腿滾一滾，是上湯。

所有的料理之中，以色澤來統一的也很有趣。用冬菇、髮菜、木耳，最後加入墨魚汁來煮，變成全黑色的菜。

三姑六婆喜歡煮冬菇水清飲，說能減肥。我試過，淡出鳥來，非常難喝，加幾片雞肉進去，也不會發胖，就美味得多了，我相信效果是一樣的。

# 松露菌

松露菌英文叫 Truffle，法語叫 Truffe，德國人稱 Truffel，日人也用拼音來叫。為甚麼中國人叫它為松露菌？很難明白。它生長在橡木或櫸樹的根部，與松無關。

在歐美，與鵝肝醬和魚子醬同稱為三大珍品，歐洲人譽為「餐桌上的鑽石」，可見有多貴重了。

英國有紅紋黑松露菌，西班牙有紫松露，但要吃的話，最好還是法國碧麗歌 Perigord 的，與上等鵝肝醬產地相同。當地人把黑松露菌釀入鵝肝醬中，兩大珍味共賞。

你是法國人的話當然覺得黑松露菌最好，但是意大利人則説他們 Alba 區的白松露天下第一。其實兩者都有它們獨特的香味，各自發揮其優勢，不能比較，只有分開欣賞。

這種香味來自樹葉的腐化和土壤的質地，那麼複雜的組合不是人工可以計算出來，所以至今還沒有養殖的松露出現。它埋在地下，靠狗和豬去尋找，豬已被淘汰了，牠會吞掉之故。

兩種最好的菌都有從十一月到二月的季節性，一過了幾天就差之千里，還好黑松露菌可以一採下來，即刻裝入密封的玻璃瓶中，加橄欖油浸之；那些油，也當寶了。

豪華絕頂的吃法當然是整個生吃，削成片，淋上點油，淨食之。一個金桔般大的松露，就要好幾千港幣。一般高級餐廳即使有了，也都只是用個刨子，削幾片在意粉或米飯上面，已算是貴菜了。

最貴的食材配上最便宜的，也很出色。像用黑白松露來炒雞蛋，也是天下絕品。意大利人的吃法，還有一種把芝士溶化在鍋裏，像瑞士人的芝士火鍋，削幾片松露去吊味，叫為Fonduta。

現代闊佬發明了另一種豪華奢侈的，是把整粒的松露菌用烹調紙包起來，外層塗上鵝的肥膏，再在已熄而尚未燃盡之木頭上烤之，吃後會遭閻羅王拔舌。

當然黑白松露菌都能在中菜入饌，我們蒸水蛋上撒上一些，或拌入炒桂花翅中，味道應該吃得過的。

# 木耳

菰類多數會發出芬芳，但是黑色的或白色的木耳，一點香味也沒有，人們吃它，全因口感，那種爽脆，很難在菰菜和肉類中找到。

白木耳又叫銀耳，樣子像個繡球，煞是漂亮，通常是曬乾了賣，因為極有營養價值，所以可在藥材舖中找到。

如果要陳述它的好處，可是錄之不盡，甚麼潤肺生津、滋陰補陽、健腎強精等等皆是；不得忽略的是它含有大量的膠質，對皮膚有滋潤的作用，令其恢復彈性，減輕皺紋，是天下女人的恩物。

有錢的人當然可以去吃燕窩，但用科學去化驗，白木耳的營養成份並不比燕窩差到哪裏去，價錢倒有天淵之別。

用白木耳來煲湯是一流的，弄幾塊排骨，加點蜜棗，就能煲出一鍋很濃很稠的湯來，但是要講究火候，否則會把白木耳煲得全部溶掉。它也是齋菜中一種很重要的食材，煎炒蒸燉皆可，因為個性不強，和任何的蔬菜或豆類都配合得極佳。

凡是模仿燕窩的菜餚，銀耳都能派上用場，洛陽有種流水宴席，其中一道菜是把蘿蔔切成細得不能再細的絲，再以高湯燉出來，的確有點像燕窩，但是如果把銀耳也剁成碎片混進去，那麼口感更是像十足。

做成甜品時可用枸杞、雞蛋一起燉。將銀耳切得極碎，摻在魚膠粉中結成凍，也是夏日的恩物。和白木耳一比，黑木耳的身價即刻降低，都要怪它的外表黑漆漆，但營養值是一樣的。一個叫銀耳，黑木耳連鐵字都用不上，但也有個美名，稱之為雲耳，來自烏雲滿天吧？

黑木耳吃起來和白木耳的口感不同，有很雄厚的滑潤黏液，它能將留在人體的雜物黏住排去，所以我們不必花那麼多錢去買排毒藥了，多吃便宜的黑木耳就是。

黑木耳是做上海烤麩的一種主要食材，有了它便像吃到肉，故有「素中之葷」之譽。日本關西人的拉麵，也把黑木耳切成絲鋪在麵上，較昆布好吃。我們做起甜品，一半白木耳一半黑木耳，用冰糖燉之，美麗又美味。

# 黑白木耳

木耳，分黑和白。又名桑耳、木蛾、木菌、木茸、銀耳。黑木耳外形像耳朵，英文名也叫猶太人的耳朵Jew's Ear，法國人叫Oreille De Judas，德國卻是Judasohr。白木耳的英文名則是White Trewella。

從山區到平原，木耳的分佈很廣，世界各地都能出產，幼菌一黏枯枝，就能長出木耳來。新鮮的木耳口感爽脆，可直接入餚；曬乾了，吃前浸水恢復，鮮味不失。也當成藥材，野生銀耳自古以來被稱為重要補品，非常珍貴。當今已大量人工種植，市價亦便宜。

黑木耳的熱量，一百克之中有三十五卡路里；白木耳較高，有四十九卡路里。營養成份已經確實，均含糖、磷、鈣、鐵和維他命，具清熱補血的功能，黑木耳還被中醫認為可以預防白髮多生呢。

含有的植物膠質是無疑的，能吸收消化系統中的鐵質，功能較吃蒟蒻強，又帶有香味，更容易入口。

選購木耳是以外形完整的為標準，呈半透明者佳。求無雜質的，洗淨及去掉根部即可食之，乾木耳則浸清水發之。

口感極好，甚有咬頭，日人稱之為木水母 Kikurage，像海蜇之故。

糖醋拌三絲就是把黑木耳燙熱撈起，瀝乾水後切絲，另配紅蘿蔔，也切成荳芽般幼細的長條，放入碗中，加入白醋、鹽和一點點糖拌成，上桌時撒上芫荽，是極悅目和可口的前菜。

當成湯，著名的酸辣湯不可缺少黑木耳絲。白木耳湯則是泡發後，下些瘦肉或排骨和番薯一齊煲。

做成齋菜，把油條炸脆，切塊，加入黑白木耳，用醋炒之，非常美味。

有道叫木耳卷的，是將木耳和紅蘿蔔切絲，加荳芽、芹菜、金針菇，用腐皮包起來炸，吃時點酸辣醬。

因為木耳本身味淡，是做甜品的好材料，用冰糖、白果、紅棗來燉，味道和口感並不比燕窩差，營養也極為豐富。

將木耳剁碎，加大菜糕或魚膠粉，撒入糖桂花，放入冰箱，做成果凍，亦上乘。

# 蜜棗

首先，從英文名字來分，蜜棗叫Date，長於中東諸國，和中國、韓國、日本種的棗樹，英文名字叫為Jujube，是兩種完全不同種的植物，樹的樣子也一點都不像的。

蜜棗顧名思義，果實是很甜的，含有七十巴仙以上的糖份，在蔗糖還沒有出現之前，人類要吃甜的東西，都從蜜棗吸取。種植蜜棗的歷史，已非常之悠久，埃及壁畫中早已出現，它是一棵像椰子一般的棕櫚植物，一節一節長成，上面葉子散開，剝脫了又長出一節來。頂尖成茅狀，挖了下去就是樹心，亦像椰心一樣，可食，極為爽脆，但樹心一取，整棵樹就死了。

雌雄分體，一百棵雌樹之中，只要有一棵是雄的，已經足夠。每年一二月開黃色的花，人們採之，把花粉撒佈到雌花中，就能受精。雌樹的花可以用來煮食，做為沙律或者煎炸，在中東地區曾經試過，沒甚麼強烈的滋味，當一般的小食罷了。

蜜棗有數百種種類，大致上分為軟棗和硬棗，前者多數是曬乾後壓成塊狀，幾百粒一塊，由中東運到新加坡，再分散去東南亞的回教國家，當他們的禁食節開放後，第一件事就是吃點甜的，蜜棗乾最佳。

硬棗用來生吃，比櫻桃大，像南洋的果實露孤，皮呈淡黃顏色，不能存久，一放在市場數日，就出現深褐的斑點，但是照樣可食。口感是爽脆的，汁並不是很多，但透出蜜來，甜到極點，可惜還沒人運到香港或台灣來賣。日曬的蜜棗也分濕的和乾的兩種，前者汁較多，拿在手上黐黏黏，通常較長形，和乾的圓形外表不同。

乾蜜棗可以存放數年都不壞，為中東人的主要甜品之一。目前也在美國大量種植，可以在一些高級食品店中買到，和腰果、開心果、花生等，一齊當為零食。不到中東旅行，不知道蜜棗的重要性，它像橄欖一樣流行，但吃橄欖習慣傳到歐洲，蜜棗則並不太受歡迎了。

# 百合

不是花，在市場看到一盒盒的，裹面是裝着比蒜頭大、較洋葱小、外層鋪滿泥沙的白色根狀植物，就是可以吃的百合了。又名蒜腦薯、卷月，外國食材字典找不到它的名字，只知名稱 Lily。

一片片剝出，真的像葱頭，瓣比洋葱厚，又沒那麼硬，味道並不刺激，帶點甜、帶點苦。百合是百合科植物的鱗莖，可分新鮮的和曬乾的兩種。

營養成份很高，所含澱粉和蛋白質比馬鈴薯高出兩倍來，其他有糖、鐵、鈣鉀、維他命C和一種叫秋水仙鹼的物質，據説能抗癌。當今一看到罕有的蔬菜或水果，都説能抗癌，但卻沒有臨床實驗，不大量吃，功效應該不大。

據中醫説，百合潤肺止咳、祛痰、清心安神，又能止血，對於咳吐痰血、肺氣腫、慢性支氣管炎等，都有緩解的功效。姑且信之，老饕們，還是覺得好不好吃最重要。

百合帶微甜，口感雖沒洋葱那麼爽脆，但粉粉綿綿地，有它一番獨特的味道，洗淨後潔白，給人一種清新可喜的感覺，在齋素中尤其用得多。

購買時應選肥大、重量厚實的；變黃變褐，味道全失。當今買的多數是真空包裝。

新鮮百合極容易熟透，在烹調時要等到最後才下。其實生吃亦可，當為沙律，較其他蔬菜可貴，若嫌生吃不夠軟熟，過一過滾水亦可。

中國菜多數用它來炒雞肉或蝦仁。炒雞肉時二者皆白，可加入紅或綠的燈籠椒來配色，也能加進一兩朵泡開的乾玫瑰花。

蝦仁已粉紅，就那麼炒即行，喜歡吃牛肉或豬肉的話，可將肉類切絲來炒，亦可將百合和其他食材一齊都切丁，來炒粒粒。

日本人的茶碗蒸，用蛋來燉雞、蝦、銀杏和魚餅，其中不可缺少百合。

把百合燙熟，上面鋪些三文魚子，是簡單又美觀的一道菜。

揉上軟梅肉，配以較硬的蓮藕片，是好看又好吃的齋菜。

把米放進砂鍋中煮飯，炊熟之前鋪上白色百合，再將綠色的柚子絲摻在其中，清香得很，最有禪味了。

# 燕窩

燕窩，除了中國人會欣賞，全世界沒有別的國家人會吃。英文名也只有直譯，外國人看到我花那麼多錢買這些燕子唾液，嘖嘖稱奇。

到底有甚麼營養？為甚麼中國人那麼重視？專家們把燕窩分析又分析，顯微鏡底下發現的，也不過是蛋白質而已。

完全無效嗎？也不是。很多個案證實，吃燕窩的人，皮膚的確比不吃的人光滑，身體也更為強壯，令外國人覺得不可思議。

但是這些例子，只限於長期服食的，偶不偶來個幾口，根本無效。有古籍記載，每回吃燕窩，還要至少一兩呢。

燕窩從那裏來？中國人小時候已聽到説燕子在山洞裏建巢，把吃的東西在胃裏化成濃液，吐出來當原料，巢都築在高處，採摘時跌死很多人云云。

當今也有所謂「屋燕」的，那是大自然環境受到破壞，燕子無處休息，只有躲進空置的大宅建巢，商人採之，稱為屋燕。

也不是所有的燕子都吐液，一般的還是和其他鳥類一樣，含着一根根的枯草築之，只有幾種特別的燕子才造燕窩，牠們分別長在越南、印尼和泰國三個地方罷了。

品種最好的，是越南的「會安燕」，香味甚濃，而且一兩可發出五六兩來，雖然價錢貴，也較划算。泰國的次之，印尼的更次之。

所謂的「血燕」，紅顏色，傳説是燕子連血也吐了出來，特別補。其實那是某種燕子，愛吃海草，海草中有鐵質，故紅。

燕窩的吃法不多，通常是用冰糖燉之，也有人加了杏汁和椰汁來起變化。鹹吃的，品種更少，大廚都説燕窩遇到鹽會溶化，客人覺得量少。其實用上湯炮製的話，上桌前才淋，不會溶化。

當今假燕窩很多，有的做得連專家也受騙。買燕窩的話，到一家熟悉的鋪子去購買最佳，不然去有信用的老字號，價錢雖較貴，但買了安心。

緬甸有種樹脂，樣子和口感，和真燕窩一樣，泰國街邊的幾塊錢一杯燕窩水，就是用這種樹脂當為原料的。

# 七、堅果

# 栗子

我們和栗子的接觸，始於糖炒吧？

老一輩食家總懷念此事的，我們沒機會嚐到那些優雅時代的小食，只記得在尖沙咀厚福街街頭，有位長者賣栗子，炒得熱烘烘的空氣灌滿栗子，拿起一顆表演，摔在地上，即刻像原子彈那般四面散開，爆發得無影無蹤。

所謂糖炒，其實是石炒，本來應該用盛產砂鍋的齋堂石礫鍪砂，據說不吸收糖份，也不黏蜜，但我們看到的小販，用的只是普通的石粒，多年來炒得變圓形，倒是事實。

抗戰時女作家的人物，吃糖炒栗子，裝進右邊袋。吃完的殼，又裝入左邊袋。說甚麼不黏手也總是黐黐地，當年女人衣服又不是每天洗，真有點髒相。

在歐洲旅行時，看到小販賣栗子，是中間剁開一刀後拿到火爐上烤。烤熟後剝殼食之，我笑稱此法原始，歐洲女友問我：那你們是怎麼吃的？我回答說用石頭來炒，她手擊我腦，說我騙人。

吃糖炒栗子，最惱人的是它有層難剝的衣，衣有細毛，吃了嘴中也沾毛。又常吃到敗壞的，那陣味道真是古怪透頂。

最優良品種，大小一樣的，都給日本買去，氣死我也。

我吃栗子，學不會洋人當蛋糕，最多只買幾瓶糖水漬的來吃。

通常，我會用栗子來煮湯，選西施骨，這個部份比排骨甜，再挑肥美的玉米，味甜，最後預備十粒栗子，煲個兩小時而成，那碗湯，甜上加甜又加甜，也不膩，天下美味也。

把栗子煮熟後，用長方形菜刀一壓，再拖一拖，即刻變出栗蓉來。加豬油膏燒，最後別忘記把乾葱炸得微焦加進去，亦為仙人羨慕的美食。

有時又和芋泥一塊炮製。裝進一個碗，一邊芋泥加糖，呈紫色，另一半用鹽燒黃色栗蓉，再蒸之，反碗後入碟，若加綠色的豌豆酥，更是繽紛。

把這種做法告訴歐洲女友。不相信？燒給她們吃，吃後心服口服。

# 松子

世界上的松樹大概有一萬種左右，只有少數生長松子。每年六月起開紫紅色的小花，兩三朵結在一起，呈花球狀。翌年變成一個手榴彈形硬果，秋天爆裂出黃白色的胚乳，剝了殼，就是能吃的果仁了。

自古以來，松子被譽為仙人靈藥，脂肪、蛋白質、鐵、鈣、維他命B和E豐富。把生松子炒一炒，就能吃，油炸卻嫌太膩。而一吃停不下。但吃太多了喉嚨發泡，最好是烘乾，才不會太熱氣。

我在看電視時最喜歡吞嚼松子，臨睡之前當消夜，最好找有殼的松子，嫌麻煩吃一陣子就放棄，才不會過量。與花生一比較，一個是公主一個是僕人，味道纖細得多，是很好的下酒物。

很多東西越貴越好吃，松子不同，有些外國玻璃瓶裝名牌，價錢不菲，但是少人買，一過期就產生一種令人討厭的異味。松子只能吃新鮮的。

哪裏才找到呢？到熱門的乾濕貨店買最安全。去最多人排隊的，先試一小包，發現不錯才大量購入，貴不到哪裏去，但買回來後也不能放久，越快吃越好。

齋菜之中，多數是甚麼假叉燒和素雞等，模仿肉類的食物。用松子入饌，最為高級。用玉米鬚和松子略略一炒，下點糖，已經好吃得不得了。

像核桃露一樣，以松子代替核桃，味道就香濃得多。有些清湯，嫌太寡，亦能把松子抛幾顆進去，浮在湯上，勺來喝時順便咬嚼松子，較有口感。

韓國人就有道甜品，將肉桂煲了，上面加點紅棗的碎片和松子，當凍飲一流。因為韓國也盛產松子，他們的料理中用得很多，泡菜也夾着松子。如果去他們的伎生屋，舉行藝妓派對的話，那麼你會發現在客人豪飲之前，大師傅把松子磨了和米一塊煲成濃粥，讓大家打打底，沒那麼容易醉，實在是飲食文化。誰說韓國菜只有BBQ？

# 銀杏

許多食材都是外國傳來，銀杏卻是一百巴仙的中國產。

銀杏可以長得很高，在路邊和公園常見，分雄雌樹，葉子作三個圓片連在一起，到了深秋轉黃，銀杏林有如一片金海，非常壯觀，美不勝收。

十月下旬，種子成熟掉落，外皮多汁，有陣惡臭，除後露出白色的硬殼果實，就是銀杏，亦稱白果。粵人有俗語說吃白果，事做不成的意思，美其名，叫佛手果，又稱神仙果。

其實銀杏一點也不白，把殼子用鐵槌輕輕敲破之後，果仁如翡翠般碧綠，叫綠果或玉果也更貼切。

新鮮的銀杏，最好是吃原汁原味的，做法很簡單，用一個煎雞蛋的平底鑊，把銀杏放進去，撒鹽，再上蓋，加熱。按着蓋子搖動鑊，等到聽見劈劈啪啪的聲音，外殼爆開，就表示已經可以吃了。

剝開殼，裏面有層褐色的衣，也將之除掉，綠色的果仁送進口細嚼，很香美，但有點苦澀，也是特徵。

放久了，果仁從綠色轉為黃色，剝殼後浸水。果仁中間有一條「心」，苦味加倍，一定要挑掉才能吃。兒時看到婦女們用髻上的銀針，一粒粒挑空心後煮糖水給兒女們吃，很感動。

中國人多吃甜的，像潮州人的芋泥，下白果陪伴。日本人則愛吃鹹的，他們的「茶碗蒸」之中，一定有銀杏。

洋人種銀杏，只為了欣賞，選雄的來種。雌樹長果，掉落時那陣味道他們是受不了的，所以也從來沒有看到他們以銀杏入饌。

南洋人喜吃白果，小販們就那麼煮了一大鍋，加糖煮成漿，一碗碗舀來賣給客人，他們用的多數不是新鮮的果仁，顏色深黃，果肉帶韌，很有咬頭。

用碧綠的新鮮銀杏來做齋菜，是變化多端的食材，像銀杏炒牛奶，又白又綠，不但美麗，味道亦佳。

將綠銀杏切碎，混入牛奶雞蛋中做冰淇淋，也是一個好主意，不妨試試。

# 芝麻

芝麻Sesame的原產地不詳，學者認為是印度或非洲，也有些人主張來自印尼。在埃及和希臘出土的遺蹟，證實在公元前三千年已有人種植來榨油。

樹有三尺多高，更會開白、桃、紫色的鐘形小花，果實結在長形的圓筒中，內有四格，一爆開就噴出數百顆芝麻，湧出來撒到周圍各地，小說《阿里巴巴四十大盜》裏的「芝麻開門」，大概由此情景得到靈感。

不管黑色、白色和黃色，芝麻的味道相差不遠。將芝麻輕輕炒熟，就有一陣很香的味道，榨出來的油亦有很強的個性，持久不壞。

當今學者已證實，芝麻有抗衰老的作用，引起女士們注目，到底是甚麼吃法較有益呢？生吃？炒熟？或壓碎？研究的結果是炒熟後磨碎的最佳。

歐美人似乎對吃芝麻的興趣不大，充其量只是撒在麵包和蛋糕上吃，對於味道很濃的麻油，他們也不懂得處理，甚少入饌。

到了中東可不同，糖果中芝麻佔很重要的位置。地中海各國用芝麻的例子也多，有種芝麻糊叫為 Tahini，也是甜品 Halva 的主要材料。

印度人的餅中一定有芝麻，著名的印度芝麻甜品叫做 Tikuta。

日本人用芝麻來做豆腐，是他們的精進料理中不可缺少的，又有時把菠菜灼熟，加點芝麻醬拌了當涼菜。他們磨芝麻的方法很特別，把芝麻放進一個中間有齒紋的陶砵中，再用一枝木棍磨研，加了水的話，就成芝麻醬了。

中國人吃芝麻，雖然有芝麻糊等甜品，又在腸粉上撒芝麻，但還以吃榨出來的麻油較多，麻婆豆腐也要用麻油炒出來。

因為對身體有益，孕婦多吃麻油。台灣人尤其信奉，常吃麻油雞；他們又用麻油來炒豬腰，最為出色，到了台灣不可不試。

一般人要是想吸收芝麻的好處，只要炒它一炒，香味噴出時可以停止，待冷卻，放進一個塑料手搖打磨器，旋轉之下，芝麻碎就磨成，撒於白飯或任何菜饌上皆宜。

# 腰果

腰果 Cashew Nut 原產於巴西的森林，傳到非洲，自古以來就有人種植，當今最大的產區是印度，佔有全世界產量的九十巴仙。

樹可以長到三四十呎高，開紫色的小花後結成鮮紅色的果實，有點像一個倒頭栽的蓮霧，可食，但是腰果並非從它取出，而是生在蒂部，由兩層硬皮包裹住。

皮和果之間有一種油保護着，這種腰果油腐蝕性強，如果用口去咬破的話，嘴唇一定紅腫起泡。除殼後的果仁要在水中再浸十二個小時，才完全地洗淨果油來日曬，製作過程是非常複雜和艱苦的。

所以從前腰果被認為是很珍貴的食材，得之不易，吃起來的感覺也特別地又香又脆，當今在人工便宜的印度大量生產，再加入中國也成功種植，以大型機器剝殼燻乾。腰果的存在，好像比花生價錢貴一點罷了，味道也不像舊時那麼好吃了。

腰果很容易劣化，得用真空包裝或密封的餐器來保存，不然的話果油酸化變臭，再怎麼處理也無效。通常，新鮮的腰果放在冰箱內也只能有六個月的壽命，置於凍櫃中，擺得上一年罷了。

最普通的吃法是將腰果在滾油中過一過，撈起，即能食之，最佳狀態在於有點餘溫。一般的酒吧就那麼冷着拿出來給客人下酒，好酒保會放進微波爐中叮它一叮，效果完全不同。

把腰果磨成果醬，當然比花生醬高級。洋人喜歡用腰果醬來做蛋糕、布甸和餅乾，但印度人、中東人卻愛以腰果入饌。

咖喱中混着腰果和葡萄乾，特別開胃。印度的有味飯也很喜歡加入腰果。

中國人做菜，在粒粒的時候用上腰果，但一般都當成餐前菜下酒。

近來冬蔭功大行其道，泰國雜貨店裏看到冬蔭功腰果出售，那是把腰果油炸後加入風乾的香茅、檸檬葉、辣椒乾和各種香料製成，做得非常出色。

果仁之中，腰果的不飽和脂肪有七十六個巴仙，是最健康的。

# 杏仁

杏仁，英文名 Almond，法文名 L'amande，與桃屬於同科，所以葉和花和桃樹很接近，可長至二三十呎高。與桃不同是，杏的果子只是一層硬皮，包着一顆核，裂了，就露出杏仁來。

中國人的杏仁，只有指甲般大，比外國的大如橄欖的杏仁小得多。而我們常稱的南杏或北杏，南杏甜，北杏苦，外國人也有甜杏仁和苦杏仁之分。

一般的考證，説原產於北非，但這也沒經過證實，只知文獻一早就記載，考古學家發現過古波斯人栽種杏樹的果子遺蹟，《聖經》的創世紀也曾提起杏仁。

吃法甚多，即刻令人想起的是廣東菜的「杏汁燉白肺」，用的是十分之九南杏，十分之一北杏。北杏苦，不能同一比例。既苦，何必不乾脆全用南杏，因此杏香味重也。豬肺一洗再洗，然後燉六個鐘。在第五小時才把杏仁放進去，燉至全部溶化為止。此湯極濃，色似雪，香味撲鼻，但已難找到好的大師傅做這道湯了。

廣東人煲的家庭湯，也多用南北杏。不然就入藥，有止咳平喘，潤腸通便之功效。西醫證實杏仁含大量維生素E，可降低心血管疾病的風險。又有傳說，能治糖尿，當今的人生活過好，遲早患糖尿病，不如在兒童時期吃杏仁來預防。

但是杏仁有大量的熱量，每一百克有六百卡路里，等於兩碗飯，不能多吃；又，杏仁亦含有微毒，少食為妙，但是不過量總是安全的。

杏仁霜和杏仁糊是著名的甜品，前者是杏仁焙乾後磨出來的粉，後者直接加水煮成。說到用杏仁製餅，大家都會想起澳門的土產。

在外國，杏仁最普遍的吃法，是將它放進焗爐內烘培，撒上鹽，就是送酒的恩物。舂碎杏仁，加入牛奶，便是著名的杏仁奶了。做蛋糕，煮魚塊同時大派用場。意大利的烈酒 Amaretto 用杏仁做，半軟半硬的 Nougat 糖也有杏仁碎，法國的出名甜脆餅 Macaroon 亦然。

至於洋人常用的苦杏，通常會榨了油，用做香薰。

杏仁有說不完的做法，但喜歡的說很香；討厭的，說有一股老鼠排洩味，一聞逃之夭夭。

# 開心果

開心果，法文名 Pistache，英文名 Pistachio，又叫綠杏仁 Green Almond，果仁的外皮綠色之故。

像荔枝一樣，開心果也是一年豐收，一年減產的。由五六尺長至二三十尺的樹，樹齡可高達一百五十年。雌雄異體，靠風和昆蟲傳播，最多一年可收成兩季。一團團黃色或桃紅色果實，長在樹幹上。成熟後裂開，露出白色的硬殼，農民敲打或用機器收集，去皮曬乾，淺黃色的硬殼再度裂開，裏面的綠果仁經烘焙，即可食之。因裂殼之故，中國取名為開心果，實在翻譯得巧妙；伊朗人叫開心果為 Khandan，是開口笑的意思，也異曲同工。

原產地在中東，公元前七千年已廣泛種植，後由羅馬人傳到地中海各國，凡是乾燥的土地，像伊朗、土耳其、敘利亞等，都適宜生長。從前開心果賣得很貴，由五十年代開始在美國加州大量種植，澳洲人跟着，中國南部也有，價錢就壓得很便貴出三四倍來。

宜了。但在眾多果仁之中，開心果、腰果和松仁，還是被認為貴族，比較起花生，

開心果最有營養，好處數之不盡；當成草藥，倒無記載，可能是寫醫書時，開心果還沒有傳入中國。

到了中東，到處可見開心果樹，外形有點像橄欖。果仁也多方面運用，最著名的糖果，像土耳其喜悅，就加了開心果仁。

其他甜品也少不了它，有種像中國花生糖的，用糖漿和果仁混在一起烘乾後切片，香味當然比花生濃，顏色也好看，像翡翠般碧綠，惹人垂涎。

製成雪糕，亦聞名。開心果冰淇淋要比普通的杏仁雪糕貴得多。

用在煮食方面，多數是把開心果打成漿，和其他香料混合，淋在肉類和魚上面。印度的種種烹調，高級的也用了很多開心果。

試將開心果入中菜，做法也有千變萬化，像蒸魚的時候，嫌用豆豉太單調，就可以把開心果醬混入。開心果醬用來煮擔擔麵，也好吃過花生醬。甜品方面，開心果醬、開心果凍等，都好吃，當齋菜的配料，更是一流。

# 核桃

核桃，又名胡桃，有個胡字，顧名思義，是由外國進口，說是西漢時由張騫從西域帶回來，又有另一個名字，叫薑桃，已少人知道。

原產地應該是波斯，當今歐洲諸國種的都是波斯種。人工栽培後起變化，日本選有心形的，稱為姬核桃，外殼皺紋多的多數來自中國，平坦的是美國貨。

樹可長至數丈高，果實初長時核還沒變硬，全粒可食，但帶酸味；成熟了外皮變硬，枯乾後掉落地，露出核來。

一般有乒乓球大小，殼也有厚薄之分。中國和美國是最大產地，皆種薄殼的，打開殼後就是果仁，有層薄皮包着，不必剝開，就那麼吃之。果仁形狀像人腦，中國人一向認為以形補形，說對腦有益，阿富汗名字為 Charmarrghz，是「四瓣之腦」的意思。

核桃的歷史已有數千年，文字一早已有記載，是人類最原始最珍貴的果仁。由於含大量的亞油酸，對身體有益，亞油酸又被稱為美容酸，很受女士歡迎。

三大保健價值：健腦、降低膽固醇、益壽延年，核桃兼有，中外人士都把核桃當寶，但近年來誤以為核桃所含脂肪太豐富，很多想減肥的人都不再敢碰它了。

當成甜品，核桃糊是很典型的，將核桃仁炒過，再用石磨磨出幼細的粉煮的糖水，和用電器磨出來的截然不同。

中東人把大隻的蜜棗剖開，中間夾了核桃，最為常見，他們也喜歡把核桃磨成漿，和酸奶一起吃。

西餐中用核桃的菜譜也不少，吃魚吃肉時也以核桃糊當成醬汁。

在歐洲旅行，最常見的就是栗子樹和核桃樹了，坐在露天咖啡廳，時有核桃掉落，就可以那麼剝殼來吃，力大的人拿了兩粒，用手一擠，互相壓碎取仁。女士們請侍者拿來核桃夾子來用。因普遍之故，夾子的設計多款，細心收藏，也是食物的另一種樂趣。東方人少用夾子，被歐洲人取笑時，拿起餐巾，放幾粒在中間，抓着四角，往石地一摔，殼即碎，贏得掌聲。

# 八、已加工食材

# 荳芽

最平凡的食物，也是我最喜愛的。荳芽，天天吃，沒吃厭。

一般分綠荳芽和黃荳芽，後者味道帶腥，是另外一回兒事，我們只談前者。

別以為全世界的荳芽都是一樣，如果仔細觀察，各地的都不同。水質的關係，水美的地方，荳芽長得肥肥胖胖，真可愛。水不好的枯枯黃黃，很瘦細，無甜味。

這是西方人學不懂的一個味覺，他們只會把細小的荳發出迷你芽來生吃，真正的綠荳芽他們不會欣賞，是人生的損失。

我們的做法千變萬化，清炒亦可，通常可以和荳卜一齊炒，加韭菜也行；高級一點，爆香鹹魚粒，再炒荳芽。

清炒時，下一點點的魚露，不然味道就太寡了。程序是這樣的：把鑊燒熱，下油，油不必太多，若用豬油為最上乘。等油冒煙，即刻放入荳芽，接着加魚露，兜兩兜，就能上菜，一過熱就會把荳芽殺死。荳芽本身有甜味，所以不必加味精。

「你說得容易，我就不會。」這是小朋友們一向的訴苦。

我不知說了多少次，燒菜不是高科技，失敗三次，一定成功，問題在於你肯不肯下廚。

起碼的功夫，能改善自己的生活。就算是煮一碗即食麵，加點荳芽，就完全不同了。

好，再教你怎麼在即食麵中加荳芽。

把荳芽洗好，放在一邊。水滾，下調味料包，然後放麵。用筷子把麵糰撐開，水再次冒泡的時候，下荳芽。麵條夾起，鋪在荳芽上面，即刻熄火，上桌時荳芽剛好夠熟，就此而已。再簡單不過，只要你肯嘗試。

荳芽為最便宜的食品之一，上流餐廳認為低級，但是一叫魚翅，荳芽就登場了。最貴的食材，要配上最賤的，也是諷刺。

這時的荳芽已經升級，從荳芽變成了「銀芽」，頭和尾是摘掉的，看到頭尾的地方，一定不是甚麼高級餐廳。

家裏吃的都去頭尾，這是一種樂趣，失去了絕對後悔。幫媽媽摘荳芽的日子不會很長。珍之，珍之。

# 豆腐

英國人選出最不能嚥喉的東西之中，豆腐榜上有名，這是可以理解的。就是那麼一塊白白的東西，毫無肉味，初試還帶腥青，怎麼會喜歡上它？

我認為豆腐最接近禪了。禪要了解東方文化，禪要到中年，才能體會。我喜歡吃豆腐較早，即是在做學生去京都的時候。

寒冬，大雪。在寺院的涼亭中，和尚捧出一個砂鍋，底部墊了一片很厚的海帶，海帶上有方形的豆腐一大塊。

把泉水滾了，撈起豆腐蘸醬油，就那麼吃。刺骨的風吹來，也不覺得冷。喝杯清酒，我已經進入禪的意境。

這個層次洋人難懂。他們能接受的，限於麻婆豆腐。

豆腐給這個叫麻婆的人做得出神入化，我到麻婆的老鄉四川去吃，發現每家人做的麻婆豆腐都不一樣。和他們的擔擔麵相同，各有各的做法。

我們就從最基本的說起吧！首先，用油炸辣椒乾。麻煩的話，可用現成的辣椒油。再把豬肉剁碎，是七分油三分肉的比例。麻煩的話，可買碎肉機磨出來的。油冒煙時就可以爆香肉碎，最後加豆腐去炒。嫌麻煩的話，可在超級市場買真空包裝的豆腐。

豆腐的製作工序很細緻。先磨成豆漿，滾熟後加石膏而成。一切怕麻煩，就失去了豆腐的精神了。

至於麻辣中間的麻，則罕見，但可在日資百貨公司買一小瓶吃鰻魚飯用的「山椒粉」，撈上一些，就有麻的效果。

用豆腐滾湯也美味，最簡單的是番茄豆腐湯，不然把雞什或豬什用菜心炒了，再去滾湯也可。要豪華一點，把吃剩的龍蝦頭尾加大芥菜和豆腐炮製。

古人讚美豆腐的文字無數，值得一提的是蘇東坡在《蜜酒歌答二猶子與王即和》的句子：「脯青苔，炙青蒲，爛蒸鵝鴨乃瓠葫。煮頭作乳臘為酥。高燒油燭斟蜜酒，貧家萬物初何有？」

# 芝士

在一個農場中，擠出新鮮的牛奶，放進一個瓶子，拼命搖它，最後倒出變稀的奶汁，剩下的是一塊硬塊，這就是乳酪，也叫芝士的最原始的形狀了。

喜歡或討厭，沒有中間路線，那股味道很香或很臭，是你自己決定的，但我說的是，欣賞芝士是一個世界，你失去打開大門的機會，是件可惜的事。

吃芝士是可以培養的，先從吃甜的芝士開始。歐洲人從來不肯混糖進芝士之中，認為是對食物的不敬，但澳洲人沒有文化包袱，把糖漬櫻桃、葡萄乾、果仁等加在芝士之中，弄得像一塊蛋糕，初次時吃起來就不怕了。

從甜的吃起，漸漸進入吃最無異味的牛奶乳酪，越吃越覺得不錯；到最後，沒有最臭的羊乳芝士就不過癮了。

你有沒有試過瑞士人的做法？他們把芝士煎得發出微焦，吃起來比貝根醃肉還要香。他們的芝士火鍋，最後把黐在鍋底的發焦芝士鏟出來吃，才是精華。

我們愛吃腐乳，洋人認為很臭，我們就笑他們。但是我們一聞到芝士即刻掩鼻，他們也還不是笑我們？我們認為他們不愛吃乳腐是一個損失，他們何嘗沒同你的想法？

芝士帶來的歡樂是無窮的，研究起來也無盡。在外國任何一間乾貨店中都有上萬的不同品種。在東方我們可以到超級市場去，也有各類芝士讓你一一品嚐。意大利的白色芝士像我們的豆腐，用麻婆的做法去炮製，或許用鹹魚來煮，不亦樂乎？

在飛機上不吃東西的時候，取一塊芝士，沾沾糖吃，沒有甚麼不可以的，自己控制自己的生命和口味，管他人怎麼想。

來一塊味道極濃的 Stilton 芝士吧！送水果吃也好，來杯缽酒，更加消魂。煙燻的芝士像在吃肉。把 Parmesan 芝士敲碎，成為硬塊，也可以當成小食來佐酒。

芝士之王叫 Roquefort，產於法國，羊乳製成，放在潮濕的山洞裏發酵，和青黴菌孢子接觸後變藍，天下美味。放膽吃吧！未試過的東西，沒有資格說喜歡或者不喜歡。

# 羊奶芝士

所有飼養羊的國家，都用羊奶做成奶酪，英國人稱之為 Goat's Milk Cheeses，法國人叫為 Fromages de Chevre，意大利名 Caprino，德國名 Ziegenkase，瑞士人叫為 Gaiskasli。

東方人認為他們的食品中，沒有任何東西臭過羊奶芝士的了，喜歡上了，不叫臭，說成羶，越羶越好。等於西方人聞到我們的臭豆腐和鹹魚，也不會認為是香的。

味道濃烈起來，有時要浸在水裏才能遮住。一旦愛上，就覺得牛奶芝士淡得無味。羊奶的營養價值比牛奶高，其中含鈣量比牛奶多出二十五巴仙，是人奶的五倍。

我們都知道做奶油，是將奶液強力搖動，令乳中的脂肪結成球，再拿去發酵後才成為芝士的。

羊奶的脂肪球特別細小，只有牛奶的三分之一，做起芝士來要用特別多的份量，但營養份被人體的吸收，又比牛奶快，消化得也快，羊奶芝士對腸胃有益，又能強化骨骼，其他好處也多不勝數。

但喜歡羊奶芝士的人只求其味道和口感，那種獨特的氣息有強烈的個性，不是其他食材能夠代替，也有別的食材所無的潤滑。

吃法國餐時，結尾的那幾道菜中，一定有羊奶芝士的出現，放在一個玻璃鏡的大碟中，稱之為 Plateau de Fomages de Chevre，裏面擺着各形各式的製品，由棋子餅那麼小，到菜碟般大的。羊奶芝士和牛奶芝士的分別，在於顏色都白的，很少像牛奶芝士發黃，外層多數包着發為白色的黴菌，有點硬，裏面則是軟滑無比。

小粒的有由 Corsica 來的 Broccio 或由 Rhone Valley 來的 Rigottes。有些還是用片葡萄葉子包裹着，可愛到極點。

打開始羊奶芝士這世界，可從味道沒那麼厲害的 Saintclaude 吃起，再下去就要一步一步的進展，吃到最羶的為止了。

甚麼是最羶的？個人感覺不同，不能一一舉名，還是要親身嘗試過，才能決定，但在進食過程中，有無比的喜悅，那是一定的。

# 酸奶

酸奶Yoghurt，有人以為是英文名，其實是土耳其的名字，從此可知是從東方傳到西方去的。

一般把酸奶叫成益力多，是日本商人製造酸奶飲品，因來自西方，不知怎麼命名，乾脆把Yoghurt當成招牌，流行之後我們也賣了起來，音譯成益力多，當今這個名字已代表了酸奶。

酸奶的發明絕對是偶然的，喝不完的鮮奶放在一邊，發酵起來，就變成Yoghurt。試一試，味道雖然酸，但也可口，而且能夠保存更久，一種重要的食材，從此產生。

酸奶菌對人體有益，這個事實在賣酸奶廣告中宣傳了又宣傳，家長開始買來給小孩子喝，味道其實酸得有點古怪；愛上了會上癮，但是當成美食，怎麼樣都說不上，入中菜就免談了。

中東人和印度人則把酸奶用到日常生活中，酸奶製成的菜餚無數，最普通的是加了黃瓜、芫荽和鹽，打成一團上桌，點麵包來吃。

加入了咖喱粉，酸奶可以煮肉類，但是有一原則，是酸奶和魚蝦配搭得不佳，絕對不能用在海鮮上面。

飲品方面，加水把酸奶沖淡，是印度街頭的一種小食，通常還要用個機器攪拌得發出泡沫來，叫成拉昔 Lassi，加鹽的是鹹拉昔，加糖的叫甜拉昔。也有加水果的，芒果拉昔最受歡迎，但玫瑰味的拉昔最為美味。新派 Fusion 印度餐廳的酒吧中，加白蘭地、威士忌，賣拉昔雞尾酒。

到了阿拉伯國家，Yoghurt 的名字變成了 Ayran，他們也做拉昔，加入切碎的黃瓜，伊朗人叫 Abdugh，阿富汗人叫 Dogh。

自己做酸奶行不行？說起來是容易的：把鮮奶用攝氏八十五度左右的溫度加熱三十分鐘，等它冷卻至四十五度。加上酵母，倒入容器，放置約八小時即成。但是現代人哪有時間去量溫度，還是到超級市場購買，甚麼味道的產品都齊全，已有用酸奶做的雪糕呢。

# 魚子醬

歐美人認為天下最高貴的食物為魚子醬、黑松露菌和鵝肝醬三種。

魚子醬那麼好吃嗎?很多人都只是羨名,試了認為不過爾爾,那是你沒吃到最好的。而甚麼是最好的呢?從前俄國產的魚子醬都不錯,但過量捕捉了生產魚子醬的鱘魚,近海又污染,再加上醃製技術失傳,當今的俄國魚子醬,都是一味死鹹。

天下只有伊朗產的最好。魚子醬需要把鱘魚劏開,剝去膈膜,取出魚子,即刻下鹽醃製後入罐,過程不得超過二十分鐘。

醃製時過鹹了就成廢物,不夠鹽則會腐爛,當今世界上不出十個人懂得把握時間和份量,你說是不是要賣得最貴呢?

伊朗魚子醬分三種:Beluga 用藍色盒子蓋裝着,Oscietra 黃色盒,Sevruga 紅色盒,由不同品種的鱘魚得來。

其中 Beluga 的粒子最大,細嚼起來,在口中一粒粒爆開,噴出又香又甜美的味道。嚐至此，才了解為甚麼歐美人會愛上它。

一般吃魚子醬，都會連鐵蓋和玻璃罐上桌，份量極少。吃前幾分鐘才把罐子打開，小心翼翼地用一支匙羹舀起，調羹還要用鮑魚殼雕塑出來，才算及格。

塗在一小塊薄薄的烤麵包上，附帶的配料有煮熟的蛋白碎、洋葱碎以及不加鹽的牛油或酸忌廉。

洋人一遇到海鮮就要擠點檸檬汁，對魚子醬也不例外。這其實是一個錯誤的吃法，矜貴的伊朗魚子醬，當然不想被酸性東西搶去味道，吃時不可用檸檬。

也有人吹捧黃色的，稱它為黃金魚子醬，其實它只是 Oscietra 的變種兒。魚子粒小，又無彈性，當然不及 Beluga。

次等貨不斷在市面上出現，德國已有人工養殖的鱘魚，劏出來的魚子雖然味道還有點接近，但軟綿綿的口感不佳。

日本人更把鯉魚和鱈魚的魚子拿去染成黑色，冒充鱘魚魚子醬出售。

最笨的是丹麥的魚子醬，名副其實地用一種叫笨魚 Lumpfish 的魚子代替。

凡是珍貴的食物，一定要從最好的試起，不然別去吃它，否則會帶給你很壞的印象，讓你失去追求它們的慾念，切記切記。

# 鵝肝醬

鵝肝醬 Foie Gras 為歐美三大珍品之中，較為便宜的。不像魚子醬和黑松露菌那麼貴，多出點錢，還是能在高級西餐廳或高級超市買得到。鵝本身的品種很多，只有在法國的碧麗歌 Perigord 的鵝最適合，牠的肝最為肥大，樣子有點像潮州的獅頭鵝。

飼養過程相當地殘忍，從蛋孵化後長約三個月中用普通的飼料餵之；之後便一隻隻移進籠裏，用一個特製的漏斗通到鵝頸中，二十四小時不斷強迫進食，等到鵝的體重達到十二到十五公斤，路也沒力氣走時才屠殺。取出鵝肝足足有五六百克重，像顆柚子雙手捧着，顏色粉紅得鮮艷，才是最完美的。

這種手法招來全球動物愛好者的非議，但是法國政府置之不理，好幾條村的生計全靠它生存，禁是禁不了的。

法國人說自古以來就有人強迫飼養家禽，古羅馬已實行，埃及人也用同樣手法，他們強詞奪理：鵝本來無用，牠只是一間工廠，為人類製造出美食來。虐待動物的話，都應該反對；另一方面，我們也尊重別人的傳統。只要我們不親手餵鵝殺鵝，就是了。

在碧麗歌，第二次世界大戰之前，鵝肝醬還只是少數法國人懂得享受的，家庭婦女為了賺一點私己錢，選一隻鵝來強飼。

戰後，經一位叫慕扎的醫生發揚光大，提倡全村養鵝取肝，才變成當地的一種手工藝。慕扎醫生對選鵝肝最有經驗，處理方法也獨特，他說過新鮮鵝肝，先要把肝中的筋割掉，才不會韌，這一點，不是很多大廚知道的。

碧麗歌也以出產黑松露菌著名，慕扎醫生教導的鵝肝醬最佳吃法為：先做一個餅底，把新鮮鵝肝切片後鋪在上面，再鋪一層黑松露菌，又把鵝肝用果醬炒後鋪在黑松露菌上，最後鋪餅蓋，放進焗爐焗一小時，取出切片來吃，試過之後才知甚麼叫做天下美味。

一般，鵝肝醬只是煎了當為頭盤，或在牛扒上加了一片的吃法罷了，更有些用鴨肝代替的，已不入流。

# 火腿

火腿，是鹽醃過後，再風乾的豬腿。英國人叫為Ham、西班牙語、法語Jambon、意大利人則叫為Prosciutto。

一般公認西班牙火腿做得最好，而最頂級的是Jamón Ibérico de Bellota，是用特種黑豬的後腿二十四個月乾燥製成。外國人都以為火腿是片片來吃的，但是我住在巴塞隆那時，就見當地人吃的是切成骰子般大，並不是片片。

意大利的Prosciutto di Parma、法國的Jambon de Bayonne和英國的Swiltshire Ham聯合起來，把西班牙火腿摒開一邊，說他們的才是世界三大火腿。

但照我吃，還是中國的金華火腿最香，可惜不能像西洋的那麼生吃。金華火腿美極了，選腿中央最精美的部份，片片來吃，是天下美味，無可匹敵。在中環的「華豐燒臘」可以買到，要找最老的師傅，才能片得夠薄。

我們在西餐店，點的生火腿伴蜜瓜，總稱為Parma Ham，可見龐馬這個地區是多麼出名，買時要認定為龐馬公爵的火印，由政府的檢查官一枚枚烙上去。

龐馬火腿肉鮮紅，喜歡吃軟熟的人最適合，但真正香濃郁的，是肉質深紅，又較有硬度的 Prosciutto di Santo paniele，一切開整間餐廳都聞得到。我認為比較接近金華火腿，在外國做菜時常拿它來煲湯替之。

這種火腿從前還在帝苑酒店內的 Sabatini 吃得到，當今已不採用，剩下龐馬的了。

一般人以為生火腿只適合配蜜瓜，其實不然。我被意大利人請到鄉下做客，大餐桌擺在樹下。樹上有甚麼水果成熟就伸手摘下來配火腿吃，絕對不執着。

生火腿要大量吃才過癮，像香港餐廳那麼來幾片，不如不吃。有一次去威尼斯，查先生和我們一共四人叫生火腿，侍者用銀盤捧出一大碟，以為四人份，原來是一客罷了，這才是真正意大利吃法。

惡作劇的話，可以去火鍋店或涮羊肉舖子時，用生火腿鋪在碟上，和其他生肉碟混在一起，看到你不喜歡的八婆前來，用雙手抓生火腿猛吞入肚，一定把她嚇倒。

# 香腸

自古以來保存肉類的方法之一，塞在豬腸之中燻製而成的一種最普遍的食材。種類之多，再多幾頁篇幅也介紹不完，大家最熟悉的是我們在冷天享用的臘腸和吃熱狗的香腸兩種。

香腸原料不止於豬肉，甚麼肉都派上用場，各種部位全塞進去：舌、胃、心、肝、脾、橫隔膜、尾部，甚至於牛的乳房也有，用血液蒸熟而成的腸，更為普遍。

歐洲名字諸多，已不能一一牢記。最特別的是以地方為名，維也納人叫它為法蘭克福 Frankfurter，而法蘭克福人卻倒過來叫它為維也納 Wiener。

吃過的香腸之中，記憶最深的是巴黎的 Fauchon 店裏賣的香腸，由雞、鴨、鵝、羊、豬、牛的腸一管管塞入的千層腸。

奢侈得窮兇極惡的是越南的龍蝦腸，用龍蝦和肥豬肉塞成。

超級市場中的香腸種類多不勝數，有些可以生吃，有些要煮。到底怎麼吃法？

味道如何？想知清楚的話，可請店員分類，自己一一作筆記，每次吃個兩三種。一年之內，大概可以分別出一個眉目來。

一般認為裏面含有肥肉粒的沙拉米（Salame）一定鹹得要死，其實不然，好的不太鹹，而且非常之香，是送酒的好食材。也有出自意大利、匈牙利的沙拉米味道也極佳。

腸不一定是唯一的外衣材料，其他器官也可用來塞肉。像胃和膀胱都可用，有些還利用到雞鵝的頸項呢。

製法有煙燻、曬乾、燒、煮、炸等，有些需要冷藏，有的放在陰暗之處，多久都不會變壞。

中國人當然最愛吃自己的臘腸。從前肥肉用得很多，甘美得很；當今只是瘦肉，已漸無味道。目前流行的豬頸肉，舊時候價賤，是用來做臘腸的主要材料。

如果問我最愛吃甚麼腸？我的答案很肯定，是台灣的香腸。要在路邊賣的那種，腳踏車後有個轉針板和小販賭博，贏了香腸一條，烤得微焦，配着生大蒜吃，一流。

# 牛油

吃西餐，越是名餐廳上菜越慢。等待之餘，手無聊，肚子又餓，就開始對付麵包和牛油了；但一吃得太飽，主菜反而失色，是最嚴重的問題。

這時只能把麵包當成前菜吃，撕一小塊，塗上牛油，慢慢品嚐牛油的香味。吃不慣牛油的朋友，可以在上面撒一點點的鹽，即刻變為一道下酒菜。飯前的烈酒一喝了，胃口就增大，氣氛也愉快得多。

有些菜一定要用牛油烹調才夠香，像從荷蘭或澳洲運到的蘑菇，足足有一塊小牛扒那麼巨大。用一張面紙浸浸水，仔細地擦乾淨備用。這時在平底鑊中放一片牛油，等油冒煙放下蘑菇，雙面各煎數十秒，最後淋上醬油，即刻入碟，用刀叉切片食之，香噴噴，又甜得不能置信，是天下美味。

青口、大蛤蜊、蟶子等都要牛油來炮製，用一個大的深底鍋，放牛油進去，再下蒜蓉和西洋芫荽碎爆香，這時把貝類加入，撒鹽，最後淋上白酒（千萬別用加州劣貨），蓋着鍋蓋，雙手把整個鍋拿來在火上翻動，搞至貝殼打開，即成。做法簡單明瞭，吃的人分辨不出是你做的，或是米芝蓮三星師傅的手勢。

牛油也不一定用在西餐，南洋很多名菜都要用上，像胡椒蟹就非牛油不可。螃蟹斬件，備用，鑊中把牛油融化，把黑胡椒粉爆一爆，放螃蟹進去，由生炒到煮熟為止。當今的所謂避風塘炒蟹，是將原料用油炸了才炒的。這麼一炸，甚麼甜味都走光，又乾又瘤，有何美味可言？炒螃蟹一定要名副其實地「炒」才行。

最簡單的早餐烤麵包，經過電爐一炮製，就完蛋了。先把炭燒紅，用個鐵籠夾子挾住麵包，在炭上雙面烤之，最後把那片牛油放在麵包上，等它「嗞」一聲溶掉，油入麵包之中，再切成六小塊，仔細一塊一塊吃，才算對得起麵包。

最討厭的是米芝蓮人造牛油了。要吃油就吃油，還扮甚麼大家閨秀！奇怪的是天下人都怕豬油，我是不怕豬油的，用豬油來塗麵包，一定比牛油好吃得多。

# 豬油

豬油Lard，飽和脂肪含量四十一巴仙，多元不飽和脂肪十二巴仙，單元不飽和脂肪四十七個巴仙，膽固醇一茶匙中有十二毫升。中國人炸豬油，用的是豬腹的五花腩部份，其實質量最純的是包着豬腰的葉狀油膏。人類是食肉獸，對脂肪的感覺非常靈敏，都知道動物油比植物油香。至於吃哪一種對身體有益？過多或太少都不好，豬油並非罪魁禍首，應以平常心對待。

洋人在貧苦的年代中也吃大量的豬油，當今以牛油代之。但牛油的膽固醇含量是每茶匙三十三毫升，比豬油多出一倍來。他們最普通的吃法是把凝固的豬油塗在麵包上，撒上點鹽。豬皮也炸了來吃，要不然就放進焗爐中燒至爽脆，和豬肉一齊吃。英國人糕點中下了很多豬油。因為豬油有防腐作用。法國人用來包裹鵝肝醬。豬油也有鬆化作用，西班牙人烤麵包或製造餅乾，都用豬油。聖誕節用的布甸，歐洲所有國家做的都用豬油才夠香。

美國人一味追求健康，豬油不敢碰，但去到了南方，Cajun 菜中少不了豬油，南方的白人和黑人都笑其他省份的人不懂得吃。韓國人吃豬油的例子較少，他們的主食是牛肉，但是也把肥豬肉灼熟了切成一片片，點了麵豉醬，包着生菜來吃。同時，他們把用辣椒醬醃製過的生蠔點綴，別的地方人想不到生蠔和豬油的配合是那麼完美的。

日本人一向吃魚，吃牛肉也是近百年的事，豬肉更少了，但是一發覺它的香味，嗜者漸多，炸豬扒給他們發揮得淋漓盡致。當今最受歡迎的豬骨湯拉麵，最開始的做法是把一塊豬油熬至軟熟，放在撈麵的鐵網上，輕輕敲之，一粒粒的豬油便掉落在湯中，把日本人吃出癮來。

當然，豬油吃得最多的是中國人，東坡肉、紅燒肉等等，如果最簡單的葱油拌麵，用植物油代替了，就味如嚼蠟了。再健康，對精神和肉體都無益。

# 冬菜

冬菜是一種用大蒜製成的鹹泡菜。下的防腐劑不少，但我們不大量吃，對身體沒害的。

中國人吃的冬菜，幾乎都來自天津；後來台灣和泰國也出產，為數不比那又圓又扁的褐色陶罐多。

在台灣，吃貢丸湯或者切仔麵的街邊檔桌上，偶爾也放一罐冬菜，任客人加入，但是用透明的塑膠罐裝着，心理即刻打折扣，覺得不如天津冬菜的鹹和香了。

你到潮州人開的舖子裏吃魚蛋粉，湯中總給你下一些冬菜，這口湯一喝，感覺與其他湯不同，就上了冬菜的癮了。從此，沒有了冬菜，就好像缺乏些甚麼。

潮州人去了泰國，也影響到他們吃冬菜，泰國菜中像醃粉絲等冷盤，下很多冬菜，他們的肉碎湯或者湯麵中也少不了。

海南人也吃冬菜，純正的海南雞飯中一定配一碗湯。此湯用煲過雞的滾水和雞骨熬成，下切碎的高麗菜，廣東人叫為椰菜的東西，再加冬菜，即成。冬菜是絕對不能缺少的，很多香港店舖做的海南雞飯，卻不知道這個道理，亂加其他食材，反而弄得不倫不類。

冬菜實在有許多用途，像一碗很平凡的即食麵，拋一小撮冬菜進去，變成天下美味。

把剩下的冷飯放進鍋子裏滾一滾，打兩個雞蛋進去，再加冬菜，其他甚麼配料都不必放，已是充飢的佳品。

說到雞蛋，潮州人和台灣人愛吃的煎菜脯蛋，用冬菜代替菜脯，有另一番風味。

有時單單用乾葱頭切片炸了，再下大量冬菜炒一炒，加一點點的糖吊味，就那麼拿來送粥，也可連吞三大碗。

最佳配搭是豬油渣，和冬菜一齊爆香，吃了不羡仙矣。

我父親一位老友是個又窮又酸的書生，一世人好酒，沒有菜送，弄撮冬菜泡滾水，泡完冬菜發脹，就那麼一小口送一大杯，吃呀吃呀，也吃光，喝冬菜水當湯，最後把抓過冬菜的手也舔一舔，樂不可支。

# 納豆

納豆是日本獨特的食物，臭氣沖天，討厭和喜愛非常之強烈，沒有中間路線，像我們的鹹魚一樣。

用大豆做的，煮了之後放進麴菌發酵，包在稻草包之中賣的鄉下納豆當今已少見，都是一包包塑膠袋裝的，奉送一小包醬油和一小包芥末。

納豆本身的鹹味並不足，吃時要略加醬油，上面鋪些蔥花，還要把一點點的黃色芥末混進去，匆匆忙忙拼命亂攪一番就可以吃了，挾進口之前旋轉揮動筷子，那些黐黏黏的絲才能抽斷，説是容易，但要長期訓練，才吃得完美。不慣的人總是弄得一塌糊塗，滿手滿臉都是納豆絲。

如果你能欣賞納豆，就可以在日本生活下去，怎麼也不喜歡的話，還是早點回家吧。

最通常的吃法是早餐時裝了一碗熱騰騰的白飯，鋪下納豆，再打個生雞蛋進去攪糊了吃，樣子和口感都是十分恐怖的。好在日本生雞蛋乾淨，不然吃了拉肚子都有份。

切幾片薰鴨，將蘿蔔乾切丁，增加爽脆的口感，紫菜切絲點綴，加生磨的山葵，日本人已認為豪華奢侈。

把納豆洗一洗，除掉薄皮，再加三杯酢，就是酸納豆。芋莖細切，加蔥花，用納豆來煮味噌麵鼓湯。用油爆香納豆，加雞蛋和冷飯一起炒，便是納豆炒飯。和豬肉、牛肉或者海鮮混在一起再加咖喱醬，便是咖喱納豆了。鋪納豆在飯上，加山葵，用熱茶沖沖，叫納豆茶漬。當然用麵粉點了一點，再去炸，就是納豆天婦羅，把納豆放在雞蛋皮包起來，就是納豆奄列。

還有更花巧的納豆包，剝開一塊帶甜的豆腐包，把納豆裝在裏面，大功告成。

旅行時，可帶一包脫水的納豆乾送啤酒，樂事也。

日本全國納豆總評會選出最好的納豆，叫「大力部屋」，只在新潟縣才買得到。

納豆含大量維他命K，據説吃了延年益壽，不喜歡它的味道的人，寧死勿食。

# 椰漿

成熟的椰子，敲開硬殼，裏面有一層很厚的肉。通常是由小販用塊木頭，插了一枝鐵刨，刨上有鋸口，把半個椰子拿在上面刨椰絲。再把椰絲放在一片乾淨的布上，包着大力擠，奶白色又香又濃的漿就流出來了。

裝進罐頭的椰漿，因經過高溫殺菌處理，已沒有新鮮擠出來的那麼香。煮印度咖喱不必用，但是南洋式的，像泰國、印尼和馬來西亞的咖喱，非加椰漿不可。

先用油爆香洋葱和南洋咖喱粉，放雞肉進鑊炒個半生熟，放椰漿進去。份量是一份椰漿三份水。如果要濃，椰漿和水各一半，炆個十五分鐘，即成。嗜辣者可加大量辣椒粉，不愛辣的單單靠咖喱粉中的辣椒已夠刺激，南洋咖喱與印度的不同，各有千秋。

椰漿也常用於甜品之中，最普通的是椰漿大菜糕，用大菜，南洋人叫為燕菜的，剪段放入滾水中煮至溶化，加糖，這時加進青檸汁或紅石榴汁，放入一個深身的盤中，等凝固，另一邊，同樣溶了大菜，加椰漿，不必兑水。倒進結好的水果大菜中，放入冰箱，半小時後就有下層青或紅，上層雪白的糕點，切開來吃，是很上乘的甜品。

所謂的「珍多冰」，是印尼和馬來西亞的飲品，當今泰國越南菜館也做。把綠豆糕做得像銀針粉一樣，加甜紅豆、大量碎冰，倒入新鮮椰漿，再淋椰子糖漿，即成。靈魂在於那褐色的椰子糖漿，普通糖漿的話，多新鮮的椰漿也做不出純正的味道來。

很奇怪地，椰漿和蔬菜的配合也特佳；豆角、椰菜、羊角豆等，放椰漿去煮很好吃。尤其是蕹菜，更適合用椰漿來煮，先把蕹菜炒個半生熟，加椰漿，放一點點糖和鹽，滾個一分鐘即能上桌。喜歡的話可以加一小茶匙的綠咖喱粉吊味，椰漿則不必再溝水了。

椰漿就那麼喝也行，和椰青的味道完全是兩回事。我常將椰青混威士忌當雞尾酒。椰漿的話，加伏特加或特奇拉，最後加椰糖，是夏天最佳飲品。

# 鹹酸菜

鹹酸菜，潮州人的泡菜，只簡稱為鹹菜，用大芥菜頭製成。

每年入秋，大芥菜收成，我在鄉下看過，堆積如山，一卡車一卡車送往街市，不值錢。放久了變壞之前，潮州人拿去裝進甕中，加鹽，讓它自然發酵變酸，就是鹹菜了，很大眾化的終年送粥佳品，潮州人不可一日無此君，有如韓國人的金漬。上等的鹹菜，那個陶甕做得特別精緻，上面刻花紋，運到店舖裏把它打破取出來賣。當年是賤貨，今日變古董，不過當今的甕已非常粗糙，爛了也不可惜。

在潮州菜館，夥計必獻上一碟鹹菜，為餐廳自己泡的，鹹甜適中，也不過酸。上桌前撒上一點南薑粉，非常可口，可連吃三四碟來送酒，做不好的話，這家餐廳也不必再去了。

當今在泰國的潮州人也把鹹菜裝進罐來賣，白鴿牌的品質最佳，還有一隻紅辣椒的帶辣味，比較好吃。其他牌子的嫌泡太爛，不爽脆。

鹹菜入饌已是優良的傳統，最普通的做法是拿來煮內臟，將粉腸和豬肚加大量的鹹菜熬出來的湯特別好吃。家中一向做得不好，只能在餐廳吃，裝進一個人那麼高，雙手合抱的大鐵鍋中熬個一夜才能入味，煮時撒下把胡椒，只有九龍城的「創發」才有那麼大的鍋熬出來。

小量的鹹菜可以煮魚；甚麼帶腥的魚，經過與鹹菜一齊煮，卻好吃起來。像鯊魚或魔鬼魚，一定得用鹹菜煮，煮時下點薑絲和中國芹菜，更美味。

通常吃鹹菜的梗，葉棄之。但當年窮困的潮州人也很會利用，把葉子切碎，加點糖和紅辣椒爆它一爆也變成佳餚。

不然用鹹菜葉來包住鱔魚燉，鱔肥的時候，這道菜是所謂可以「上桌」登大雅之堂的。

很奇怪的，每一個城市都有一檔專賣鹹菜的攤子，通常是一個吃古不化的老者堅守着，獨沽一味賣鹹菜。低聲下氣地請老人家為你選一個，他挑出來的一定好吃，再請教鹹菜的煮法，他會滔滔不絕告訴你，千變萬化。

# 榨菜

有許多蔬菜都不是中國土生土長的，尤其是加了一個番字或洋字的，像番茄和洋葱等。製作榨菜的青菜頭，又名包包菜、疙瘩菜、豬腦殼菜和草腰子，是一正牌的中國菜。

產於四川，直到一九四二年才給了它一個拉丁學名 Brassica Juncea Coss Var Tsatsai Mao。最好的青菜頭區面積不是很大，在重慶市豐都縣附近的兩百公里長江沿岸地帶，所收穫的青菜頭肉質肥美嫩脆，又少筋。

是誰發明榨菜的呢？有人説是道光年間的邱正富，有的人説是光緒年間的邱壽安，但我相信是籍籍無名的老百姓於多年來的經驗累積的成果，功勞並不屬於任何一個人。

把青菜頭浸在鹽水裏，再放進壓製豆腐的木箱中榨除鹽水而成，故稱之為榨菜。過程中加辣椒粉炮製。

製作完成後放進陶甕中，可貯藏很久，運送到全國，甚至南洋，遠到歐美了。記得小時候看到的榨菜甕塑着青龍，簡直是藝術品，但商人看不起它，打破一洞，擺在店裏賣招徠。至今這個傳統尚在，榨菜甕口小，都是把甕打破的，不過當今的甕已不優美，碎了也不可惜。

肉吃得多了，食慾減退時，最好吃的還只有榨菜。民間初期的風流人士用榨菜來送茶，當為時髦，其實榨菜也有解酒的作用，坐車暈船，慢慢咀嚼幾片榨菜，煩悶緩和。

榨菜味鮮美，滾湯後會引出糖份，有天然味精之稱。最普通的一道菜是榨菜肉絲湯，永遠受歡迎。更簡單的有榨菜荳芽湯、榨菜番茄湯和榨菜豆腐湯。煲青紅蘿蔔湯時，加幾片榨菜，會產生更錯綜複雜的滋味。

蒸魚蒸肉時都可以鋪一些榨菜絲吊味。我包水餃的時候，把榨菜剁碎混入肉中，更有咬勁和刺激。

大陸榨菜較鹹，台灣的扁甜。用後者，切成細條，再發開四五顆大江瑤柱。擠乾水和榨菜絲一齊爆香，蒜頭炒一炒，加點糖。冷卻後放入冰箱，久久不壞，想起就拿出來送粥，不然就那麼吃着送酒，一流。

# 魚餅

把雜魚，如九棍、油鎚等的肉刮了，加入麵粉，打出魚漿，壓成長條，再用油炸出來的東西，就是魚餅了。

切成一片片，皮炸得金黃，肉是潔白的。通常是鋪在麵食上面，和魚丸一齊賣，但單獨拿出來做菜也行。

好與壞相差個十萬八千里，後者的顏色灰暗，咬起來是覺堅硬，全無味道，魚下得少，粉下得多的關係。上等的魚餅，用純魚打出，加鹽而已。

好吃的魚餅爽爽脆脆，不加味精也香甜，尤其是剛炸好的，就那麼整條熱辣地抓在手上一口一口咬來吃，非常過癮。

可以放在冰箱幾天，冷的魚餅最好先煎它一煎。不然用個鑊，下點油把整粒拍裂的蒜頭爆一爆，加點萬字牌醬油，再下大量日本清酒來煮，也是一絕。如果你喜歡吃甜一點的，那麼下點糖好了。除吃魚餅，那一大粒一大粒的蒜頭也很美味。

洋人不懂得做魚丸，當然魚餅也製造不出，反而是日本人和韓國人吃得多。

日本人的魚餅叫Kamaboko，種類多得不得了，最普通的是未炸過，全白色，鋪在一塊木板上的。魚的份量少得可憐，一點魚味也沒有。幾乎全是粉漿，倒有本事做得爽脆。也是一片片切來送酒。吃時要蘸醬油，再加一點山葵，稱之為Itawasa。Ita是那塊板，而Wasa就是Wasabi的山葵了。

有時，他們會拿一把火槍，在魚餅上燒它一燒，外表就呈褐色，也有切成一個四方形後只燒中間，變成一個褐色的圓圈，像日本旗。

也有把紅蘿蔔、牛蒡和椰菜混入魚餅炸出的，和中間有粒雞蛋外面包魚餅的。流行起洋食之後，用魚餅夾芝士和香腸。

至於拉麵上有一圈圈紅色漩渦的，不懂的人以為是魚餅，但它一點魚肉也沒有，完全是粉，是天下最難吃的東西。

日本魚餅中加了很多防腐劑，可在雪櫃中貯久不壞，但是一旦拿出來就要即刻吃，在室外溫度很容易腐爛，我試過放在車上忘記了，隔日發出一陣陣的惡臭，差點把我熏死。

# 腐乳

腐乳可以說是一百巴仙的中國東西，它的味道，只有歐洲的乳酪可以匹敵。

把豆腐切成小方塊，讓它發酵後加鹽，就能做出腐乳來，但是方法和經驗各異，製成品的水準也有天淵之別。

通常分為兩種，白顏色的和紅顏色的，後者甚為江浙人所嗜，稱之為醬汁肉，顏色來自紅米。前者也分辣的和不辣的兩種。

一塊好的腐乳，吃進去之前，先聞到一陣香味，口感像絲綢一樣細滑。死鹹是大忌，鹽份應恰到好處。

凡是專門賣豆腐的店，一定有腐乳出售，產品類型多不勝數，在香港，出名的「廖孖記」，水準比一般的高出甚多。

但至今吃過最高級的，莫過於「鏞記」託人做的。已故老闆甘健成生前孝順，知父親愛腐乳，年事高，不能吃得太鹹，找遍全城，只有一位老師傅能做到，每次只做數瓶，非常珍貴，能吃到是三生之幸。

劣等的腐乳，只能用來做菜了，加椒絲炒蕹菜，非常惹味。炆肉的話，則多用紅腐乳。紅腐乳也叫南乳，炒花生的稱為南乳花生。

腐乳還能醫治思鄉病，長年在外國居住，得到一樽，感激流涕，看到友人用來搽麵包，認為是天下絕品。東北人也用來搽東西吃，塗的是饅頭。

據國內美食家白忠懋說，長沙人叫腐乳為貓乳，為甚麼呢？腐和虎同音，但吃老虎是大忌諱，叫成同屬貓科的貓乳了。

紹興人叫腐乳為素扎肉，廣東人也把腐乳稱為沒骨燒鵝。

貴陽有種菜，名為啤酒鴨，是把鴨肉斬塊，加上豆瓣醬、泡辣椒、酸薑和大量的白腐乳煮出來的。

當然，我們也沒忘記吃羊肉煲時，一定有點腐乳醬來沾沾。

腐乳傳到日本，但並不流行，只有九州一些鄉下人會做，但是傳到了沖繩島，則變成了他們的大愛好。我們常說好吃的腐乳難做，鹽放太少會壞掉，太多了又死鹹，沖繩島的腐乳則香而不鹹，實在是珍品，有機會買樽回來試試。

# 蒟蒻

蒟蒻，就是魔芋，英文名稱為魔舌 Devil's tongue，是一粒粒的球狀根物，外表漆黑，肉雪白。

主要成份是葡甘聚糖，但不甜，其實它低脂、低糖、低熱，一點膽固醇也沒有，但是連味道也沒有了。

葡甘聚糖有凝膠性，可以製成一團團像軟塑膠的東西來，切片像魷魚，拉成線就像粉絲，但比粉絲韌硬得多了，女人拿去裝胸，倒可考慮。

它的好處是可以淨化血液、清腸胃、治腸癌、醫糖尿病，是健康食物愛好者的恩物，吃了會飽，但一點營養也沒有，要減肥的話，找它好了，絕對沒介紹錯。

日本人把蒟蒻發音成 Konnyaku，有點像白蘭地的干邑，所以很容易記住它的名字。

他們吃得最多了，基本上是製成塊狀，煮熟後上面塗了甜醬料，就那麼吃將起來，非常原始。

拉成絲，像烏冬般粗，用醬油和清酒煮一煮，即能上桌，一點味道也沒有的緣故，拿來就像喝醬油罷了。外國人真是不懂得欣賞，但日本朋友就越吃越有味道，怎麼可能嘛，總之媽媽煮過的東西，就感覺到味道來，外國人從小不吃此物，沒感覺。

火鍋中也下蒟蒻，拉成細絲，又綑成一團，蒟蒻絲過濃湯一滾，應該好吃才對，但並不像粉絲那麼吸汁，也不美味。

它做成甚麼像甚麼，尤其是染成褐色，外層剁幾刀，炒起來樣子和泡過的魷魚一模一樣，但是精神上已吃到肉，不算齋吧？

蒟蒻還可以當甜品，沖淡之後，樣子口感有點像大菜糕，亦似啫喱，所以就做出許多這一類的糖果，它還不容易變壞，可存甚久，毛病出在比大菜糕和啫喱都硬，一不小心噲住喉嚨，饇死過很多老太婆。

當今中菜裏也用很多蒟蒻，台灣菜肉繡球梅花、脆皮素蹄筋、高湯札芋金華片等等，都以蒟蒻當重要的食材，再下去，台灣人也許會搓成小粒，做出甚麼珍珠蒟蒻奶茶來呢！

# 蕎

蕎應該是中國種的蔬菜之一，傳播到亞洲各地，歐美人不懂得吃，故無洋名。秋天，蕎開紫紅色的花，放射性地散出來，像一個在空中爆開的煙花，非常漂亮，也只有中國人才去找到它的根來吃的。

根部結成蔥蒜般的瓣，吃起來有股強勁的味道，味道與蔥和蒜的完全不同，不是每一個人都接受得了，想外國人也必試過，不適合他們的胃口才不栽培吧。

蕎的特性是生命力很強，在任何瘦瘠的土地上都能生長，第一年就能收穫，頭數不多，到了翌年就非常豐富，多得吃不完會去當泡菜了。

蕎頭口感很爽脆，咬起來嗦嗦有聲，那陣辛辣沒有椒類那麼厲害，但也有刺激性，對茹素者來說，應該是屬於禁忌的蔬菜吧。

從大陸傳到台灣，再由台灣傳到日本，日本人稱之為辣韭 Rakkyo，又名砂糖蒜，可見種出來的是辛辣之中，帶有甜味，在日本最初是當成草藥，叫為「於保美良」。

新鮮的蕎，可以就那麼拔出來，把莖部和根部都切成絲來炒豬肉，是一道很受鄉下人歡迎的菜式，通常的調味是除了鹽或醬油之外，還下一點糖，就很好吃。

由此延伸，亦可將蕎絲和韭菜、京葱、蒜苗和辣椒絲一起清炒，五種不同的味道和口感都很刺激。胃口不佳時，是道好菜。

最簡單的，當然是把蕎絲在滾水中一灼，淋上點蠔油或台灣的蔭油，他們叫為醬油膏的醬料來吃。

一般都是當為泡菜，在商店中很容易找到用白醋和糖醃製的蕎頭。廣東人有種習慣，那就是上菜之前，在桌子上先擺一碟糖醋蕎頭來送酒。

除了醋，有時也浸在醬油中醃製，更有人加入紫蘇葉，將蕎頭染紅，增加食慾。

蕎頭的大小各異，有些橄欖般大，有些小得像大豆，味道則是一樣的。

花開了，但不結種子，種植起來是把蕎頭一瓣，插入泥土或砂石之中就能生長，當成園藝，欣賞它的花，亦為樂趣。

# 辣根

辣根 Horseradish 不是東方人熟悉的一種植物，原名萆菜，它的存在價值早被山葵 Wasabi 遮蓋，因為雖辣，沒有山葵的細膩。也粗生，隨處長，不像山葵一樣一定要生長於清澈的澗水之中。

英文名字有個 Horse 字，一般人還以為只是馬才找來吃，其實是由發音的誤解，本來叫法為 Hoarse，是粗糙的意思。至於 Radish，原意是蘿蔔，辣根和蘿蔔並不屬於同一科，沒有關係，法文名 Raifort，意思也是粗糙的根。

歐洲和中東自古已有人種植，兩三年內長成三呎高，開白色的細花，葉子可當蔬菜吃。最重要的是它的根，有層厚皮，需削掉，裹面綠色那層內皮很苦，亦不宜食，只有露出白色的肉時，才磨成蓉食用。

辣根有陣刺激性的味道，帶很強的辛辣。最常見的是在西餐中吃烤牛肉的時候，侍者會拿出生磨的辣根，問你要不要來一點，東方食客不知何物，多選黃色的芥末罷了，其實辣根和牛肉配合得極佳，那一大塊肉，若無它來解除單調，也很難全部啃得下去。

通常是混着白醋一塊吃，辣根有它的獨特的存在，並非山葵能代替，研究吃西餐，辣根是不可忽略的。

不但吃肉，北歐的許多國家在吃魚時也下辣根，在挪威有一道叫 Pepperrotsaus 的菜，是將辣根、酸忌廉、醋和糟一齊混合，淋在煮魚上，尤其是三文魚，多用這種辣根醬。

中菜裏不見辣根出現，實在是可惜。它能代替芥末，用在很多菜式之中，像將辣根蓉和大白菜一塊混成的涼菜，就很特別。

當今流行所謂的 Fusion 菜，都在做法和裝飾上改變，絕不以食材來下功夫。辣根的運用，如果有一點幻想力，是無窮的。也不僅是磨蓉，刨成薄片也行，或切為細絲，與蘿蔔絲混合，加糖加醋，又是一道出色的菜。

辣根的身價賤，是山葵的十分一，買回來後放在冰箱可存甚久，但磨後得即食，否則很容易變色變壞，又怕熱，切記不可煮之。

# 仁稔

在外國的食材當中，找不到仁稔這種東西。日本人韓國人，就算中國的北方人也不懂得是甚麼，只有廣東人才會欣賞。

別名銀稔，也有人讀為銀簾。因為果實上面有五個卵形的凹點，如人面的五官，故有人也叫它為人面。

吃人面，意頭不好，便把「人」字改為「仁」，面臉諧音讀「稔」，因此得仁稔之名。

仁稔屬山竹子科，樹可長得三四十呎高大，結果也要等至十五年。它很粗生，不用澆水施肥，但十株仁稔樹有一株長果，已很難得。

通常在七月左右結果，像龍眼般大，綠色，帶有黑斑。就那麼吃，酸得不得了，市面上偶爾在賣鮮草藥的檔口看到，很少人買來生吃，多數是醬之。

用上好的醬油來醃仁稔，味甚佳，又可貯藏甚久。仁稔極惹味，一般在兩三個月內，就把整罐醬油仁稔吃光。

取醬油仁稔，用刀背拍扁，鋪在肥豬肉上面蒸之，把豬的鮮味都引了出來，是一道美妙無比的佳餚，又是媽媽經常做的家庭菜，吃過念念不忘。怕肥的話，用排骨代替，一樣地好吃。

仁稔的果實有一顆核，如果用鹽來醃，經時日，肉就會變成又皺又扁，這時離開了核，把一粒仁稔拿在手上搖之，有咚咚的聲音。吃其果肉，又鹹又酸，本來是難於嚥喉的東西，但仁稔有一股香味，吃完第一粒發誓再不吃第二粒，到最後還是忍不住一直吃下去。

把新鮮的仁稔去核取肉，放糖煮過，加辣椒、子薑、酸梅，做成仁稔醬，用處就更廣了，蒸任何東西都可以下。就那麼吃，酸酸甜甜，又能送飯，實在是一種好醬料，歐洲的早餐果醬永不及它。

《嶺南採藥錄》記載：「人面子性平，味甘酸，醒酒，解毒，治偏身風毒痛疼，去喉痛等症。」

西醫研究，說仁稔含有鉻，有減脂的功效。女士們要減肥的話，何必買那麼多貴藥，美味的醬油仁稔當小吃，不就便宜得多？

# 燻魚

在歐洲旅行時，常在菜市場看到燻魚，像燻鯡魚、燻絲鰲、燻鯖魚、燻鰻魚等，一般東方的旅客都不知道是甚麼味道，不敢去碰。回到亞洲，見高級超級市場中也有這種燻魚出售，亦沒想到要買來吃，這是很可惜的。燻魚，尤其是肥的魚，味道甚佳，不容錯過。

新鮮嗎？看到魚的黑褐外表，第一個反應，當然不新鮮了。燻的技巧是用來保存魚類，讓牠們不腐化而已。現在的保鮮科技很發達，我們吃燻魚，是因為有一陣很濃厚的煙味，讓口感起變化，增加食慾。

用木頭的煙來燻魚，味道會進入魚體中，也將燃燒後產生的分子留存在魚的表面上，將微細菌殺死。這層分子變成一張包裝紙，把魚裹起，讓牠不接觸到空氣，所以能久存。

人類早在洞穴時代已經學會煙燻食物，歐洲的許多漁村更能找到燻魚房子的遺蹟，大量捕捉後，除了鹽醃，就是煙燻。

當今的食材中，最常見的就是煙燻鮭魚。鮭魚帶菌甚多，連日本人也不生吃，大西洋中捕捉到的鮭魚最為肥美，煙燻之後真空包裝，拿到高級食府，拆開玻璃塑料包裝紙，大師傅在你面前一片片切開，放在碟中給你進食，是一道很特別的餐前菜，不妨試之。

從超市買到的燻鰻魚，拆開了就那麼吃，不必加熱。牠異常肥美，有很多油漏出，進口甘甜，用來下酒一流。通常是喝伏特加、果樂葩或果實烈酒，才能解開燻魚脂肪的油膩，飲啤酒的話，用薯片送好了。

在北歐諸國旅行，食物變化不大，吃來吃去都是肉扒或芝士類，如果學會吃燻魚，就能增加口福，那邊燻魚的品類極多，若不愛吃肥，可選脂肪較少的黑鰲Haddock。

在東方，燻魚來保存的例子不多，只用在烹調技藝上，文字早已記載。

燻黃魚是一道杭州人常吃的菜，看到了以為製作繁複，其實很簡單，只要把黃魚用高湯煮得八成熟，轉到另一個燻焗中，下面放糖，上蓋，等到黃煙從蓋縫中冒起，就大功告成。怕洗滌麻煩的話，在鍋底放一片錫紙，用完扔掉，方便得很。

# 皮蛋

皮蛋，最早叫為混沌子，又叫變蛋，北方人稱之為松花蛋，洋人半開玩笑地說是「千年蛋 thousand year old eggs」。

古書記載，做法為：「取燒炭灰一斗、石灰一升、鹽水調入、鍋烹一沸，俟溫，苴于卵上，五七日。」

當今做的，滲了穀殼，基本上還是有石灰和鹽份的，至於要醃製多久，古書上的五七日就是五乘七三十五天。

香港氣候，只要一個月。「鏞記」供應的皮蛋，永遠是最佳狀態，以為有甚麼秘訣，老闆回答說全靠最適當的日子吃罷了，天氣較熱時醃製二十八天，冷了三十三日。每天做，依順序吃，總是有溏心。不然太早了蛋黃不成熟帶着黃色，太遲了整個蛋堅硬，都不適當。

最通常的吃法是配着酸薑片，薑片不能太鹹或太酸，略帶甜最佳。

江南或北方的家常菜，則是用皮蛋、豆腐和豬肉鬆，淋上醬油和麻油，涼拌來吃。做這道菜的秘訣在於把薑剁成細末，撒在蛋上。

廣東有皮蛋瘦肉粥，是最普遍的一種早餐。也將皮蛋煲湯，用鮮魚片和大量芫荽去煮，皮蛋切成骰子般方丁，較為正宗。

所謂的三色蛋，是將新鮮雞蛋、鹹蛋和皮蛋混在一起蒸出來的菜。

泰國也有鴛鴦蛋這道菜，是把雞蛋焓熟後，挖出蛋黃，塞入皮蛋，再拿去油炸。這大概是由「熘松花」演變出來，古時做法是皮蛋切瓣，掛上麵粉，入油鍋炸至金黃，再入鍋加用蔥蒜薑醋等調料配好的芡汁輕熘而成。

也有人做「炒皮蛋鬆」，是把皮蛋、豬肉都切丁，分別過油，再下新筍、茭白、萵苣、黃瓜丁，另有蝦仁、香菇、蔥花、薑米和辣椒乾一齊下鹽、酒、糖、醋去炒來吃。切皮蛋時，最忌用刀，帶了銹味，怎麼做也不好吃，但今人已覺得用線來分開，是頂麻煩的事。那麼，去買一把瓷製的刀好了，它非常鋒利，又因是化學瓷，不會碎。

「月半日做，則黃居中」的說法很有趣，根據潮汐原理，每逢初一十五，月亮與太陽對地球的引力最大，這時候做的皮蛋，黃會居中，其他時間做的都偏離。

# 九、調味料

# 大蒜

大蒜，你喜歡或討厭，沒有中間路線。

蒜頭是最便宜的食材之一，放它一兩個月也不會壞，但不必貯進冰箱，一見它發芽，就表示太老，不能吃了。

有層皮，除非指甲長，不然剝起來挺麻煩。最好的辦法是在它的屁股剁一刀，就能輕易地把皮去掉。更簡單的辦法是用長方形的菜刀平擺，拍碎了，取出蒜蓉來。一炸油，那股香味便傳來。蒜香是很難抗拒的。任何有腥味的食物都會被這股味道遮蓋，再難吃的也變為佳餚。不過只適宜肉類或蔬菜。炮製魚，蒜頭派不上用場；蝦蟹倒是和蒜配合得很好。

生吃最佳，台灣人在街邊賣的香腸，一定要配生蒜才好吃，一口香腸一口蒜，兩種食物互相衝撞，刺激得很。

好了，該死，吃完口氣可大，臭得不得了。那是不吃的人才聞到，自己絕對不會察覺，這股味道會留在胃裏，由皮膚發出，不只口臭，是整個人臭。如何辟除蒜臭呢？有的人說喝牛奶，有的人說嚼茶葉，但是相信我，我都試過，一點效用也沒有。

吃蒜頭惟有逼和你在一起的人也一同吃，這是唯一的方法，不然，找個韓國女朋友也行，大蒜是她們民族生活的一部份。韓國人不可一日無此君。

其實中國的北方人多數都喜歡大蒜，韓國人的生活習慣大概是從山東人那邊傳過去的。

日本人最怕大蒜味，但是他們做的鍋貼中也含大量蒜頭，看不到蒜形，騙自己不喜歡吃罷了。

當今菜市場中也常見不分瓣的一整粒蒜，叫做獨子蒜。味道並不比普通蒜頭好吃。最辣的是泰國種的小蒜頭。

蒜頭的烹調法數之不盡。切成薄片後炸至金黃，下點鹽，像薯片那樣吃也美味。

整瓣炸香，和莧菜一起用上湯也行。南洋的肉骨茶離不開大蒜，一整顆不剝皮不切開，就那麼放進湯煮，煮至爛熟，撈起來，用嘴一吸，滿口蒜，過癮到極點。

# 薑

在菜市場中看到當造的薑，肥肥胖胖，很可愛，擺久了縮水，乾乾癟癟地，所謂薑是老的辣，可真的能辣出眼淚來。

還沒成熟就挖出來吃的，叫仔薑，可當蔬菜來炒，原則上要加點糖，才能平衡仔薑的微辣。用糖炮製之後切成片，配糖心的皮蛋吃，天下美味也。

吃壽司時師傅也給你一撮仔薑片，有些人拿來送酒，其實作用是清除味道，每吃一道新的魚生，都不能和上一回吃的混合。

薑是辟腥的恩物，凡是有點異味的食材碰到了薑，都能化解。煲海鮮湯少不了薑，蒸魚也來點薑絲。別以為只是對魚類有效，炒牛肉時用薑汁來漬一漬，它的酵素也能令肉類柔軟。連蔬菜也管用，炒芥蘭用薑粒或者能使到菜色更綠，也可以把芥蘭的味道帶出來。

薑有一層皮，用刀難削。曾看過一個家庭主婦刨薑，那麼大的一塊，最後只剩下一小條。最好的辦法是拿一個可樂或啤酒瓶的鐵蓋來刮，連縫裏的皮都能刮個乾乾淨淨，而且一點也不浪費，下次你試試看。

但是有時留下那層皮，樣子更美，吃了也比較有功效的感覺，像寒風感冒時喝的薑茶，就要留皮，用一塊薑，洗淨後把刀平擺，大力一拍，成碎狀，就那麼煮個十分鐘，加塊片糖，比甚麼傷風藥還好，反正所有的傷風藥都醫不好傷風的，不如喝薑水，喉嚨舒服一點。

最初接觸到的糖薑，是大陸進口的產品，小孩子對薑的那種辛辣並無好感，但那個瓷罐的確漂亮，為了容器吃薑。

糖醋豬腳薑聽說是給坐月的婦女補身的，但是我的至愛。薑已煲得無味，棄之則可，但豬腳和雞蛋來得個好吃。

海南雞飯少不了薑蓉，如果看到沒有薑蓉跟着上的，就不正宗了。

最後不得不談的是薑蓉炒飯，把薑拍碎後亂刀剁之，成為最細最幼的薑蓉，隔着一塊白布，把薑汁擠出來，扔掉，薑蓉炒飯是名副其實地用薑蓉，如果貪心把薑汁加進去炒，就不香了。

# 南薑

南薑，有人以為原產地在中國，其實我們的名稱有個「南」字，應該是由南洋傳來，爪哇的南薑最大，故西方人叫為Java Galangal。

亦稱為良薑，也叫山柰。很容易和高良薑Galangal和薑黃Turmeric混亂，它們都屬於根狀植物，外表的顏色比普通薑要紅，質地也較硬，但味道不同，高良薑在中國也叫沙薑。

在甚麼地方能買到南薑？多數出現在潮州人開的食品雜貨舖，有整塊的根狀南薑出賣，也有舂成蓉狀帶濕的薑末。

有種特殊的香味，是普通薑所無，但也比不上普通薑的辛辣。潮州人很喜歡用南薑，認為它和牛肉配搭得最佳，在煮牛腩時一定加南薑，有時生灼牛肉，也撒一把薑末在湯中。秘訣在於湯一滾，即把牛肉放入，不等其熟透，帶血撈起。湯再滾時，又把半生熟的肉放進鍋中，即熄火，就能做出完美的灼牛肉。

青橄欖有澀味，只有南薑能除去。把青橄欖洗淨，用刀拍一拍，欖碎裂，加南薑末和鹽揉之，漬個半日，即能吃，是送粥的小菜。

能長到十尺高，葉很大，開的花並沒有普通薑的那種幽香。根部長可達三尺，外形一圈圈的深紋，並分節生長。南薑一如其名，在南洋菜中有廣泛的運用，在印尼叫為 Laos，是不是從寮國輸入呢？泰國人則稱為 Khaa，洋人也叫它為暹羅薑 Siamese Ginger，誤為泰國土生。

印尼的南薑飯很受歡迎，炊熱過程加入南薑和薑黃汁，飯呈黃色，味道柔和細膩，適合胃口清淡的人。

煮肉也用大量的南薑，像著名的巴東牛肉，烹調出來的味道有異於一般的咖喱，香味特濃。巴東牛肉的煮法家家不同，有的很乾，有的帶汁，一定要把醬汁和牛肉一塊熬才好吃，有些餐廳燜好了牛肉，切塊，再添醬汁煮一下就上桌，就不入味了。

南洋人用南薑擠汁或磨粉後沖茶喝，認為是對肝臟好。沒被西方醫學界證實過，如果真的有效，以後肝炎、肝硬化的病人就有救了。

# 葱

在菜市場買了一斤芥蘭，小販順手折了一撮葱給你。這是多麼一個親切和藹的優良傳統，其他用家絕對看不到的現象。

我們小時還爭論，到底是吃葱的三分之一的那白色部份，還是三分之二那個綠的？有些人在洗菜時還把葱尖拉斷扔掉，是不是浪費？

理論上，在家裏做菜，你喜歡吃白就吃白、綠就綠。但是到了餐廳，當然整條的葱都派上用場，不必講究，這道理和吃芽菜一樣，家庭主婦可以折斷頭和根，大牌檔睬你都傻。大眾能吃的，一定美味。

葱最好是生吃，最多也只能燙一燙，過熟了失去那份辛辣和葷臭，就變成太監了。

早上在九龍城街市三樓的熟食檔吃東西，先從茶餐廳檔要一個碗，到麵檔去添大把葱段，再去賣裹蒸糭處討一大碗黑漆漆的老抽，大功告成，任何食物有這碗東西送，沒有一樣不好吃的，葱就是那麼可愛。

給人家請鮑參肚翅，吃得生膩，最佳食物是棄燕老鼠斑、蘇眉，只吃醬油和葱，淋在白飯上，這時的飯已不是飯，是一道上乘的佳餚了。

友人徐勝鶴兄也喜葱，在他辦公室樓下的「東海」吃飯，就來一大碟葱和蒸魚的醬油；他的旅行社叫「星港」，向侍者說來一碟星港葱，即刻會意。請客時上此道菜，吃過之後無論哪一個國家的人，都拍案叫絕。

山東人的大葱又粗又肥，白的那節是深深地長在泥土之中，故日本人稱之「根深葱」，吃拉麵時少不了它。大葱不容易枯爛，買一大把放在冰箱裏面可以保存甚久，半夜肚子餓時來碗即食麵，把大葱切成兩個五塊錢銅板那麼厚，加在麵上，吃了不羨仙。

南洋人少見大葱，稱之為北葱。長輩林潤鎬先生每次在菜市場中看到大喜，即刻買回去油炸，炸得皮有點發焦，再用來炒肉或紅燜，說也奇怪，葱像糖那麼甜。

最終還是要生吃。弄一塊包烤鴨的那種麵皮，再來一碟黑麵醬。吃時就把原型的那根大葱點醬，包了皮雙手抓着就那麼大咬之，簡直像個生番，但是山東人看了，一定愛死你，當你是老大。

# 芫荽

芫荽，俗名香菜。極有個性，強烈得很，味道不是人人能接受，尤其是沒吃過的日本人，一看到就要由餸菜中取出來。

英文名字叫 Coriander，通常和西洋芫荽 Parsley 混亂，還是叫 Cilantro 比較恰當。有時，用 Cilantro 歐洲人搞不清楚，要叫 Chinese Parsley 才買得到。

Cilantro 來自希臘文 Koris，是臭蟲的意思。味道有多厲害！所以歐洲人吃不慣，除了葡萄牙。葡萄牙人從非洲引進這種飲食習慣，不覺臭，反而香。

其實吃芫荽的國家可多的是，埃及人建金字塔時已有用芫荽的記錄。印度人更喜愛，連芫荽的種子也拿去撈咖喱粉。在印度，芫荽極便宜，我有一次在賓加羅拍戲，到街市買菜煮給工作人員吃，芫荽一公斤才賣一塊港幣。

東南亞不必說，泰國人幾乎無芫荽不歡，他們吃芫荽，連根吃的。

中國菜裏，拿芫荽當裝飾，實在對它不起。不過有些年輕人也討厭的。

芫荽入菜，款式千變萬化，最原始的是潮州人的吃法，早上煲粥前，先把芫荽洗乾淨，切段，然後以魚露泡之，等粥一滾好，即能拌着吃。太香太好味，連吃三大碗粥，面不變色。

北方人拿來和腐皮一齊拌涼菜，也能送酒。有時我把芫荽和江魚仔爆它一爆，放進冰箱，一想到就拿出來吃。

泰國人的拌涼菜稱之為醃 Yum，醃牛肉、醃粉絲、醃雞腳和紅乾葱片一樣重要，就是芫荽了。

台灣人的肉臊麵，湯中也下芫荽。想起來，好像所有的湯，甚麼大血湯、大腸湯、貢丸湯、四神湯等，都要下。

芫荽和湯的確配合得極佳，下一撮芫荽固然美味，但喝了不過癮，乾脆用大把芫荽煲湯好了。廣東人的皮蛋瘦肉芫荽湯，的確一流。從前在賈炳達道有家舖子，老闆知道我喜歡，一看到我就跑進廚房，用大量的鯇魚片和芫荽隔火清燉，做出來的湯呈翡翠顏色，如水晶一樣透明。整盅喝完，宿醉一掃而空，天下極品也。

# 芥辣

到西餐廳去，食物上桌，侍者拿來幾款芥辣，問道：「要法國的還是英國的？」

一般來說，英國芥辣才夠味，用的是純芥辣粉調製，而法國芥辣較香，因為不把芥籽的皮磨掉，從外表看來，還帶一點點黑色，混了酒、糖、醋，所以辣度不足，吃不出癮來。

最初用芥辣來調味的是埃及人，後來羅馬人也染上。中世紀時在歐洲流行起來，最後才傳到中國吧。

舊茶樓桌上一定擺着一碟東西，一邊黃一邊紅，就是芥辣和辣椒醬了，可見芥辣也是很受中國人歡迎的。

西餐中那麼大的一塊牛扒，吃來吃去都是同一個味道，單單加胡椒是不夠的，所以多出一種芥辣來。英國菜當然做得沒有法國菜那麼好，但是說起芥辣，還是英國最基本的：Colman’s Mustard 牌子夠嗆。

德國人最喜歡吃的香腸，沒有了芥辣也不行。變成熱狗之後，連美國人也愛上了，把芥辣裝進尖口的大塑膠容器中，一擠就一大堆，不攻鼻不給錢。

辣椒，日本人叫為「唐辛子 Togarashi」，從中國傳過去，芥辣則叫為「洋辛子 Yogarashi」，從西洋傳過去。日式釀豆腐 Oden 中，一定要加芥辣。日本人開的所謂中華料理的炒麵，亂炒一番，下大量的芥辣才吃得進口。

雖然廣東茶樓中擺着「辣芥」碟，但是廣東菜中用芥辣的反而不多。愛吃的，是北方人，像他們的涼菜拌粉皮，就要淋上溝稀了的芥辣汁。

北京的地道小食中，有一種叫「白菜墩」的，是把白菜過一過滾水，然後揉上大量的芥辣和一點點糖，很刺激胃口，單單此道菜用來送二鍋頭，亦心滿意足。

起初還以為歐洲人的芥辣只有英國和法國式的兩種，後來去了匈牙利布達佩斯，一早跑去菜市場，見小販在賣香腸，一大條十塊錢港幣左右，但芥辣不奉送，另賣。千變萬化不下數十類，一毛錢一種，每種要一點，用報紙包着，吃得不亦樂乎，忘記香腸是甚麼味道了。

# 醋

醋是怎麼做的？古人說釀酒不成變為醋，有點道理。米經發酵，不加酒餅即成。

是開門七件事之一，中國人對它的重視是很厲害的。尤其是吃大閘蟹的時候，簡直是無醋不歡。餃子和乾麵，也以醋佐之。小籠包蒸出來，邊旁一定有一碟薑絲和醋。從最便宜的涼菜拌豆腐乾絲，到最貴的魚翅，都要靠它。

西洋人也愛醋，尤其是意大利人，他們的餐桌上一定擺一瓶橄欖油和一瓶醋，倒入碟中，蘸麵包吃，代替了牛油，非常健康。他們吃的全部是黑醋，黑醋應該是最高級的，我們也重視黑色的鎮江醋，多過白醋。

日本人相對地少吃醋，不過他們的懷石料理是把各種烹調法集中在一起，其中有一道「醋之物」，是把當時得令的海產浸在醋內。能擠進懷石料理裏面，算是重要的吃法。

韓國食物中，用醋烹調的極少，但他們也愛吃酸，像泡菜金漬就很酸，不過是自然發酵出來的酸味，不求助於醋。

把醋發揮得最好的，應該是杭州菜的西湖醋魚吧？此道菜美味又不肥膩，但也要看廚子的手藝，差的做出來就有點腥。

福州菜的醋爆腰花，也可以和西湖醋魚匹敵，同樣地，師傅的火候不夠，爆出來的腰花就有異味；至於廣東菜，糖醋豬手薑是代表作。

白醋的味道，個性太強，不宜用於煮炒，但作為蘸醬，則是吃潮州滷鵝少不了的蒜泥醋，越酸越攻鼻越好。

山西人把醋倒進瓶中，當酒來喝，是出名的。真正的好醋，喝之無妨，不太酸，有點像果汁；如果叫你喝劣醋，是種懲罰。山西人還把醋凝成固體，稱之為「醋餅」，出外時醋癮一發，從醋餅刮下粉末，滲水飲之。

廣東人喝茶時，老茶樓會奉上一碟醋，那是白醋染紅的，沒有鎮江醋好吃。有一次在「陸羽」飲茶，大家一面喝綠茶龍井，一面吃點心，後來看對方。咦，舌頭為甚麼都變成黑色？原來綠茶一碰到紅醋，就會發生這種現象，下次去飲茶，不妨把綠茶倒入醋中泡泡。

# 醬油

用醬油或原鹽調味，後者是一種本能，前者則已經是文化了。

中國人的生活，離開不了醬油，它用黃豆加鹽發酵，製成的醪是豆的漿糊，日曬後榨出的液體，便是醬油了。

最淡的廣東人稱之為生抽，東南亞一帶則叫醬青；濃厚一點是老抽，外省人則一律以醬油稱之；更濃的壺底醬油，日本人叫為「溜Tamari」，是專門用來點刺身的；加澱粉質後成為蠔油般的，台灣人叫豆油膏。廣東人有最濃、密度最稠的「珠油」，聽起來好像是豬油，叫人怕怕，其實是濃得可以一滴滴成珍珠狀得來。

怎麼買到一瓶好醬油？完全看你個人喜好而定，有的喜歡淡一點，有的愛吃濃厚些，更有人感覺帶甜的最美味。

一般的醬油，生抽的話「淘大」的已經不錯，要濃一點，珠江牌出的「草菇醬油」算是很上等的了。

求香味，「九龍醬園」的產品算很高級，我們每天用的醬油份量不多，貴一點也不應該斤斤計較。

燒起菜來，不得不知的是中國醬油滾熱了會變酸，用日本的醬油就不會出毛病。日本醬油加上日本清酒烹調肉類，味道極佳。

老抽有時是用來調色，一碟烤麩，用生抽便引不起食慾，非老抽不可。台灣人的豆油膏，最適宜點白灼的豬內臟。如果你遇上很糟糕的點心，叫夥計從廚房中拿一些珠油來點，更難吃的也變為好吃的了。

去歐美最好是帶一盒旅行用的醬油，萬字牌出品的特選丸大豆醬油，長條裝，每包5ml，各日本高級食品店有售。帶了它，早餐在炒蛋時淋上一兩包，味道好得不得了，乘郵輪時更覺得它是恩物。

小時候吃飯，餐桌上傳來一陣陣醬油香味，現在大量生產，已久未聞到，我一直找尋此種失去的味覺，至今難覓。曾經買過一本叫《如何製造醬油》的書，我想總有一天自己做，才能達到願望，到時，我一定把那種美味的醬油拿來當湯喝。

# 鹽

在大家都怕吃得太鹹的今天，鹽好像成為了人類最大的敵人，但天下間的食物，少了它，多麼乏味。

我們的廚房中，那罐鹽已少用；中國人喜歡以生抽來代替，泰國和越南人則加魚露，家裏的鹽已越用越少。

西方人沒有醬油，要食物的味濃一點，全靠那瓶擺在桌子上的鹽，尤其是吃早餐的煎或炒雞蛋，沒有了鹽根本吞不下去。

所以在老饕食材店裏，出現了各種高級的鹽，像設計師的產品，賣得很貴，到底是不是比普通的鹽美味呢？

你試試看，他們的美食家說，這種高級鹽是不是更好吃？放一點點在舌頭上，經他那麼一說，雖然一般的鹽有點苦味，名牌鹽不同。但也許是給他的評語影響才那麼認為，鹽就是鹽嘛，哪有貴賤之分？

話也不能這麼說，我的老友蕨野君在神戶開了一家舖子，用的東西部是最好的，他給我試過從大島和沖繩買回來的鹽，不是太鹹，而且還有一丁丁甜味，絕對沒有加糖和味精。

我想我們從前吃的鹽，都是最好的。當年海水沒受污染，空氣也清新，曬出來的鹽當然最好；那些所謂的名牌鹽，不過是在乾淨的環境下製造罷了。

新鮮的刺身，不被醬油搶去味道，最好是點鹽了。這時鹽的好與壞，會吃得出的，就像半夜起身喝水一樣，水龍頭水煲的開水一點味道也沒有，礦泉水則是甜的。

但是湯中下的鹽，就沒辦法辨別，絕對喝不出鹽中的鈣和鎂等雜質，任何鹽都是一樣的，不必花那麼多錢去買名牌。

別的菜可用醬油，但到了煲湯，一定要下鹽，像老雞湯、青紅蘿蔔湯、西洋菜燉腎等等，下了醬油會把味道破壞。

鹽分粗幼，用來鹽焗，一定要用粗的，在老式的雜貨店可以買到，一大包不過幾塊錢。買回家用一個生鐵鍋，把螃蟹洗乾淨了放進去，鋪上大量粗鹽，上蓋焗到聞到香味，就已熟了。這方法又簡單又方便，焗蝦亦可，各位不妨試試。

# 陳皮

陳皮，廣東語系地區之外的人，聽到了還以為是一個人的名字。記得粵語片中也有一個叫陳皮的演員。

在菜市場中，賣蔬菜或水果的小販，把當造的橘子剝皮，用鐵線穿着，疊成一條條曬乾。製造出的陳皮，翌年拿來賣，價錢比橘子好賺，橘子肉反而賤賣了。外國人眼中，是個怪現象。

也只有我們會用這種食材。日本諸多香料之中，就不見陳皮，顯出他們的飲食文化歷史不夠長久。

名符其實地越陳越好，但是保存得不佳，陳皮腐爛，只有當垃圾了。

也不是每一個橙或橘的皮都能製造，一定要選夠新鮮夠薄的橘子才行，品種不好的話，苦澀味就太重了。一両陳皮賣得比金子還貴，也是外國人覺得不可思議的事。

怎麼判斷？先要乾身，一有點濕氣，霉味就出現。色澤也不是越黑越好，深深的褐，而且要褐得有些光澤。它非常輕身，拿在手上有點像紙的感覺。再用鼻子一聞，傳來一陣幽香，就是最高級。

就那麼切的話一下子爆裂，略略浸水，十來分鐘左右，便可以取出來切成細絲，當然應該越幼越好，有時藥材店中也有破碎的陳皮出售，價錢只有完整的百分之一，倒也無妨，可以把它磨成粉末運用。

陳皮的烹調法多種，有鹹的也有甜的，凡是炆的食物，配合得最佳。最出名的菜莫過於陳皮鴨了。過程並不如一般人想得那麼複雜。先買一隻鴨，去掉皮，但也不能完全無油，把鴨腿的皮留着，不要全部剝個精光。

水滾了把鴨子放入，蓋住整隻鴨的水份就是適當的份量，切記不用醬油，下鹽可矣。這時放入陳皮，下多少隨你的喜愛而定。以慢火炆之，至到水份完全乾掉為止，其他配料甚麼都不必加，就是一隻完美的陳皮鴨了。

至於甜品，最適宜煲綠豆，陳皮絲甚有咬頭，口感不錯，如果不用絲，撒上陳皮粉，也能充數。總之比完全不下陳皮的好吃出幾百倍來。

# 夜香花

廣東人撒在冬瓜盅上的小花朵，叫夜香花，不知道是否就是所謂的「夜來香」，無從考證，請有知者指正。

這種小花到了夏天就在各菜市場出現，一籮籮地，要花很多工夫採集而來。價錢也不是特別貴。有股幽香，是不是到了晚上更濃，就沒試過了。

小孩子的時候幫媽媽把花蕚一個個摘下，它不能吃，帶苦，只可吃整朵的花。據說花心也不能吃，但我們家裏是連心也一齊下的。

通常是加在湯裏面，在沒有流行吃鮮花當沙律的年代，夜香花是可食的花之一。當然，還有吃蛇羹時必加的菊花。

我對夜香花特別感到興趣，做甚麼菜都可以下一大把。

比方蒸鯧魚，我認為鋪上冬菇絲的話，個性和味道都太強，搶掉魚的鮮味，就從不用它，但是夜香花不同，它只能增加味覺，不會喧賓奪主，故我在魚上撒了一大把，再加幾絲的肥豬油絲，味道很清新。

從法國式焗雞的方式演變出來，用一個大鍋，下面鋪了甘蔗，把雞洗淨，抹上鹽和油，放在甘蔗上面，再撒大量夜香花在雞上，上蓋。把玉扣紙浸濕，封住蓋邊，不讓它透氣，就那麼把鍋子放在爐上，猛火焗個二十分鐘，即成。鍋蓋打開，一陣香噴噴的花味和雞味傳出，未吃已流涎。

蒸肉餅時我也愛用夜香花。當然，肉餅本身要好吃，一般的比例七比三，沒錯，不過記得要七成肥肉，三成瘦，才又香又軟熟，相反了就變成硬綳綳的肉塊了，不如去吃漢堡包。夜香花當成點綴，畫龍點睛；要求進一步的味覺，在豬肉中滲田雞肉，一定更甜，馬蹄倒可無可有。

夜香花當成甜品，更適合。

先做啫喱吧，把啫喱粉或啫喱軟片（高級超市可以買到）溶化，別一次過煮成，分階段。加蜜糖後，放少許啫喱汁進玻璃容器裏，把夜香花灼一灼，然後花朵朝下放一朵。等半凝固，加第二層放四朵，第三層放八朵，依此類推，最後數十朵，把容器反轉倒入碟上桌，不但是食物，已是藝術品了。

# 咖喱

「咖喱」，已是世界語言，起源於印度，後來傳到非洲，再風靡了歐洲諸國的國民，東南亞受它的影響極深，甚至日本，已把咖喱當成國食，和拉麵是同等地位。

我住印度時，一直問人：「你們為甚麼吃咖喱？」

問過十個，十個答不出，後來搭巴士，看到一個初中生，問他同一個問題。

「咖喱是一種防腐劑，從前沒有冰箱，出外耕作，天氣一熱，食物變壞，只有咖喱可以一煮就應付三餐。咖喱上面有一層油，更有保護食物的作用。」初中生回答：「道理就是那麼簡單。」

我對這個答案很滿意。

咖喱在印度和東南亞各地，是在菜市場賣的，小販用一塊平坦的石臼，上面有一根石頭圓棒來把各種香料磨成膏，一條條地擺着。要煮雞的話，小販會替你配好。海鮮又是從其他幾條咖喱膏刮下來的。客人買膏回去煮，不像我們在超級市場中買咖喱粉。

基本上，咖喱的原料包括丁香、小茴香、胡荽籽、芥末籽、黃薑粉和不可以缺少的辣椒。

印度和巴基坦的咖喱，很靠洋蔥。你在香港的著名印度咖喱店走過，門口一定擺着一大袋一大袋的洋蔥，他們把洋蔥煮成漿，再混入咖喱膏，燒成一大鍋。你要吃雞嗎？倒雞進去，要吃魚嗎？倒魚進去煮，即成。

所以，印度和巴基斯坦的咖喱，肉類並不入味，沒有南洋咖喱好吃。

南洋人做咖喱，先落油入鑊，等油發煙，倒入兩個切碎的大洋蔥去爆，這時下咖喱膏或咖喱粉，然後把肉類放進去，不停地炒。火不能太猛，當看到快要黐底時，加濃郁的椰漿，邊炒邊加，等肉熟，再放大量椰漿去煮，這一來咖喱的味道才會混入肉裏，肉汁也和咖喱融合，才是一道上等的咖喱。

當然，不加水，少點椰漿，把咖喱炒至乾掉也行，這就是所謂的乾咖喱。

做咖喱並非高科技，按照我的方法做，失敗了幾次之後，你就會變成高手。

# 羅望子

羅望子，俗名酸子，英文為 Tamarind。

小時候，看小販弄「囉嗱 Rojak」，一種馬來人的沙律，先下黑色的蝦膏，放大量花生碎、糖，再加一匙匙褐色的漿水，攪勻了，削青瓜、鳳梨、粉葛等生蔬菜進鍋中，攪拌之後，大功告成，酸酸甜甜，很惹味，那酸味就是來自羅望子汁了。

羅望子的樹長得又高又大，是設計花園的素材，偶數羽狀複葉，有些像大型的含羞草。長小花白色，有紫色脈紋，豆莢長成後，像巨型花生，剝掉硬皮，裏面有些僵硬的纖維，就是含有濃漿的羅望子了。羅望子有核，亦可煮熟了來吃。

從前搬運羅望子，是將它壓成一塊塊的磚，酸性令它不會腐爛，在菜市中剝成小塊出售，溶於水，便可以用它來代替白醋之外的任何需要酸味的食材。

最普通的吃法就是加了糖，加了水，成為夏日的飲品，當今在泰國雜貨舖中可以買到一罐罐的羅望子汁。

當它為清涼劑極佳，但不能多喝，因有微瀉作用。

北部的泰國菜，用羅望子的情形極多，它的豆莢幼細時可炒來吃，葉子也能煲魚湯，味道相當清新，又刺激胃口。

在印度，羅望子更被視為萬能的，它能醫疳積、治壞血症和黃疸病。如果眼睛腫了，更用羅望子水來清洗，實在神奇。

有個傳說是羅望子的酸性太強，如果在它樹下睡覺，人會酸死。

樹幹用來搭屋子，燒成炭後是火藥的原料，而印度人除了用它炮製咖喱之外，還用來做酸果醬。有一種鹹魚，是用羅望子漬成，當地人認為是天下極品。

有人在一八四〇年，在 Worcester 藥房 Lea Perrin 訂購了一桶醋，久未來領，藥房本來要把它丟掉，後來一試，味道奇佳，就演變成為當今流行到世界各地的喼汁，連廣東人也大量用來點春卷，其實原料不過是羅望子。

# 迷迭香

迷迭香 Rosemary，英文名中包含了玫瑰，但與它完全沒有關係，是一種原生於地中海沿岸的植物，它還有一個漢字名叫萬年蠟，當然不如迷迭香那麼浪漫。

有堅硬如刺的小葉子，含着樟腦油，也開紫顏色的小花，花落後結實，一年四季皆生，拉丁名為「海滴」。一片迷迭香花叢田，風一吹，有如海浪，花朵散開，就像沖上岸的水滴之意。

家中有花園的話不妨多種幾棵迷迭香，室中栽植也行，在花店買些種子，春天播，到了夏天就成長出來，並不難處理。

就那麼抓一把葉子，把它們捏碎，傳來一陣香味，富有清涼感，疲倦的時候聞，精神為之一振。

據說能增長記憶力，學生們考試時父母會編織成葉冠給他們戴上。所有的外國香料多數都原出於藥用，所以叫為草藥 Herbs。

迷迭香在燒菜時下得最多是燒雞，洋人認為所有肉類都有一股異味，非用迷迭香消除不可；小羊排中也用迷迭香，有時連煮魚也派上用場，但就是不用它來當沙律生吃，葉子太硬之故。

有時也不用新鮮的，迷迭香可以曬成乾或磨成粉，方便搬運。印度店裏，吃過飯付賬時，櫃檯上擺了幾個小碟，其中有一碟就是曬乾了的迷迭香，因為它含樟腦油，細嚼起來比吃香口膠高雅。

在法國普羅旺斯買肉時，店主會免費送些迷迭香給你。意大利的肉店裏，也常看到用迷迭香來當裝飾的。餐廳桌子上的橄欖油，浸着尖葉的，都是迷迭香。

烤羊腿或牛腿時，外層多撒些迷迭香碎，有時吃到烤魚，魚片中也塞着它。

雞胸肉最難吃，西洋大廚想出一個調法，把肉片開，用迷迭香當餡，包出一個個的雞餃子來。

迷迭香並無甜味，但蜜蜂最愛採它的蜜，故有迷迭香蜜。我將蜜糖混入奶油之中，打成泡，淋在甜品上面，再撒紫色的迷迭香鮮花，取得外國友人歡心。

# 胡椒

香料之中，胡椒應該是最重要的吧。名字有個胡字，當然並非中國原產，據研究，生於印度的南部森林中，為爬藤植物，寄生在其他樹上，當今的都是人工種植。熱帶地方皆生產，泰國、印尼和越南每年產量很大，把胡椒價格壓低到常人有能力購買的程度。

中世紀時，發現了胡椒能消除肉類的異味，歐洲人爭奪，只有貴族才能享受得到，更流傳了一串胡椒粒換一個城市的故事。當今泰國料理中用了大量一串串的胡椒來炒咖喱野豬肉，每次吃到都想起這個傳說。

黑胡椒和白胡椒怎麼區別呢？綠色的胡椒粒成熟之前，顏色變為鮮紅時摘下，發酵後曬乾，轉成黑色，通常是粗磨，味較強烈。

白胡椒是等至它完全熟透，在樹上曬乾後收成，去皮，磨成細粉，香味穩定，不易走散。

西洋餐菜上一定有鹽和胡椒粉，但用原粒入饌的例子很少，中餐花樣就多了，尤其是潮州菜，用一個豬肚，洗淨，抓一把白胡椒粒塞進去，置於鍋中，猛火煮之，豬肚至半熟時加適量的鹹酸菜，再滾到全熟為止。豬肚原個上桌，在客人面前剪開，取出胡椒粒，切片後分別裝進碗中，再澆上熱騰騰的湯，美味之極。

南洋的肉骨茶，潮州做法並不加紅棗、當歸和冬蟲夏草等藥材，只用最簡單的胡椒粒和整個的大蒜燉之，湯的顏色透明，喝一口，暖至胃，最為地道。

黑椒牛扒是西餐中最普通做法，黑胡椒磨碎後並不直接撒在牛扒上面，而是加入醬汁之中，最後淋的。

著名的南洋菜胡椒蟹用的也是黑胡椒，先把牛油炒香螃蟹，再一大把一大把的撒入黑胡椒，把螃蟹炒至乾身上桌，絕對不是先炸後炒的，否則胡椒味不入蟹肉。

生的綠胡椒中，當今已被中廚採用，用來炒各種肉類，千萬別小看它，細嚼之下，胡椒粒爆開，有種口腔的快感，起初不覺有甚麼厲害，後來才知死，辣得要抓着舌頭跳的士高。

我嘗試過把綠胡椒粒灼熟後做素菜，刺激性減低，和尚尼姑都能欣賞。

# 花椒

花椒學名 Zanthoxylum Bungeanum Maxim，是中國人常用的香料。果皮暗紅，密生粒狀突出的腺點，像細斑，呈紋路，所以叫為花椒，與日本的山椒，應屬同科。

幼葉也有同樣的香味，新鮮的花椒可以入饌，與生胡椒粒一樣，乾燥後的原粒就那麼拿來調味。磨成粉，用起來方便。也能榨油，加入食物中。

自古以來，花椒和中國人的飲食習慣脫不了關係，醃肉炆肉都缺少不了；胃口不好時，更需要它來刺激。

最巧妙的一道菜叫「油潑花辣荳芽」，先將綠荳芽在滾水中灼一灼，鑊燒紅加油，丟幾粒花椒進去爆香，再把荳芽扔進鑊，兜它一兜，加點調味品，即能上桌。吃起來清香淡雅，口感爽脆，是孔府開胃菜之一。

另一道最著名的川菜麻婆豆腐，也一定要用花辣粉或花椒油，和肉末一齊炒，或加了豆腐最後撒上也行。找不到花椒粉的話，可買日本出的山椒粉，功能一樣，他們是用來撒在烤鰻魚上面，鰻魚和山椒粉配搭最佳。日人也愛用醬油和糖把青花椒粒醃製，別的甚麼菜都不吃，花椒粒味濃又夠刺激，一碗白飯就那麼輕易吞掉，健康得很。

花椒很粗生，兩三年即可開花結果。樹幹上長着堅硬的刺，可以用來做圍欄，總比鐵絲網優雅得多吧？

油還可做為工業用，是肥皂、膠漆、潤滑劑等的原料；木質很硬，製作成手杖、雨傘柄和雕刻藝術品；當為盆栽也行，葉綠果紅，非常漂亮。

花椒又有其他妙用，據説古人醫治耳蟲，是滴幾滴花椒油入耳，蟲即自動跑出來。廚房裏的食物櫃中撒一把花辣粒，螞蟻就不會來了。油炸東西時，油沸滾得厲害，放幾粒進去降溫。衣櫃裏，沒有樟腦的話，放花辣粒也有薰衣草一樣的作用。

香港人只會吃辣，不欣賞麻。花椒產生的麻痺口感，要是能發掘的話，又是另一個飲食天地了。

# 八角

八角的種莢呈星形，故洋名為Star Anise。數起來，名副其實有八個角。

有些資料說八角就是大茴香，但它們絕對是兩種植物，僅所含的茴香腦Anethole相同罷了。

收成起來倒是不易，八角要種八至十年以上才開始結果，樹齡二十到三十，是最旺盛的生產期。它一年開花兩次，第一次在二三月，第二次七八月。

五香粉的配搭因人而異，肉桂、豆蔻、胡椒、花椒、陳皮、甘草等。由其中選擇四樣，最主要的還是八角，不可缺少。

中國菜中，凡是看到一個「滷」字，其中一定有八角這種東西，尤其是潮州聞名的滷鵝滷鴨，八角為主要材料，滷水一邊用一邊加，永不丟棄，但也不會變壞，八角含有極重的防腐作用之故。

煎炸食物用的油，投入一兩粒八角，與油一塊煉，不止增強食物的香味，而油的儲藏期也拉長，就是一個例子。

外國人用大茴香用得很多，尤其法國人，對它有偏愛，喜歡用大茴香來泡酒，初時呈透明的或褐色的，一滲了水就變成奶白色，喝不慣的人說味道古怪到極點，愛上了就有癮。這種酒在中東和希臘都流行，大概是從那裏傳到歐洲來的。當今中國和南洋一帶生產的八角，提煉成油之後輸出到外國，食用和工業之用量不多，也許是把八角油當成大茴香讓人造酒賣了。

新疆人炒羊肉時，下幾顆八角是常事，它很硬，咬到後吐出來。秋天羊肉肥，紅炆清燉都下八角；有時炆牛腩也下。對於八角的用法，到菜市場去問了很多小販，都說只有牛羊豬雞鴨才派上用場，與海鮮無緣，其實在河南吃烤魚時，他們下了大量的孜然粉，如果烤魚下五香粉，也是行得通的，問題是你喜不喜歡而已。

蔬菜上也用八角，但如果像花椒一樣，因為爆香了油再炒，也能醒胃。一個蔬菜和八角配合得好的例子，就是煮花生，買肥大的生花生粒，加鹽煮之，拋一個八角進去，味道就變得複雜得多了。

# 紫蘇

紫蘇英文名為 Perilla，法國名 Perilla de Nankin 來自南京的紫蘇。對歐美人紫蘇是一種外國香料，在西洋料理中極少使用。

我們最常見的，是將紫蘇曬乾後，鋪在蒸爐來煮大閘蟹，可去濕去毒，藥用成份多過味覺享受。

古時候沒有防腐劑，一味用鹽醃，但也有變壞的情形。老師傅傳下的秘方，是保存食物時，上面鋪一層舂碎的乾紫蘇，放久也不變味。

但是紫蘇還是很好吃的，在珠江三角洲捕魚的客家人，常以紫蘇入饌，他們抓到生蝦時，把中間的殼剝開，留下頭尾，用大量的蒜頭和紫蘇去炒，加點糖和鹽，不求其他調味品，已是一道極為鮮美的菜，味道獨特。

以此類推，當我們吃厭了芫荽葱，就可以用紫蘇葉來代替，把它切碎，撒在湯上，或用來涼拌海蜇，都是一種變化。

把紫色的紫蘇葉輕輕地餵了一點點粉漿，放入冷溫的油鍋中炸它一炸，即上碟；不能太久，一久就焦。一片片的半透明葉子，用它來點綴菜饌，非常漂亮。

韓國人愛吃紫蘇，他們用來浸醬油和大蒜，加上幾絲紅辣椒，把葉子張開包白飯吃，也可用生紫蘇包煮熟的五花腩片，加上麵醬、大蒜、青辣椒、紅辣椒醬，最後別忘記下幾粒小生蠔，是非常美味的一道菜。

世界上吃得最多的國家就是日本，任何時間在菜市場中都可找到紫蘇，不但吃葉，還吃穗、吃花。

在壽司店中，凡是用海苔紫菜來包的食材，都可以用紫蘇葉來代替。大廚給你一碟海膽，用筷子夾滑溜溜不方便的話，就用紫蘇葉來包好了，綠色的紫蘇葉，有個別名叫大葉Oba。

叫一客刺身，日人稱之為「造Tsukuri」，擺在生魚片旁邊的，是一穗綠色的幼葉中穿插着粉紅色的小花。如果你是老饕，就會用手指抓着花穗頂尖，再用筷子夾着它，輕輕的往下拉，粉紅色的花就掉進碟中，浮在醬油上面，美到極點。要是你不在行，反了方向，那麼任你怎麼拉，也拉不掉花來。

這是吃刺身的儀式之一，切記切記。

# 長葱

長葱，多生長在中國北部，南洋人叫為北葱。公元前就有種植的記載，正式的英文名字應該叫為 Welsh Onion，和 Leek 又有點不一樣，後者的莖和葉，都比長葱硬得多。

通常有一元硬幣般粗，四五呎長，種在田中，只是見綠色的葉子，白色的根部往土壤中伸去，日本人稱為「根深葱 Nebuka Negi」。

也和又細又長的青葱不同，所以北方人乾脆稱之為大葱。

山東人抓了一枝大葱，沾了黑色的麵醬，包着張餅，就那麼大口的生吃，又辣又刺激，非常之豪爽，單看都過癮。

當今菜市場中長葱有的是，一年四季都不缺，又肥又大，價錢賣得很賤。為甚麼？日本人愛吃長葱，自己人工貴，就拿最好的種子到大陸去種，結果越種越多，品種越優良，弄到日本農民沒得撈，向政府抗議，只有停止輸入，得益了我們。

新鮮的長葱最好用來生吃，它不容易腐爛，長期放一些在冰箱裏面，別的蔬菜吃完，就可以把長葱搬出來。煮一碗最普通的即食麵，撒上長葱葱花，味道即豐富起來。

把長葱的葉部和根部切掉，再用刀尖在葱身上㓟一㓟，剝開兩層表皮，即可食之。也不必洗，長葱一浸水，辛味就減少了。

用來炒雞蛋也很完美，主要是兩種食材都易熟。看到油起煙，就可以把雞蛋打進去，再加切好的長葱，下幾滴魚露，兜一兜，即能上桌。

表皮很皺，顏色已枯黃的長葱，就要用來煎了。切成手指般長，再片半，油中煎至香味撲鼻，這時把蝦仁放進鑊中炒幾下，就是一道很美味的菜。

最高境界，莫過於甚麼材料都不必配，將長葱切成絲，油爆香後，乾撈已經煮好的麵條裏，下點鹽或醬油，是最基本的葱油拌麵，但主要的是用豬油，只有豬油才有資格和長葱作伴，用植物油的話，辜負了長葱。

在館子裏叫葱油餅，總是嫌葱不夠，自己做好了。擀一塊很大的皮，將長葱切碎，加點鹽，加點味精，拌完當餡，大量放入，包成一個像鞋子般大的餅，再將皮煎至微焦，即熟，吃個過癮。

# 番紅花

全世界最貴的香料，莫過於番紅花 Saffron 了。

番紅花的花並不紅，花瓣為紫色，內長黃色的雄性花粉，以及雌性的柱頭。番紅其實取自這柱頭，呈深橘紅顏色，一寸長左右，頭大尾小，像隻巨大的精蟲。

每朵花裏面有三枝這種柱頭，需人手摘下。要在七萬五千朵花的二十二萬五千枝柱頭才能收集一磅重。

一畝地種出來的可摘出四點五公斤來，等於十磅重的番紅花，你說多珍貴？

原產於波斯，印度的諸侯帶到喀什米爾去種，當今該區為世界主要產地之一，在西方，阿拉伯人佔領了西班牙，也大量種植。後來十六世紀，在英國的 Essex 繁殖起來，把一個叫 Walden 的鎮改成 Saffron Walden，著名的紅花糕 Saffron Cake 從此成為英國人生活中的一部份。

公元前三百年，中國已由印度進口番紅花，種於西藏，稱之為藏紅花，在四川種的，則叫川紅花。

當今旅行到中東各地，帶點手信回來，很少人會去買番紅花，其實那邊的售價較為便宜。要是你失去機會，可在高級超市的香料部買到。一克一克地賣，裝在透明塑膠盒或玻璃瓶中，貴到不得了。

想玩一玩的話，買一克回來，放十枝花柱在白色瓷杯中，加水，整個杯子就變成很鮮艷的黃色。最高級的和尚袍，就是用番紅花染的。

做起菜來，普遍用在米飯上，印度的 Biriani，西班牙的 Pealla，波斯的 Shola，意大利的 Milanese Risotto，非番紅花不可。

加在湯中，則是法國西部名菜布耶佩斯 Bouillabaisse 的主要原料之一。番紅花的滋味除了帶點苦之外，有種奇異的香，但個性不強，不會影響到其他食材，只增加它們的嬌艷，是食物的最佳化妝品。

雖傳到中國，不懂得投入烹調，只用於藥物上，它少用養血，多用行血，過用則血行不止。要自殺的話，用它最妙，是種又美麗又高傲的毒藥。

# 羅勒

羅勒 Basil，又叫甜羅勒 Sweet Basil，《遠東英漢大辭典》中說它有另一個名字為紫蘇。它雖屬紫蘇科，但與紫蘇 Perilla 無關，是誤解。

各地方的名字都不同，台灣人叫它九層塔。它是由印度移植的香料，得來不易，所以潮州人尊稱為金不換。

新鮮和乾燥葉片都能食用，羅勒已成為當今用途最廣泛的香料，一般人都能接受這種特異的幽香，給味覺帶來快樂的刺激。

羅勒種類很多：含青檸檬味的，也有肉桂味的羅勒；黑水晶羅勒的葉子上面深藍色，下面是紫中帶紅，煞是漂亮；生得最旺盛的是草叢羅勒，最為粗生，一種就是一大堆。

從古希臘開始已有記載，羅勒也可當藥。用它的種子浸水，會產生透明的膠質，以此消除眼中不乾淨之物，日人稱之為「目箒」。

時代變遷，當今流行的吃法是把羅勒種子浸水後放在乳酪上，當成甜品。

當然最基本是生吃它的葉子，意大利菜中少不了羅勒，撒幾片葉在意粉上，是常見事。它和番茄的味道配合得極佳。吃淡味芝士時多數加番茄和羅勒。把羅勒曬乾，放進鹽筒中，喝湯時撒下，增加味道。

來一大碗越南河粉，摘幾片生羅勒葉扔入熱辣辣的湯中，是正宗的吃法。

台灣人用新鮮羅勒炒羊肉，吃過一次之後永遠記得那種美味。

潮州人炒薄殼時，非加金不換葉不可。

泰國料理中，幾乎任何菜都可下羅勒。

所以當有人問去哪裏才能買到羅勒？可指點他們去高級的超市，但價錢貴。要便宜的，找潮州或泰國的雜貨店，一定有得出售。

還是自己種好，不管你家有沒有花園，羅勒很輕易地在花盆中成長。買些種子撒上，蓋一層薄薄的泥土，不出一兩個月，就有羅勒可吃；嫌慢的話，可買它的幼苗來種，長得更快。

現種現吃，是一種幸福，到了夏天，長出白色的花穗，摘了一把羅勒插在玻璃杯中，裝飾食桌，帶來清新的感覺。每一個老饕家裏都應該種一些羅勒，以表敬意。

# 薄荷

薄荷，屬紫蘇科，英文名 Mint，法文名 Menthe，是種最古老的香料，生吃曬乾皆宜。

希臘神話中有個叫 Minthe 的小妖精，被她的情敵變成了植物。流傳下來，少女出嫁也要戴着薄荷枝葉編織的葉冠。到了羅馬帝國年代，校裏的學生也戴薄荷冠，說能保持頭腦清醒，這個傳統被當今的學者證實有效。

《本草綱目》也說它味辛、性涼、具有疏肝解鬱的功能。

我們的日常生活中，已離開不了薄荷了，年輕人口咬的膠，多數是薄荷的一種，叫為綠薄荷 Spearmint。葉子能生吃的多數是胡椒薄荷 Peppermint。

中國料理則很少用薄荷，連很懂得煲湯的廣東人也不將薄荷列入食材之中。西洋人最愛薄荷，烘麵包也加，炒雞蛋也加，做果醬也加。尤其是羊肉，焗烘時塗大量薄荷蓉，上桌時在羊排旁邊放鹹的薄荷醬，或甜的薄荷啫喱，無它不歡。

薄荷雖有亞洲之香的美名，但是從亞洲傳到歐洲，或相反，至今還沒有人研究出根源。中間的中東諸國照樣愛好，薄荷茶是他們生活中重要的一部份。

種植起來甚易，適應力強，冷熱溫度下都能生長，花園或盆栽的種植毫無問題，不必施肥，越種越茂盛。會生尖形的紫色花串，有些葉片長有茸毛，但多數是光滑中帶皺而已，與羅勒是親戚，但味道完全不同。

能殺菌，所以古人做起香腸來，多數放薄荷的乾葉進去，這麼一來，不用防腐劑也能保存甚久。

一般人都不是醫師或學者，但也知道薄荷帶來一陣涼氣，利用了它來浸油，變成薄荷精，賣到現在，還在大行其道；但它那種獨特的氣味，喜歡了沒話說，討厭起來，一聞到就感頭痛，反而得病。

大概是這群不能接受薄荷味的人傳出來，說薄荷吃了會性無能。有很多大男人聽了怕怕，其實一點科學根據也沒有。凡屬香料，皆少吃為佳，否則破壞胃口，倒是真的。

# 香茅

香茅，Lemon Grass，又叫 Citronella。

大家都說香茅的香味像檸檬，其實它有自己獨特的清香，絕非濃郁，淡然之中，散發着的氣息，有打開味蕾的作用，一旦愛上，不可一日無此君。

原產於馬來西亞，但是馬來菜中用香茅的種類並不多，反而給泰國人發揚光大，當今的泰國菜，沒有了香茅，就好像韓國人少了大蒜。

最著名的冬蔭功湯，材料有帶膏的大頭蝦、雞湯底、椰漿、南薑、檸檬葉、芫荽根、番茄、草菰、魚露、辣椒乾等，但一定下大量的香茅，採摘新鮮的，頭尾切掉，用石臼舂碎，更能散出味道來。把上述食材煮個十分鐘，即成。但少了香茅，冬蔭功就不好喝了。

香茅魚是把一大把香茅捲起來，塞在魚肚中去烤的。

香茅豬頸肉也是燒烤，應該是把香茅舂碎，榨出汁來，滴在豬頸肉上面。

香茅螃蟹是把螃蟹斬件，放入泥製的砂鍋中，加大量香茅焗出來。

自古以來，南洋人種植香茅，榨油，製為香精，用在香水和化妝品上，香茅又可當提神藥，它能防止瘧疾，故亦叫為防熱草 Fever Grass。

香茅很粗生，長得兩呎高左右就算成熟，曬乾了切成片備用，煮咖喱時亦能發出香味，有時泡成香茅茶喝，但還是新鮮的好。它有硬皮，不能就那麼吃，只有舂碎後取其香味。

一種最普通的食品，就是把香茅舂過後放進冰水之中，加點蜜糖，清新可喜。

歐美人幾乎都不認識這種食材，在他們的料理中從不出現過，反而去澳洲，受了亞洲食物的影響之後，在他們的酒餐中常用香茅，多數是和炸雞一齊吃的。

很奇怪地，在澳洲的香茅，一般都比泰國的粗壯，但就是發不出香茅的味道，只留個樣子，一點用處也沒有。

香茅在中餐中也少用，是很可惜的事，擠點香茅汁用在糕點上，或用來蒸魚，都是可取的。

# 肉桂

肉桂Cinnamon，原產於斯里蘭卡，野樹可長高至三四十呎，種植的控制在八呎左右，剝下樹皮，灑水，讓它發酵後曬乾，就成為最普遍用的香料之一。

桂皮Cassia和肉桂是兩種不同科的植物，味道雖然相似，但檔次較低。經常混亂，法國人簡直分不開，把兩種東西部叫成Cannelle。

中國人以肉桂入藥的例子，多過用於烹調，藥膳中也有桂漿粥，將肉桂研末，粳米加水煮至米開花時，加肉桂和紅糖，吃後能加強消化機能，舒緩腸胃疼痛。五香粉中，肉桂是其中之一。

所有香料，在西方的主要作用，是用來清除肉中的異味，早在公元前四世紀已有文字記載肉桂的用處。

當葡萄牙人發現錫蘭有肉桂之後，便是兵家爭奪的對象，荷蘭人從葡萄牙人手上搶了過來，之後又被英國奪回當殖民地。其實，產肉桂的地方很廣，像塞舌爾群島、印尼，甚至於中國南方，都種肉桂樹，當今已沒那麼珍貴了。

當樹幹長至手臂般粗時，農民便將最外面那層皮剝開，再用尖器一層層折下裏面的旋捲組織，曬乾了成翎管狀，就叫肉桂條了。

洋人喜歡把滾水倒入杯中，加糖，用肉桂條慢慢攪拌，浸出味道來當茶喝。通常，也將肉桂皮磨成粉。最普遍見到的是在咖啡泡沫上撒的肉桂粉。朱古力中加肉桂，味道非常特別。做蛋糕時，肉桂也是常用的，烘麵包更少不了肉桂。

在中東旅行，經常發現他們的菜餚中加了肉桂，像摩洛哥的紅燒肉 Tagine 和伊朗人做的 Khoresht。

市面上賣的肉桂，有許多是用桂皮來混淆，兩種皮很難辨認。大致上，可以從它們的香味聞出，肉桂比桂皮香得多，而且肉桂多含樹油，不像桂皮那麼枯而不潤。

磨成粉後，更難分出真偽。許多肉桂粉都混了桂皮，只有向老字號的藥店購買，才較可靠。

韓國人將肉桂煮水，加蜜糖，冷凍，上桌時撒上紅棗片和松子，是夏天最好的甜品。

# 香草蘭

香草蘭，英文名Vanilla，法名Valline，中譯以發音取字，名字諸多，像雲呢拿等，當中以梵尼蘭最為恰當，它本來就屬蘭科。

原產於墨西哥，是種爬蔓類的植物，具有迴旋性的莖部，生着氣根，葉子圓尖，開黃綠色的香花，結果後成豆莢狀，可長至十二呎長，梵尼蘭的作用出自這個豆莢，新鮮時無味，灑水曬乾復後發酵，成褐色，就是梵尼蘭豆了。

吃時把豆莢剝開，刮下莢內的粉末，再將整枝豆浸在熱水中，便能沖出梵尼蘭茶來。也有人將梵尼蘭豆浸在酒精內，製成梵尼蘭精。曬乾的豆，磨成粉末的例子居多。

當今，已有人造梵尼蘭了，都是化學品，要吃梵尼蘭的話，最好還原形的豆莢，它可以浸六七次，味道才完全消失。儲藏期可以很長，但需放在陰涼乾燥的地方，不可冷藏，放入冰箱中反而會發霉，一發霉，味道盡失。

化學梵尼蘭的價錢只有真的二十分之一，在一八七五年由一個德國人發明，說也不信，是由石蠟中提煉出來的，一般人都分辨不出真梵尼蘭和化學的，其實多試了便知道，化學梵尼蘭有一股所謂的香精味，聞多會膩，天然的則是越聞越香。

一說梵尼蘭，大家便會想起冰淇淋。高價的用天然，低廉的用化學品，但因為梵尼蘭的香料太過普遍，有些時候根本分辨不出是何種味道，總之有點香就是了。

東方人用梵尼蘭的例子極少，在西方則廣泛使用，像做麵包、糕點和餅乾等，無梵尼蘭不歡，因為古時是極珍貴的香料，一普及後幾乎所有甜品都要加入。做起菜來，梵尼蘭可用來做魚湯，也會撒點粉在生蠔上面，燒家禽時也加入。

酒類像 Fruit Punch，多有梵尼蘭味，也在紅餐酒、做西班牙的 Sangria、蒸餾烈酒等用梵尼蘭去浸。

熱飲像朱古力，要等稍微冷卻後加梵尼蘭，否則香味失去。

初試天然梵尼蘭，怎麼知道是最好的？也不一定準確，不過去信得過的名店，買最貴的豆莢，極少出錯。

# 孜然

孜然 Cumin，屬於芹科，也叫為馬芹，是種米狀的褐色種籽，樣子像茴香，有中國小茴香之稱，但當今一提到孜然，都知道是甚麼香味，最普遍用在羊肉上。

綿羊比草羊羶得多，新疆人吃羊，幾乎離開不了孜然；磨成粉，撒在烤羊肉串上，是最平常的吃法。

新疆的手抓飯，無孜然是做不成的，用新鮮羊肉，切成塊狀，下油鍋，和洋蔥及紅蘿蔔一塊爆香，加鹽加水，炆個二十分鐘。之前用水泡好的白米，炆個四十分鐘，鍋熱時加大量孜然粉，拌勻，做出來的手抓飯油亮晶瑩，非常美味。名為手抓飯，用手抓來吃最佳。

烤全羊時，在羊的表皮上也要撒孜然粉的，喜歡的人覺得味道不夠，所以在新疆菜館中吃飯，桌上一定有一碟鹽和一碟孜然粉。

在印度和中東等地，咖喱粉或辣椒粉中必加孜然。孜然也用來做醬料，沾用孜然烤出來的麵包吃；把肉剁碎後製成餅狀的菜餚，以孜然除去腥味；歐洲人受到影響，德國人做香腸時也加入孜然。

有時，將整粒的孜然浸在酒中當醒胃酒，也能製油精再溝入酒中的。

孜然原產在巴基斯坦，很早已傳入以色列，《新約聖經》中也提起這種香料，它是一年生的草本植物，埃塞俄比亞、地中海、伊朗，甚至於蘇俄也有種植，中國則長於新疆的庫車、沙雅、喀什，但以和田的孜然最為著名。

藥用上，孜然可治療消化不良、胃寒、腹痛等。

荷蘭人做芝士時，也加入孜然，西班牙海鮮飯也有孜然，不過已漸少人欣賞了，西班牙人有一句話叫「me importa un comino（不會當一粒孜然那麼重要）」，意思是我才不管那麼多。

味道吃慣了，無它不歡，但對於初嚐孜然的人，會感到一陣惡臭，而這種味道似乎聞過，出在何處？仔細一想，與中東或印度人胳肋底發出來的相同，差點作嘔。喜歡的人，像聞到男歡女愛時發出的陰陽交錯味，是天下最美妙的。二者相差那麼遠，也真是只有孜然才能做到的。

# 甘草

甘草，英文名 Licorice，是種極為友善的植物，任何東西都能配合，所以把甚麼角色都能扮演的人，叫為甘草演員。

大家以為是東方的植物，其實從地中海一直延伸到亞洲，分佈極廣，意大利人更是喜歡甘草。它的甜味是甘蔗的五十倍，在古代，糖價高，故甘草甚為流行，但甘蔗被大量種植之後，甘草逐漸失去地位，目前並不受重視。

在藥用上，幾乎所有的中醫配方，都加了一味甘草，它本身就能減輕發炎現狀，也可治痙攣、緩解咽喉腫痛、對付感冒、排除痰液、降低支氣管帶來的痛苦、醫消化不良，甚至是一種溫和、天然的輕瀉劑，甘草像能治百病，但是最重要的，是用來減低中藥的苦澀。同時，東方人一碰到甘草味就聯想起藥物，也有人對這個味道很反感。

獨特的氣味來自甘草的根部，西方人把根掘出來，煮沸、過濾、分離出汁液，冷卻後凝固為一大黑色、帶黏性的膏狀物，像中國人拉麥芽糖一樣，他們拉出黑色的長條，切給孩子，當成最原始的糖果，吃了也不會蛀牙，是最健康的。中國人常把甘草舂成末，混在乾果中做蜜餞，西方人則加在啤酒裏面，有時也混入煙絲。做蛋糕也用甘草，有種叫 Pohtefract Cake 的，就是因為英國的那個地區的甘草出名。

東方的窮國父母，有時切出甘草薄片，讓小孩含之。兒童也把大人帶回來的藥包打開，尋找出甘草來吸啜。中醫們看了也不反對，但見大人多吃甘草的話就會阻止，過量的甘草令血壓升高，又孕婦極忌甘草。當今，新派菜中也常用甘草了，廚師以為客人怕吃味精，就用甘草來代替，其實效果是截然不同的，弄出來的東西並不好吃。

若要用甘草來當糖或味精的話，只有醬油和醋能蓋過它的氣味，只留着甘醇。台灣有種小瓶的醬油叫「壺底油精」，民生食品工廠製作，很甘，能增進食慾，賣得很貴，其實就是加了甘草，如果自己在家裏用醬油煮甘草，也有同樣的效果，就便宜得多了。

# 紅蔥頭

紅蔥頭，廣東人稱之為乾葱，英文叫為 Shallot。

它屬於洋蔥的親戚，但味道不同。外國人都認為乾葱沒有洋葱的刺激，比較溫和，他們多數是將它浸在醋中來吃罷了。

其實紅葱頭爆起來比洋葱香得多，有一股很獨特的味道，與豬油配合得天衣無縫，任何菜餚有了豬油炸乾葱，都可口。

福建人、南洋人用乾葱用得最多了。印度的國食之一 Sambar，就是炆扁豆和乾葱而成。

別以為所有的外國人都不慣食之，乾葱在法國菜中佔了一席很重要的位置，許多醬汁和肉類的烹調，都以炸乾葱為底。當然，他們用的是牛油來爆。

乾葱做的菜也不一定是鹹的，烹調法國人的鵝肝菜時，先用牛油爆香了乾葱，加上士多啤梨醬或提子醬，然後再把鵝肝入鑊去煎，令到鵝肝沒那麼油，吃起來不膩。

典型的法國 Bearnaise 醬汁，也少不了紅葱頭。

洋葱是一個頭一個頭生長的，乾葱不同，像葡萄一樣一串串埋在地下，一拔出來就是數十粒。

外衣呈紅色，所以我們叫為紅葱頭，但也有黃色和灰棕色的。剝開之後，葱肉呈紫色，橫切成片，就能用油來爆。也有洋人當成沙律來生吃，但沒有煎過的香口。如果要吃生的，就不如去啃洋葱，至少體積大，吃起來沒那麼麻煩。

潮州人最愛用的調味之一，是葱珠油，用的就是乾葱。煲鯧魚粥時，有碟葱珠油來送，才是最圓滿的。

我做菜時也慣用乾葱，認為比蒜頭有過之而無不及，尤其是和蝦配得極好，但是如果嫌乾葱太小，可以用長葱來代替，將長葱切段，用油爆至微焦，把蝦放進去炒兩下，再炆一炆，天下美味。

做齋菜時，乾葱是邊緣的食材。蒜頭當然只當成葷的，洋葱也有禁忌，乾葱則在允許與不允許之間。中國寺廟中嚴格起來還是禁食乾葱的。但是在印度，乾葱是被視為齋菜。

# 十、主食

# 麵

最初的麵接近塊狀，把餅拿來煮罷了，典型的有東漢記載的「煮餅」、「水溲餅」等。

宋朝時出現「三鮮麵」，明朝有「蘿蔔麵」，清朝李漁收錄了福建的「五香麵」。大致來說，麵可分非鹼水麵和鹼水麵，前者以北方人吃的居多，後者南方人；影響到意大利的麵沒鹼水，日人的拉麵皆有鹼水。

鹼的成份是碳酸鉀，與麵中蛋白質混合後產生黏性、彈力、韌感。

把天下的麵加起來，做法至少有數千種，先由基本做起，任何麵都要淥熟，有些小秘訣的：

第一，鍋要大，水要多。這麼一來麵容易熟，又有充份的空間疏展，不會黏在一起。

第二，把麵糰撕開，均勻地撒在滾水之中。用長筷子撥動，筷子一夾，麵斷，已經知道夠熟了。連最麻煩的意大利麵也是一樣。

第三，用漏杓將麵條撈起，放入冷水之中，考究一點，可以在水中加冰。

第四，在另一鍋有料之湯中，如豬骨、雞、海鮮，等湯滾到有泡，在最熱時把麵條放進去，熄火，即成。

炒麵的話，最好別淥過再炒，用生麵直接炒好了，準備一鍋湯，麵快焦時即加湯就是。不贊成把配料先炒起鑊，等炒好了麵再混合，那麼做配料的菜汁不會進入麵中；先炒麵，半熟時中間撥開留出空位，炒配料，最後拌在一起上桌。

帶鹼的麵，淥完之後，別把水倒掉，用來灼蔬菜，因有鹼，一定碧綠。

麵的搭檔千變萬化，你家裏的冰箱有些甚麼，都可以拿來當配料。上海人的所謂「澆頭」，就是普通小菜，鋪在湯麵上而已。

湯底最重要，一碗麵的好壞決定性都在湯裏，嚴守着真材實料這四個字，錯不了。用大量的豬骨熬出，一定甜；至於旁人的豬骨湯是白色的，我們煲出來的為甚麼不會白？很容易，買一尾魚，煎牠一煎，用個袋子袋起，和豬骨一起煲，煲至稀爛，湯一定很白，很白。

所有的麵，用植物油炮製一定遜色；以豬油煮之、炒之、拌之，皆完美。

# 芋

芋是根狀植物，小的像菠蘿，大起來有人頭那麼大，圓圓胖胖地，割下莖葉，就有個平頭，樣子很像香港的董特首。

從前是鄉下人的主要糧食，當今來到城市，做法已漸失傳。客家人把它磨成魚丸般的菜，叫為芋丸，已沒多少人吃過。

在廣東還是很流行的砵仔鵝，鵝肉下面一定鋪着芋頭片，芋頭比鵝還香。其實烹調為其次，芋頭本身好壞有天淵之別。最好的吃起來口感如絲，香噴噴地細磨在舌頭上；差的芋頭不粉不沙，硬繃繃地像在嚼塑膠。

香港能吃到的最好芋頭，是從廣西運來的，至於好壞怎麼選，單看外表很難識別，只有向相熟的小販請教。

芋很粗生，世界各地皆有，菲律賓人尤其嗜食。第一次吃到芋頭雪糕，就是在馬尼拉，洋人倒是少食之。

把芋做得出神入化的是潮州人，他們的芋泥聞名於世，百食不厭。

一般家庭很少做芋泥，一來這種甜品太甜太膩，吃得不多，另外是以為做起來麻煩，很費功夫。

大家的印象中，做芋泥時將芋蒸熟，放在細孔的筲箕上碾壓，讓軟綿的芋泥從箕孔中壓出來，才大功告成。

其實不是這樣的，你我也可以在家中很簡單地做芋泥，要是喜歡吃的話。

請小販選上好芋頭，多貴也不要緊，反正吃的並不多。將芋頭橫切，切成圓圓一塊塊，再蒸個半小時左右。

拿出來，很容易地剝掉皮。把芋片放在砧板上，用那把長方形的菜刀橫擺在芋片上，大力一壓一搓，即成芋泥。

鑊下油，放芋泥下去翻炒。微火，不怕熱的話用手搓之。加甜，再炒再搓，甚麼時候夠熟，看芋頭是否呈泥狀就知道了。

上桌之前，爆香紅葱頭，放在芋泥上，吃時攪拌着，更香。但是要做好的芋泥，有條不變的規律，那就是要用豬油，沒有豬油，免談。

# 薯仔

廣東人叫為薯仔的，北方人稱之土豆，後者像是比較切題。

原產於秘魯，傳到歐洲，是洋人的主食。甚麼炸薯仔條，薯仔蓉等，好像少了它會死人一樣。

薯仔好吃嗎？沒有番薯那麼甜，也不及芋頭的香。喜歡吃薯仔的人，都是受了洋人快餐文化的影響而引起，談不上有甚麼高級的味覺享受。我從前有個助手，薯仔條吃個不停，就一直給我當笑話。

北京人的涼拌或生炒土豆絲，對北京人來說是種美味，其實他們吃的只是鄉愁，南方人對此道菜也不覺得有甚麼了不起。薯仔薄切炸成片，更是很多人的看電視恩物，我則認為不如吃米通飯焦更好。

餓起來當然甚麼都送進口，我的背包流浪時代中，烤薯仔來吃的日子不知過了多少。購買時價錢相同，一於去買，還選重一點的。

北海道盛產的薯仔叫「男爵」，很鬆化，甜味很重，就那樣扔進木炭中煨，熟了塗上厚厚的一片牛油，還是可以勉強吃進口的。

我對薯仔一點好感也沒有，當成圖章倒是很好玩。用張紙，磨了濃墨之後根據切半的薯仔大小寫字，然後鋪在薯仔上，輕輕用手指一刮，就能印上去。這時用把刀把空白處挑出來，就是一個完美的印。倪匡兄是用這個方法偽造文書，從新疆逃到香港的。

做咖喱時也用薯仔，煮得醬汁進入，是唯一嚥得下的例子。當然是先吃雞或牛腩，飽了就不會去碰它。吃咖喱薯仔也要爛熟，當我牙痛的時候。

當今的營養師研究，其實薯仔是低卡路里和零脂肪的，沒有一般人傳說澱粉質很高那麼恐怖，但是，唉，低脂肪的東西，永遠不是令人滿足的東西。

薯仔的種類很多，我看過大若菠蘿，小似櫻桃者，又紅又綠又黑又紫，在西方的菜市場中看得令人嘆為觀止。

我最愛的薯仔，是當它變成伏特加，在冰格上凍得倒出來黐瓶壁。來吧，乾杯！

# 番薯

名副其實，番薯是由「番」邦而來，本來並非中國東西。因為粗生，向來我們認為它很賤，並不重視。

和番薯有關的都不是甚麼好東西，廣東人甚至問到某某人時，哦，他賣番薯去了，就是翹了辮子，死去之意。

一點都不甜，吃得滿口糊的番薯，實在令人懊惱。以為下糖可以解決問題，豈知又遇到些口感黏黐黐，又很硬的番薯，這時你真的會把它涉進死字去。

大概最令人怨恨的是天天吃，吃得無味，吃得腳腫，但一切卻與番薯無關，誰叫領導者窮兵黷武？不能怪番薯，因為在這太平盛世，番薯已賣得不便宜，有時在餐廳看到甜品菜單上有番薯湯，大叫好嘢，快來一碗；侍者奉上賬單，三十幾塊，還未加一。

番薯，又名地瓜和紅薯，外表差不多，裏面的肉有黃色、紅色的，還有一種紫得發艷的，煲起糖水來，整鍋都紫色的水。

這種紫色番薯偶爾在香港也能找到，但絕對不像加拿大的那麼甜，那麼紫，很多移民的香港人都説是由東方帶來的種，忘記了它本身帶個「番」字，很有可能是當年的印第安人留下的恩物。

除了煲湯，最普通的吃法是用火來煨，這一道大工程，在家裏難於做得好，還是交給街邊小販去處理吧，北京尤其流行，賣的煨番薯真是甜到漏蜜，一點也不誇張。

煨番薯是用一個鐵桶，裏面放着燒紅的石頭，慢慢把它烘熟。這個方法傳到日本，至今在銀座街頭還有人賣，大叫燒薯，石頭燒着，酒吧女郎送客出來，叫冤大頭買一個給她們吃，盛惠兩千五百円，合共百多兩百港幣。

懷念的是福建人煮的番薯粥，當年大米有限，把番薯扔進去補充，現在其他地方難得，台灣還有很多，到處可以吃到。

最好吃還有番薯的副產品，那就是番薯葉了。將它燙熟後淋上一匙凝固了的豬油，讓它慢慢在葉上溶化，令葉子發出光輝和香味，是天下美味，目前已成為瀕臨絕種的菜譜之一了。

# 米粉

米粉這種東西，也只有在中國才吃到，東南亞一帶也生產，但遠不傳到歐洲，近沒影響到日本。

從前在裕華國貨的超級市場都可以買到當天從東莞運來的新鮮米粉，當今只能吃到乾的。至於從品質到幼細上，最好的米粉，還是台灣的新竹米粉。

米粉通常是炒來吃的，香港流行的星州炒米，下一點咖喱粉就當是了，在新加坡倒沒有這種炒米。那邊吃的，多數用海南人做法，把米粉油炸了一下，再下大量的湯汁去煨，配以鮮魷、肉片、雞內臟和菜心等翻一翻鍋，炒出很濕的米粉，味道不錯。

去到泰國，也有異曲同工的炒法，配料隨意變化罷了，以芥蘭代替菜心。

炒米粉，是台灣人的傳統菜，媳婦進門，第一次試的廚藝就是生炒米粉。家婆一看她們用鑊鏟，就知是外行，台灣炒米粉用長筷子的，不停地將米粉分開，幼細的米粉才不會糊成一塊；炒時下適當的水份、湯汁和油鹽，配料最多是些肉絲，高麗菜是不能缺少的。

至於煮湯的米粉，我們吃得最多的是雪菜肉絲湯米，將那兩種配菜炒完，再鋪到淥熟的米粉上面。兩者分開，米粉不入味，做得好吃的很少，幸虧雪菜夠鹹，才能遮醜。

在星馬流行的馬來食品「米邏」，用的也是米粉，先用香料把米粉泡熟染紅，再煮一大鍋汁，裏面放肉碎、蝦米碎和辣椒，淋在米粉之前先下一湯匙潮州人點魚飯用的豆醬，撒些韭菜，放半個熟雞蛋，最後下甜辣椒醬。辣椒醬的好壞，決定這碟東西的命運。

很奇怪地，到了印度，也看到小販賣米粉，通常是用一個大藤籃頂在頭上，叫停了他，小販打開籃蓋，露出一團團拳頭那麼大的蒸熟米粉，撒上椰絲，配一撮最原始的黃砂糖，就那麼手抓來吃，當為早餐。

大陸做的米粉較為粗大，但炒起來很容易斷碎，又一下子黐着鍋底，家庭主婦一見失敗即刻氣餒，但請別擔心，黐底的米粉焦有另一番滋味，當然是感情好的時候才能嚐到。

# 粉絲

粉絲，是綠豆做出來的食材，乾貨出售，浸了水變柔軟，但很有彈性，呈透明狀，美麗又可口。

用最貴的魚翅去炒最便宜的雞蛋，稱為桂花翅，的確好吃。平民版本的粉絲炒蛋，口感不遜色，其實魚翅及粉絲兩者本身皆無味，何來的區別？

粉絲一般都是放進湯中烹調，上海菜中著名的油豆腐粉絲，最具代表性。潮州菜的九棍魚湯也少不了粉絲，和粉絲配合得最好的是天津冬菜，當然撒上炸過的乾葱或蒜蓉，更加美味。

易斷，又黐鍋，粉絲很少拿來炒，需要極高明的廚藝，福建人的炒粉絲做得最出色，其他省份罕見。

一炸，變成白色。粉絲就那麼以乾貨形態去炸發得不大，要浸過，等水份乾了再炸才可；炸過的粉絲當成碟邊的裝飾品很糟蹋它，炸了再去做湯更為上乘。四川名菜螞蟻上樹就是炒粉絲，現代版的螞蟻上樹，是先將粉絲炸了，再把肉碎等的醬汁淋在粉絲上，又有另一番滋味。

次等的粉絲，一下子就稀爛得變成糊狀，市面上購買到的龍口粉絲最佳，如果你還嫌難於處理，就買一包像即食麵般的粉絲吧，一泡水就行。

粉絲吸水，做湯時下得太多的話，整鍋湯乾掉。利用這個原理，打邊爐時，最後剩下的湯汁最甜，但又已經飽得再也喝不完，這時叫一碟粉絲加進去，等它吸乾湯，當成撈麵一樣食之，再飽也能吃三碗。

當今的海鮮館子也愛用粉絲，蒸帶子或巨大的蜆類時，加蒜蓉和粉絲在殼內，也是美味。尤其是螃蟹，蟹肉用豉椒炒之，把粉絲和蟹膏混在一起蒸起來，又是另一道菜。

日本人吃的粉絲比我們的粗大，有時還加了魔芋蒟蒻粉進綠豆中，防止它易爛，但這一來粉絲變成不入味，就沒那麼好吃了。他們經常在沙鍋之類的料理中用粉絲，味道和口感沒有我們的好，但以名字取勝，用了一個很有詩意的「春雨」。

# 粿條

粿條，粵人稱之為沙河粉，簡稱河粉，南洋人音譯為貴刁。日本人在名古屋也生產粿條，叫成錦麵 Kishimeh，雖稱麵，還是不以麥粉製造，以米為原料。意大利人的 Taguatelle 不可與粿條混淆，它的外形相似，説到底還是以麥做的寬麵罷了。

廣東人以粿條炮製的小食，最著名的莫過於乾炒牛河。要炒好一碟，功夫甚深，差的炒得油膩膩，一點香味也沒有；大師傅火候控制得好，才乾身，沒有對不起乾炒這兩個字。

至於濕炒，則為泰國人最拿手，他們用的材料有海鮮、牛、雞和豬肉，加大量芥蘭和湯汁，最後將煎過的河粉投入，兜了幾下就上桌，吃時要等一等，讓湯汁入味才好吃。

泰國的國食 Pad Thai，用的是乾河粉浸水發大，有人稱之為金邊粉，可能是柬埔寨人做得最潤滑的緣故。

沙河當今已列入廣州市，從市中心去也不是很遠，那裏吃到的沙河粉五顏六色，紅的拌胡蘿蔔汁、綠的菠菜，還有褐色的，是拿朱古力粉混成，當成甜品。與河粉異曲同工的是陳村粉，把一片片的米粉弄皺後大片切開，像一件三宅一生設計的衣服。

排骨河粉有時是用煲仔炮製，將排骨和河粉炒之，入煲，再燒它一陣子，底部留着的發焦河粉，刮起來吃也相當可口。

至於煮湯的河粉，最受香港人歡迎的魚蛋河，湯中要投入炸蒜蓉、芹菜碎和大量天津冬菜才夠味。

除了魚蛋，也有所謂四寶的，那是加了魚餅、魚餃和魚片（一種把魚膠鋪成薄片，皺起來捲成的食物，有時包着芹菜和胡蘿蔔當裝飾）。

河粉本身無味，不像麵那樣加雞蛋，所以要靠其他材料來調，清炒嫌太寡，可加入魚露，魚露和河粉配合得極佳。

至於越南人的生牛肉河 PHO，更是一絕，但湯汁熬得出色的食肆並不多。

南洋人的炒貴刁用豬肉，材料有魚餅、臘腸片、荳芽、韭菜及豬油渣，淋上黑色的甜醬油和辣椒醬，上桌前投入大量血蚶，鮮美到極點，百食不厭矣。

# 年糕

把糯米炊熟，放入臼中，舂出來的就是年糕了。也不只是在過年才吃，當今一年四季都有年糕出售。

上海人最愛吃年糕，南貨舖中有真空包裝的出售，也有浸在水中的。據上海朋友說，還是浸水的比較好吃。

最普通的做法是用來炒，加肉絲、雪裏紅和毛豆炒之。年糕本身無味，配料不下重手是不行的，當今的人愛吃得淡一點，年糕就沒有從前的好吃，舊滬菜，都是大油大鹹的，炒出來的年糕，才特別美味。

到了大閘蟹推出的時候，用五月黃蟹來炒年糕，算是很高級的菜了。

想不到有其他省的人以年糕入饌，日本人倒是甚麼都派上用場。每到日本新年，一定有相撲手舂年糕的風俗習慣，他們對年糕的重視，尤甚中國人。

最普通的吃法是在街邊，小販們把一塊塊乾年糕放在炭爐上烤，烤到起泡時淋上醬油，那股香味傳來，沒人抵抗得了，一定掏錢買一塊來吃，尤其是在寒冷的夜晚，加了一片很薄的紫菜，日本人已當是天下美味了。

有時他們也把年糕捏成圓形，放兩個在紅豆沙中當甜品，叫為「夫婦善哉」。這種甜品下大量的糖，不甜死人不罷休，沒有那兩粒無味的年糕來中和，一定鬧人命。

海鮮煲中也放年糕，日本的年糕很容易煮爛，和中國的不同。我們去吃日本砂鍋，總把年糕煮得稀巴爛。

韓國人也吃，他們做的和中國的比較接近，硬度也相若，喜歡像日本人一樣放入煲中煮，加大量泡菜，就此而已，是老百姓吃的。

有錢人加牛腸、牛肚，但也少不了泡菜，韓國菜沒有泡菜就不成菜了。更富有的加魚、蝦、鮮魷類，年糕煮久了入味，是可口的。

當今的新派年糕，已加了紅蘿蔔，所謂的甘筍汁，是紅色；又加菠菜汁，綠的；有些加玉米、加芝麻，甚麼都加，像蛋糕多過年糕，已失去吃年糕的意味。